WHAT'S GOTTEN INTO YOU

来自恒星的你

[美] 丹·莱维特 —— 著
Dan Levitt

傅临春 —— 译

中信出版集团 | 北京

图书在版编目（CIP）数据

来自恒星的你 /（美）丹·莱维特著；傅临春译
. -- 北京：中信出版社，2025.1
书名原文：What's Gotten into You
ISBN 978-7-5217-6312-6

Ⅰ. ①来… Ⅱ. ①丹… ②傅… Ⅲ. ①宇宙－普及读
物 Ⅳ. ① P159-49

中国国家版本馆 CIP 数据核字（2024）第 008254 号

来自恒星的你
著者：　[美] 丹·莱维特
译者：　傅临春
出版发行：中信出版集团股份有限公司
（北京市朝阳区东三环北路 27 号嘉铭中心　邮编　100020）
承印者：　嘉业印刷（天津）有限公司

开本：787mm×1092mm 1/16　　印张：22.5　　字数：338 千字
版次：2025 年 1 月第 1 版　　印次：2025 年 1 月第 1 次印刷
京权图字：01–2024–3617　　书号：ISBN 978–7–5217–6312–6
定价：69.00 元

服务热线：400–600–8099
投稿邮箱：author@citicpub.com

献给阿里亚德妮、佐薇、伊莱，

以及我的父母，洛尔和戴夫

在 150 亿年的宇宙演变中，

氢原子能成就什么，我们就是实例之一。[1]

——卡尔·萨根

目　录

Part 3

第三部分

从阳光到餐盘

Part 4

第四部分

从原子到你

引　言

银行里的 1 942.29 美元

本书的灵感源于一个告诫。当十几岁的女儿决定成为素食主义者时，我想起了祖父的告诫。他曾经有一个狩猎小屋，他 90 岁了，仍然热爱捕猎。他告诉我，不吃肉是不健康的。我还记得亨利·戴维·梭罗曾从一位农民那里听到过类似的告诫："你不能只吃蔬菜，因为它不能提供形成骨骼所需的原料。"农夫说这话时，梭罗站在健壮的公牛后面，他挖苦道，牛正用"植物转化的骨头"拉着"他和他那笨重的犁，尽管有各种障碍"。

所以当女儿告诉我她的打算时，我表示支持。我知道她就算成为素食主义者，她的骨头也不会有严重的危险。但我开始想知道我们究竟是由什么构成的。我大学时学过科学，也花了几年时间制作科学影片。我以为自己懂得不少。然而，我意识到，我对自身构成的了解还比不上我对电脑或汽车部件的了解。于是我开始提出问题。我们身体里有什么？答案似乎很简单：肌肉、器官和骨骼。它们是由什么构成的？细胞、分子和原子。继续……它们又是由什么构成的？嗯。这个问题就难多了。它们从哪里来？我不确定。我们要怎么了解这些？毫无头绪。

这些问题让我忙乱了起来：谷歌搜索，阅读，与极有耐心的科学家对话。我很快发觉自己被一个史诗般的故事迷住了。我发现人体中的原子见多识广，如果原子能说话，它们会一直说。它们的历史始于时间之初，而且只有众多惊人甚至骇人的发现才能揭示它们跨越数十亿年的戏剧性历程。

随着时间的推移，我的调查越来越深入。主题和关联浮现了出来，而且我发现，只要将眼光放长远，就会以一种我从未意识到的方式揭示我们存在的了不起。卡尔·萨根曾说过一句名言：我们都是星尘。

来看看这个不太可能发生的故事是怎样发生的。

⊙

本书的故事始于一个真正离奇的发现：所有物质，我们周围和体内的一切，都拥有一个终极诞辰，即宇宙诞生的那一天。在我们身体中的原子向我们聚拢的漫长奇异之旅中，我们将看到它们如何变成恒星，如何帮助组建我们的星球，接着，在新生的地球遭受难以想象的灾难时，如何沉潜待发。一旦尘埃落定，那些无生命的原子在惊人的重组中产生了生命，改造了地球，并创造了植物，这最终使我们人类有了存在的可能。

最后，我们将看到我们的身体如何将餐盘里的食物转化为自身。要知道人体内部系统是如此庞大，以至于我们很难真正理解自身究竟有多复杂。你是一个不断变化的马赛克，一个由 30 万亿个细胞组成的个体[1]，每个细胞都由超过 100 万亿个原子组成[2]，这些原子以疯狂的振动频率运动。组成你的原子比地球沙漠中所有的沙粒还要多 10 亿倍。[3]如果你体重是 68 千克左右，那么你身上的碳足以制造约 11.34 千克的木炭，盐足以装满一个盐瓶，氯足以给几个后院游泳池消毒，铁足以制作一根约 7.62 厘米长的钉子。你如果给自己所有的元素排序，就会发现元素周期表上大约 60 种元素都在你体内。如果你能卖掉它们，你将获得 1 942.29 美元（具体金额因体重和市场价格而异）。[4]

在追踪这个奇妙故事的过程中，我逐渐明白，我们能够重建我们的原子在数十亿年中的历史，这一事实就像我们能够从几滴雨滴的负面影响中拼凑出一场台风的历史一样令人惊讶。但线索就在我们周围，它们只不过隐匿了很久。它们存在于从太空如雨点般落下的不可见粒子的转瞬即逝的痕迹中，存在于每一种元素都发出的一组独特波长的光的事实中，存在于彗星返回地球的意外时间表中，存在于在水压能压碎骨骼的黑暗海床上竟有蓬勃生命的发现中。

⊙

在这些篇章中，科学家的故事和他们挖掘的发现一样引人入胜。那些出人意表的发现背后，是以无数激烈竞争、痴迷、心碎、顿悟和侥幸为特征的调查。线索一次又一次被忽视，直到有人愿意考虑其他人“知道”的错误想法。

刚开始时，我并不知道自己还会了解到大脑的无意识运作会扰乱我们的思维。我们都屈服于无意识的假设，它们被称为认知偏差或思维陷阱，它们影响着我们看待世界的方式。例如，负面偏见导致我们更多关注不愉快的事件，并有助于解释媒体为什么聚焦于坏消息。在本书中，我们将看到，少数特定的思维陷阱一再阻止整个科学家群体认可那些重大的突破，哪怕面对压倒性的证据。我给我们频繁经历的 6 种偏见起了绰号：

1.“太离奇以至于不可能为真”的偏见
2.“现有工具未测出即不存在”的偏见
3.“专家眼中没有未知”的偏见
4.“只寻找并看到匹配既有理论的证据”的偏见
5.“世界一流的专家必然正确”的偏见

6.“因为看似最有可能，必然为真”的偏见

在一个充满偏见的世界里，取得重大突破的科学家勇敢地打破常规。有些人非常出名，但大多数人默默无闻：比如两位女性，一位是犹太裔物理学家，另一位却是纳粹分子，她们合作寻找亚原子粒子；奥地利女君主的私人医生，发现了光合作用；一位听力不好的化学家，比沃森和克里克早80多年发现DNA（脱氧核糖核酸）的结构；还有那位叛逆的生物化学家，他被嘲笑为骗子和末日预言家，却彻底颠覆了我们对细胞的理解。科学的飞跃似乎常常发端于黑暗的角落和意想不到的地方。

让我们开启这段关于你我身体的奇妙历史吧，从一个总是穿黑衣服的男人开始。

Part 1

第一部分

启程

从宇宙大爆炸到岩石之家

在这一部分，我们将震惊地发现，人体内所有的粒子都是在一瞬间诞生的，我们将发现它们惊人的性质，厘清它们以何种奇异的方式成为身体的元素，并了解到一团散布着我们身体中原子的庞大尘埃云是如何不可思议地创造出一个适宜生命居住的星球的。

第 1 章

祝大家生日快乐

发现时间开端的神父

所有伟大的真理最初都离经叛道。[1]

——萧伯纳

1931 年 9 月，在伦敦一个异常干燥的寒冷日子里，一个矮壮的男人梳着光滑的背头，目光锐利，无所畏惧地走在斯托里门大街上。他走进了威斯敏斯特中央大厅，这是威斯敏斯特教堂附近的一个大型集会场所。[2] 这位 37 岁的比利时物理学教授没有一丝惶恐，我们很难想象。这里正在举行英国科学促进会的一百周年庆典，大厅高耸的圆顶为大会议程渲染出了庄严的气氛。乔治·勒梅特有两千名听众，其中有不少世界最杰出的物理学家，他将向他们展示一个近乎狂想的理论。

勒梅特不仅是物理学家和数学家，还是天主教神父，他要在一次会议上发表演讲，其主题是物理学家刚开始研究的问题：宇宙的演变。他穿着黑色神父袍，戴着罗马领，仿佛准备聆听忏悔。他就这样走上讲台，提出了一个逼近神学的观点。他声称自己发现了一个时刻，在这个时刻，整个宇宙从一个微小的“原始原子”中爆炸出来。[3]

我们起码可以说，许多其他演讲者提出的观点也很令人振奋。著名天文学家詹姆斯·金斯认为宇宙已时日不多。数学家欧内斯特·巴恩斯是英国圣公会主教，他推测，宇宙如此浩瀚，一定包含许多有居民的世界，其中一些世界一定存在“远超我们智力水平”的生物。[4] 但是勒梅特的理论是最奇怪的，他声称物理学几乎可以定位创世的那一刻。

大厅里没有几个大人物认真对待他的言论。有些人纯粹被搞糊涂了，另一些人则对此深表怀疑。在场的物理学家和天文学家几乎都相信宇宙始终存在，勒梅特却说它并非如此，这声明听起来很荒谬。

他们当时都没有意识到，勒梅特的洞见将成为引领所有科学领域的最伟大成就之一，这是个令人震惊的发现：在某一刻，所有可见物质（包括你我）中最基本的粒子突然出现了。

勒梅特多年前就开始探索真理了——在第一次世界大战血腥的战壕里。1914 年 8 月 4 日上午，德军涌入比利时边境，使欧洲突然陷入战争。当时勒梅特还在天主教鲁汶大学就读，并打算从事煤矿工程师这个务实的职业。他和他兄弟没能按计划骑单车旅行，而是当即入伍，徒步四天，加入了前线的志愿兵队伍。[5] 不到两周，他们就投入了战斗，用的是过时的单发步枪。[6]

作为一名步兵，勒梅特不幸目睹了战争中第一次成功的毒气袭击。德皇的军队参照化学家弗里茨·哈伯（后面我们还会说到他）的头脑风暴，在前线释放了氯气。协约国士兵毫无防备，氯气摧毁了他们的肺部，让他们在战场上惨叫起来。勒梅特的同僚回忆：“那疯狂的景象永远不会从他的记忆中消失。”[7] 后来，勒梅特在炮兵部队里陷入恐怖的交火中。家族传记称，科学爱好使他无法得到晋升，因为他忍不住要去纠正长官的弹道计算。他似乎缺乏一个军官应有的态度。[8]

不管怎样，勒梅特带上了物理书籍，在堑壕战的间隙，在等待炮弹飞出的时候，他总能集中精力阅读法国物理学家亨利·庞加莱的著作，思考现实的终极本质。[9] 在木头和泥土搭建的肮脏战壕里，勒梅特思考着一个大问题：宇宙到底是由什么构成的。[10] 这个年轻人出身于虔诚的宗教家庭，对他来说，物理学和祈祷都能带来安慰。

勒梅特作为一名功勋卓著的老兵幸存下来，他的兄弟成了一名军官。但是战争烧焦了他的灵魂。四年后，和平降临，工程领域的务实职业看上去不再那么重要了。相反，他在宗教和科学两种爱好之间左右为难。回到比利时的大学后，他迅速获得了数学和物理学的硕士学位。那是激动人心的时代。柏林大学有一位莽撞的物理学家名叫阿尔伯特·爱因斯坦，他刚刚用一个极其令人忐忑的激进理论挫败了他的同事们，这个理论认为有质量的物体实际上扭曲了其周围的空间和时间。勒梅特被它迷住了。然而，毕业后，他突然改变方向，加入了神学院。“有两条路可以触及真理，”他后来说，“我决定两条都走一走。”[11] 接受任命后，勒梅特便宣誓放弃个人财产权。他加入了一个小型的神职人员协会，名为“耶稣之友”，它强调信仰的持续发展。[12] 接着他立即又回到了物理学的怀抱。他所在的大学里有一些比较进步的教授，他们遵循托马斯·阿奎那[①]的教导，教导说，《圣经》不能成为科学字面意义上的指南，正如科学不能成为宗教的指南一样。

在枢机主教的祝福下，勒梅特前往剑桥大学跟随阿瑟·爱丁顿学习，后者很快因四年前的一项著名发现，成了阿瑟·爱丁顿爵士。这位天文学家预测会发生日食，便组织探险队前往西非和巴西海岸，带回的照片证明了爱因斯坦是对的。虽然看似不太可能，但光在掠过太阳边缘时会弯曲。他的观察证明质量的确扭曲了空间和时间，这使两人都声名大噪。当勒梅特前来研究相对论时，爱丁顿发现这个新学生“反应敏捷且心明眼亮”[13]。勒梅特如此令人印象深刻，以至于在英国完成一个学年后，便由爱丁顿推荐去了哈佛大学，随爱丁顿的朋友哈洛·沙普利学习，沙普利是首位测量银河系大小的天文学家。

1924 年，勒梅特抵达马萨诸塞州的剑桥，当时的天文学界正因新的观测结果动荡不休。两年前，大多数科学家都相信整个宇宙只包

---

① 托马斯·阿奎那是 13 世纪的神学家及哲学家。——译者注

含银河系和其他一些星系。不会错的，因为这就是他们能观测到的一切。但是，在加利福尼亚州威尔逊山天文台，埃德温·哈勃震撼了他们。透过世界最强大的望远镜，他发现宇宙要比人们之前以为的大得多。它包含的星系数量惊人，《纽约时报》宣称，所有这些星系都是"类似我们自己星系的'宇宙岛'"[14]。原来我们生活在宇宙的一个小角落里，这一认识让人谦卑，原来宇宙中还有如此多未知的东西需要了解，这又令人振奋。这就好比一家银行通知天文学家："对不起，我们弄错了。你的账户里不是有500美元，而是有500万亿美元。"

勒梅特沉浸于天文学家的激烈辩论中，他们正在努力理解这个庞大的新宇宙。奇怪的是，一部分天文学家新近的测量似乎表明，新发现的星系并非静止不动。[15]它们正在远离。更令人费解的是，比起离我们更近的星系，最遥远的星系正以更快的速度远离我们。

勒梅特被这个问题迷住了。他回到比利时后，开始在过去上学的大学教书，在那里他深入钻研爱因斯坦的方程，想知道它们能否预测这种奇异的情况。最终他得到了一个令人不安的答案。这个答案表明，不仅星系在彼此远离，而且宇宙本身其实也在变大。这太奇怪了，至少可以说，可能是科学界有史以来最怪异的理论之一。此外，他认为，实际上并不是星系在太空中彼此远离，而是星系间的空间正在膨胀，将它们拉开，星系就像一条正在发酵的面包里的葡萄干一样。[16]

这位默默无闻的物理学教授踌躇满志，迅速在一家鲜为人知的比利时期刊上用法语发表了他的发现。[17]这可能不算是非常明智的举动，他的论文被彻底忽视了。他把论文寄给以前的老师爱丁顿，没有得到回应。他又把它寄给了爱因斯坦和著名的宇宙学家威廉·德西特。信件石沉大海。

1927年，沮丧的勒梅特终于找到机会直接试探爱因斯坦。当时，最著名的索尔维会议会聚了世界顶尖的物理学家，正在布鲁塞尔的利奥波德公园召开，勒梅特漫步在公园的小径里，被奥古斯特·皮卡德（系列漫画《丁丁历险记》中向日葵教授的原型）引荐给了爱因斯坦。[18] 勒梅特有幸见到了当时世界最伟大的在世科学家。爱因斯坦的广义相对论包括成套的 10 个方程，适度地描述了空间、时间和引力的相互作用，该理论正在重塑我们对宇宙的理解。没有什么比爱因斯坦的认可更让勒梅特高兴的了。然而，对这位长者而言，勒梅特只是一个名不见经传的比利时神父，他的论文没有引起任何注意。

对于勒梅特的理论，爱因斯坦的反应很直接：他讨厌它。[19]

爱因斯坦从内心深处相信宇宙必然是静止的。他强大的直觉曾给予他奥妙的指引，它告诉他，在物质世界的混乱之下，一定潜藏着某些简明的秩序。他无法相信宇宙本身正在膨胀。这看上去就是不对的，他也没兴趣提出反对意见。这简直太奇怪了，不可能是真的。"你的计算是正确的，"穿过公园时，他对勒梅特说，"但你的物理洞察力太糟了。"[20] 之后他显得更礼貌了些，解释自己几年前否决过苏联数学家亚历山大·弗里德曼的类似计算。事实上，因为过于讨厌这个理论，爱因斯坦在自己的方程中引入了一个他称为"宇宙常数"的附加因素①，以解释他的静态宇宙观。当爱因斯坦和皮卡德坐上出租车时，勒梅特也跟了上去。他试图把一些新的观测结果告诉似乎不知情的爱因斯坦，这些观测结果表明星系正以令人费解的速度飞散。但爱因斯坦没有理睬他，开始用德语和皮卡德交谈。[21]

两年后，埃德温·哈勃发表了他在威尔逊山天文台观测的新结果。他仍然在充分利用一台反射镜直径为 8 英尺② 的望远镜空前的集光能力，它比任何其他望远镜宽 2 英尺多。他的数据证实，最遥远的星系远离我们的速度确实快于近处的星系。爱丁顿本人重新检验了爱因斯坦的方程，他发现，尽管爱因斯坦不相信，但这些方程表明宇宙正在

① 附加因素（fudge factor，也译为容差系数），指计量经济学预测中统计公式或计量模型简化式中各种扰动项的未来值的估计值。——编者注

② 英尺是英美等国使用的长度单位，1 英尺 =0.304 8 米。——译者注

膨胀。不久之后，爱丁顿尴尬地发现，勒梅特两年前寄给他的论文得出了同样的结论，他读过了，但是忘记了。[22]爱丁顿迅速安排勒梅特的论文以英文在《皇家天文学会月刊》上发表。此时，爱因斯坦不得不重视勒梅特的理论了。大多数教科书把提出宇宙膨胀论的功劳归于哈勃，然而勒梅特才是第一个发现宇宙在膨胀的人①。

与此同时，勒梅特并没有被这位伟人的拒绝吓倒，他甚至更深入地钻研爱因斯坦的方程，迈出了更大胆的一步。他在脑海中倒转时间，推断出如果宇宙正在膨胀，那么它在过去的某个时刻一定更小，而且在那之前，还要更小。以此类推，他提出了一个看似荒谬的结论：在某一时刻，宇宙是如此小而稠密，以至于今天存在的每一个星系，更不用说一切物质中的每一个基本粒子，都安睡在他所谓的一个“原始原子”中。

1931 年，在英国科学促进会的一次会议上，勒梅特展示了他的头脑风暴。他声称，在起源上，整个宇宙都是由这个微小原子的“崩解”所产生。[23]这可能不是最富有诗意的表达，但勒梅特确实善于措辞。他后来写道：“宇宙的演变可以比作一场刚刚结束的烟花表演：几缕烟尘，些许灰烬。我们站在凉透的余烬上，望着恒星渐暗，试图回想已消失的世界起源的光辉。”[24]

勒梅特甚至花了更长时间来琢磨如何描述这个理论。勒梅特的朋友巴特·扬·博克回忆起勒梅特在哈佛大学说的话：“巴特，我有一个有趣的念头。也许整个宇宙都是从一个原子开始的，它爆炸了，这就是一切的起源，哈哈哈。”[25]

大众媒体都很喜欢他的理论。《现代机械》杂志惊叹：“从一个爆炸的原子中产生了我们宇宙中所有的恒星和行星。”[26]但对物理学家而言，这个理论令人憎恶：它太荒谬了。加拿大天文学家约翰·普拉斯

---

① 苏联数学家亚历山大·弗里德曼从爱因斯坦的方程中看到了宇宙膨胀或收缩的可能，但他不幸于 1925 年去世。勒梅特独立发现了这个理论，成为首位认识到天文观测结果支持宇宙膨胀论的人。

基特指责它是“无一丝证据支持的胡乱猜想的典范”[27]。勒梅特以前的老师爱丁顿称它“令人难以接受”。尽管他同意宇宙在膨胀，但这样的推测太过头了，他更乐于相信宇宙一直存在。

像爱因斯坦一样，他陷入了“太离奇以至于不可能为真”的偏见，这种偏见也可以称为“大自然肯定不会那样”。科学家和其他人一样，如果不复核自己的假设，就会陷入有缺陷的思维。但爱丁顿始终没有改变主意。

至于爱因斯坦，他也坚信勒梅特是受了基督教教义的启发。这个理论带有宗教色彩，它未免与《圣经》中的创世时刻过于相似了。勒梅特否认了这一点。然而，事实上，爱因斯坦在某种意义上是正确的。就像蜜蜂被蜂蜜吸引一样，一位兼任神父的宇宙学家怎能不被科学和圣典分别如何描述万物的起源吸引呢？实际上，到了 1978 年，历史学家发现了勒梅特在研究生阶段写的一篇论文，他试图用科学的方式证明宇宙始于光，但勒梅特舍弃了年轻时的习作。[28] 余生中，他否认了科学可以描述《创世记》的说法。他写道：“物理学提供了一层面纱以掩盖创世。”[29] 他在接受《纽约时报》采访时表示：“科学和宗教之间没有冲突。”[30]

“如果《圣经》不教科学，此外，那它教什么呢？”记者问。

“救赎的方法，”勒梅特回答，“一旦你意识到《圣经》并不是一本科学教科书，宗教和科学之间古老的争论将不复存在。”在他看来，它们是理解世界的两种方式，各自独立，但并非互不相容。多年后，他要求教皇庇护十二世不要使用他的理论证明《圣经》是真理。

爱因斯坦本可以继续竭尽全力地反对勒梅特，但他有一个致命的弱点。他为自己的方程引入了宇宙常数，以防止他的宇宙膨胀，但他知道这是一个附加因素。他后来称之为自己“最大的错误”[31]。1933 年，勒梅特一如既往地戴着罗马领，在加利福尼亚州的帕萨迪纳演讲，爱因斯坦也在场。那时，爱因斯坦已经拜访了哈勃，看过了数据，并与他人进行了商讨，但找不到出路。勒梅特清晰的思路占了上风。“这是我听过的对创造的最美丽、最令人满意的解释！”[32] 爱因斯坦说。他可能是在讽刺，但他很快与勒梅特达成了一致。两人甚至一起进行了巡回演讲。对于勒梅特所谓的原初烟花，天文学家亨利·诺里斯·罗素（我们后续会提到他）称其为“开启所有其他灾难的那场大灾难”[33]，不过我们知道的名字更容易记住。

即便有了爱因斯坦的认可，这个理论也没有被科学界顺利地接受。特立独行的英国天体物理学家弗雷德·霍伊尔也是非常著名的评论家，他认为这一理论十分荒谬。“假定宇宙中的所有物质都在远古某个特定时间的一次大爆炸中产生，是不合理的。”[34] 他在指责时创造了“大爆炸”这个术语。霍伊尔甚至把勒梅特叫作“大爆炸侠”[35]。但证据在不断增加。

⊙

多亏了勒梅特，我们现在有了一个关于万物诞生的起源故事，万物也包括你身体里的每一个粒子。如今的物理学家会告诉你，起初，没有原子，没有分子，没有空间，也没有时间。他们其实是在解释，我们所知的关于宇宙起源的一切几乎都来自爱因斯坦广义相对论中的10 个方程，它们揭示了空间、时间和引力如何相互影响。但从爱因斯坦的成果中看到可能的是勒梅特，爱因斯坦本人拒绝认真对待。尽管看起来很疯狂，但几个方程告诉我们，我们的整个宇宙始于一个极小的点，它没有体积，密度却无穷大。物理学家喜欢称之为微小的“奇点”，其中蕴藏着不可思议的能量。这个无穷小的点的膨胀，也就是大爆炸，创造了时间、空间、物质，最终创造了我们。

这足以让人头大如斗。直觉毫无帮助。这个理论回避了一些基本问题：一个点的密度怎么可能无穷大？怎么可能没有时间呢？如果宇宙始于大爆炸，那大爆炸之前的一切在哪里？所有这些问题的答案很简单：我们毫无头绪。

为了理解这个理论，我询问哈佛大学的宇宙学家阿维·勒布，大爆炸之前发生了什么。勒布从不回避重大问题。他研究宇宙第一批恒星的形成，撰写了关于生命最早可能何时开始进化的论文（他的答案是仅在宇宙大爆炸 7 000 万年后）。但是当我问他大爆炸之前怎么可能没有时间时，他便不太愿意猜测了。“这就和你无法想象出生前或死后会发生什么一样。”[36]

我继续追问他。“我不喜欢臆测我不清楚的事”，他回答，就像在呼应勒梅特的信念，即大爆炸掩盖了之前发生的一切。

他承认，问题在于，在极小的尺度上，“爱因斯坦的方程会失效”。没有人能够调和它们与另一种精确至极的理论——量子物理学，后者预测物质在光子和电子最小水平上的行为。我们的激光器、原子钟、计算机芯片和 GPS（全球定位系统）都依赖量子理论。但它的悖论，如不可能预测亚原子粒子的精确位置（海森伯不确定性原理），使它与爱因斯坦的广义相对论不相容。至少在科学家能够（以梦寐以求的“万有理论”）调和这两种理论之前，人们可以尽情揣测大爆炸之前的纪元，哪怕它始终高深莫测。

在这一点上，我们只能说，每一次证明爱因斯坦错误的尝试都失败了，而无数的观察结果都证明他是对的。1949 年，物理学家乔治·伽莫夫、拉尔夫·阿尔弗和罗伯特·赫尔曼计算出了第一批元素形成所必需的极端温度。他们还预测了今天仍应残留的大爆炸余辉的精确能量。到了 1965 年，有两位天文学家无意间证实了他们的计算，两人弄不懂为什么射电望远镜里的背景噪声不会消失。无论他们把望远镜对准哪里，无论是附近的恒星、遥远的星系，还是茫茫太空，他们都能探测到低水平的电磁辐射。哪怕他们剔除了所有他们认为可能造成干扰的因素，比如他们从天线上清除的鸽子粪，也无济于事。这种被发现的电磁辐射被称为宇宙背景辐射，它存在于天空的每个方向，其频率精准符合伽莫夫及其同事的预测。这是宇宙始于大爆炸的有力证据。

听闻这一发现时，乔治·勒梅特正因心脏病发作躺在布鲁塞尔一家医院的病床上休养。他为自己的理论得到证实而欢欣鼓舞。消息来得正是时候。11 个月后，他去世了。

源源不断的实验结果支持爱因斯坦的方程，以及勒梅特对这些方程的推断①，其中包括2016年探测到引力波，这使人们有可能探测到大爆炸的引力波回声。[37] 顺便说一句，当你在老电视上换台时，你其实可以收看到大爆炸。大约有 1% 的荧幕雪花是大爆炸留下的辐射。宇宙的膨胀将这些电磁波拉得足够长，以至于你的电视都能接收到。

无论爱因斯坦自己喜欢与否，相对论方程都告诉我们，时间始于大爆炸。物理学家（通过测量宇宙的密度和膨胀速度）回拨时钟，找到了日期：138 亿年前。这为我们非凡的旅程提供了一个起点。在之后的那个瞬间，空间开始膨胀。一亿亿亿分之一秒后，物质粒子和反物质粒子（质量相同但电荷相反的粒子）涌现在新创造的太空真空中。它们一心相互毁灭，立刻把彼此摧毁了②。但我们的故事显然没有就此结束。由于某种科学家仍在为之挠头的原因，当时出现的物质和反物质的数量略微失衡。每产生十亿个反物质粒子，就会产生十亿零一个物质粒子。简单地说，我们就是残留物。那罕见的十亿分之一的幸存粒子创造了可见的宇宙，包括我们体内的所有原子。

勒梅特帮助我们发现，远在历法能标记日期之前，宇宙就为你的终极诞辰点燃了蜡烛。在 138 亿年前的一个好日子里，你体内的最基本粒子突然出现了。

---

① 爱因斯坦把“宇宙常数”添加到他的方程中，后来它被认为是一个错误，但即便是这个附加因素，也可能被证明是重要的。它可能有助于预测暗能量的性质，这是宇宙中一种神秘的能量，之所以被称为暗能量，是因为人们对它几乎一无所知。

② 虽然听起来很奇怪，但反物质是真实存在的。现在我们能检测到，甚至可以在实验室中制造出极少量反物质。美国国家航空航天局的科学家渴望制造出足够的反物质来为他们的宇宙飞船提供动力。

有了这个发现，我们现在知道自身的历史是何时开始的。但我们能在时间的迷雾中追踪到多少接下来发生的事呢？科学家的工作必须始于揭示大爆炸喷出的第一批粒子的性质。是哪些微小的基本要素最终创造了我们的太阳系、行星、生命，以及之后的我们？奇妙的是，寻找它们的行动由另一位天主教神父开启，这一位在埃菲尔铁塔之巅。

第 2 章

“真有趣”

肉眼永远看不见的东西

在科学界最激动人心的短语，预示着最多发现的短语，不是“我发现了”，而是“真有趣”。

——艾萨克·阿西莫夫，《归因》

可怜那些生活在有轨电车和马车时代的科学家，他们希望发现我们体内最基本的粒子，现在我们知道它们是从大爆炸中产生的。你要如何找到用肉眼甚至最强大的显微镜都无法看见的东西？这是一个长期困扰物理学家的难题。早在勒梅特和爱因斯坦钻研宇宙起源之前，就有人在探寻组成宇宙的最微小物质。然而，这项事业一直被疑云笼罩。他们真的有可能找到吗？古希腊人推测，万物甚至人类，都是由不可分割的微小单位组成的，他们称之为“atomos”，意为“微小且不可分割”。到了 19 世纪和 20 世纪之交，许多化学家同意了这种说法，并称之为原子。但许多物理学家对此持怀疑态度。[1] 颇具影响力的物理学家恩斯特·马赫称：“究其本质……原子和分子永远无法成为感官直面的对象。”[2] 化学家的实验表明，原子在理论上存在，但从未有实验直接揭示过。当时没有科学家见过、触及过或测量过原子。

后来，两个不寻常的发现使怀疑者成了信仰者。1897 年，在英国物理学的中心——剑桥大学卡文迪许实验室，精明强干的 J. J. 汤姆孙正在研究一种令人费解的现象。两个电极在玻璃真空管中通电时产生了神秘的阴极射线，它的本质是什么？出于好奇，他将射线暴露在磁场中，想看看会发生什么。他惊愕地发现，磁场使射线的路径发生了偏转。他出人意料地发现了看不见的带负电的粒子，我们现在知道它们是原子的一部分。1911 年，乔治五世加冕为英国国王，海勒姆·宾厄姆探索了马丘比丘，汤姆孙已毕业的杰出学生欧内斯特·卢瑟福也有同样重大的发现。他朝一片薄薄的金箔发射了带正电的放射性粒子，大多数粒子如预期那样穿过金箔，但也有一些反弹了回来。他瞠目结舌。“这简直令人难以置信，”他回忆道，“就好像你向一张薄纸发射了一枚 15 英寸[①]的炮弹，结果它反弹了回来。”这些粒子一定被金箔中密集的正电荷排斥了。他发现原子也含有带正电的原子核。

随着时间的推移，大家认可了卢瑟福的这一伟大结论：我们知道了我们最基本粒子的性质。宇宙中的一切都由原子构成。但希腊人错在认为这些粒子就是最小的。原子的中心是原子核，原子核的直径大约是原子直径的万分之一，原子核含有密集的带正电的粒子，后者被称为质子。汤姆孙发现的带负电的电子绕原子核在轨道上旋转，就像行星绕太阳旋转一样。[②]另外，原子的质量使卢瑟福怀疑原子核中还包含另一种物质：如今我们称为中子的不带电粒子。

没错，就是这样。没人有理由认为还会有更小的粒子存在。请注意，即使有人这么想，也没办法找到它们。当然，最强大的显微镜也无济于事。科学家用显微镜看见原子的概率和用肉眼看见冥王星的概率一样大。一个针头能装下数万亿个氢原子，而质子的直径是原子直径的十万分之一。[3]即便存在更小的粒子，我们似乎也永远不可能找到。

提醒一句：我们即将踏上一段旅程，深入探索我们周围一些最奇

① 英寸是英美等国使用的长度单位，1 英寸等于 2.54 厘米，12 英寸为 1 英尺。——译者注

② 量子物理学家很快就会发现，电子的轨道并没有这样容易预测。现在，他们把电子的轨道路径视为最可能找到电子的电子云。

怪的现象。在找到最基本的粒子之前，物理学家会先发掘一个陈列室，里面摆满了一系列令人费解的亚原子粒子。但这条道路将崎岖而曲折，因为科学家最伟大的发现往往是在探寻截然不同的目标时取得的。

第一条意外线索将从澄澈的蓝天外出现。

⊙

1910 年春，德国物理学家、耶稣会神父西奥多·武尔夫拿着一个面包盒大小的装置，从埃菲尔铁塔塔顶的电梯里走出来，他希望这个装置能解开一个令人挫败的谜团。烦人的电荷像忠诚的狗一样处处跟着世界各地的科学家。研究人员已经成功将验电器（检测电荷的设备）造得极其灵敏，以至于仪器现在把他们逼得发疯。他们的验电器即使在完全绝缘的状态下也能检测到电荷。科学家把它们放在厚金属盒子里，隔离在水箱里，这些烦人的电荷仍然拒绝消失。[4] 于是武尔夫设计了一种超级坚固的便携式验电器，而后出发，决心查明电荷的来源。

他最合情合理的猜想是放射性现象。就在 10 多年前，法国国家自然历史博物馆馆长亨利·贝可勒尔碰巧把铀盐放在书桌抽屉里的照相底板上。几天后，他震惊地发现这些盐在底板上产生了图像。他还发现一些岩石有放射性，比如铀，也就是说，它们会释放带电粒子，以及波长短于可见光的不可见电磁脉冲。因此，在武尔夫看来，空气中持续存在的电荷肯定是由地底深处的放射性岩石产生的。它们发出的辐射必然撞击了大气中的分子，释放电子，从而产生带电粒子。武尔夫带着他的验电器，降到洞穴深处去证明这一点。[5] 他以为读数会随着他接近放射源头而升高。但它们没有。于是，他把验电器绑在背上，乘电梯登上当时世界最高的人造建筑——埃菲尔铁塔的顶端，指望电荷会消失。但它们没有——至少消失得不够多。留下的电荷还是太多。谜团更神秘了。

武尔夫的实验鼓舞了一位大胆的奥地利物理学家，28 岁的维克托·赫斯接手了这项挑战。赫斯认为，想知道这些麻烦的电荷是否来自地底，唯一的办法就是把验电器带到更高的地方。在1911年，实现它的唯一方法就是冒险进行高空飞行——乘坐热气球。

在当地一家航空俱乐部的帮助下，赫斯在维也纳附近进行了6次飞行，高度达到了6 000英尺。[6]他的实验没有定论（不过一次日食期间的实验证实了这些电荷并非来自太阳），这令人泄气。但他不会让小危险妨碍一个好的实验，于是决心飞得更高。他说服奥地利一个小镇上的德国气球爱好者协会自愿献出其飞行编队的骄傲：一个橙黑相间、12层楼高且技术最先进的美丽热气球，名为波希米亚。[7]

1912年8月7日的黎明时分，在一大片绿地上，航空俱乐部用马车拉来了气罐，为巨大的波希米亚充气。早晨6点12分，赫斯挤进一个小柳条篮里，身边还有一名驾驶员、一名气象观测员、一个小工作台、三台验电器、随身行李，以及最重要的三个大氧气瓶。[8]

空间很紧凑，但赫斯很清楚自己需要这些必要物资。在我们每一次呼吸吸入的氧气里，大脑要消耗其中的四分之一。如果氧气摄入不够，就会有麻烦。这个事实在30多年前就得到有力的证明，当时，有三名法国热气球驾驶员搭乘一只名为天顶的热气球，试图打破飞行高度纪录。他们随身携带了氧气，这很明智；但他们没有吸入足够的氧气，这很愚蠢。其中一人回忆，在超过20 000英尺后，“内心的喜悦就像周围天光的映照。人变得很无所谓”[9]。他感到“呆若木鸡”，他的舌头麻痹了。然后他昏厥了。下降时，他苏醒过来，却发现同伴们都耷拉着身体。缺氧迅速结束了他们的生命，他成了唯一的幸存者。他们可怕的死亡记录使热气球驾驶员将高空飞行推后了20年，而赫斯计划爬升到几乎同样的高度，不过他打算活下去。

早上7点，他开始上升，带他升空的是氢气（正是这种爆炸性气体后来毁灭了德国齐柏林飞艇“兴登堡号”）。他们升到了万里无云的晴空。一个半小时后，他们发现自己飘过德国边境。在13 000英尺的高空，他们遭遇了时速 30 英里①的狂风。赫斯裹紧大衣，不顾刺骨的严寒，勇敢地继续测量。到了 9 点 15 分，他累了。他理智地决定是时候吸点氧气了。一个小时后，他们又上升了 3 英里，在令人眩晕的 17 400 英尺高空，他如此虚弱，担心自己会晕倒，于是决定该停止工作了。他命令机长释放热气球中的一些氢气。到了 13 000 英尺的高度，他开始恢复知觉。

再次踏上草场坚实的地面，赫斯兴高采烈。升到最高处时，他测量到的电荷是地面上的两倍。这只可能有一种解释——他升得越高，就越接近电荷的源头。他确信自己的发现：一股来自外太空的电荷在持续轰击地球。

其他物理学家难以接受这项发现。比如说，难道赫斯的仪器不更有可能受到极低温度的影响？[10] 美国物理学家罗伯特·密立根就极其激烈地反对它，然而到了 1925 年，他自己的实验证实了赫斯的测量结果。[11] 它们很快被称为密立根射线，但遭到了赫斯的强烈反对，于是另一个源自密立根的名称被迫保留——宇宙射线。[12]

这令人遗憾，因为它们和密立根设想的不同，并不是一种像光、放射性射线或 X 射线那样有独特波长的电磁辐射。相反，宇宙射线是带电粒子和光子流，持续不断地落在我们身上。

当时的物理学家还不知道，这些看不见的倾盆大雨中含有更小粒子的提示。只有等他们发明出新工具来“看见”小得不可思议的东西后，才能找到它们。

⊙

事实上，早在几年前，J. J. 汤姆孙手下的一位研究人员就发明了一种这样的工具，但这位痴迷云的年轻人发明它的目的与上述目标大相径庭。查尔斯·汤姆孙·里斯·威尔逊是一位苏格兰牧羊人的儿子，

① 1 英里 =1.609 344 公里。——编者注

他身材高大，性格文静，说话温和。1895 年，这位年轻人刚从剑桥大学获得物理学学位，便自愿到一个简陋的气象观测站工作数周。它位于苏格兰最高峰本内维斯山。他睡觉的小石屋经常被大雾浸透，或被雷雨折磨。但在清晨，他偶尔会看见绚丽的景象。在脚下的云海上，他看到了那样壮美的彩虹光晕，便决定在实验室里制造人造云来研究。

可能是因为有明显的口吃，威尔逊耐心非凡，一回到剑桥大学，他就自学了精妙绝伦的玻璃吹制技术。经历了无数次破损后，他建造了一个精巧的玻璃腔室，它有一个可以改变内部压力的活塞。经过周密的实验，威尔逊兴奋地发现，如果他在腔室里充满潮湿的空气，然后利用活塞迅速扩大其体积，水蒸气就会凝结在空气中的尘粒上。他制造出了人造云。

接着，德国的一项发现使他的研究转向一个完全不同的方向——一项使他那不起眼的台上器具变成一种工具的发现，连欧内斯特·卢瑟福都称赞这种工具为“科学史上最独创且奇妙之仪器”[13]。

在 300 英里外的维尔茨堡大学，物理学家威廉·伦琴和 J. J. 汤姆孙一样，正在研究阴极射线管产生的射线。他用黑色纸板仔细盖住玻璃管，以防光线漏出，但他碰巧瞥见附近一面涂有磷光漆的屏幕，吃惊地发现它在发光，就像被看不见的光线照亮了一般。他震惊不已。

他担心别人会认为他疯了，便没有告诉任何人，而是开始昼夜不停地调查。[14] 他让他信任的妻子把手放在玻璃管和照相底板之间，上面显现了她的指骨和结婚戒指的幽灵般影像。她看着影像说：“我看到了我的死亡。”伦琴发现，当阴极射线管内的阴极射线击中管子末端时，会发射出完全不同的东西。[15] 他与 X 射线不期而遇，它是波长比可见光短得多的电磁波，只能被重元素吸收，比如我们骨骼中的钙。

回到剑桥大学的卡文迪许实验室，这里的物理学家对报纸上透视射线相关的报道持怀疑态度，直到他们看到了照片。在谈到此时扎堆研究它们的物理学家时，改变了想法的卢瑟福写道：“欧洲几乎每一位教授都在摩拳擦掌。”[16]很快，美国的托马斯·爱迪生动起了X射线的脑筋，开始研制X射线灯泡。（数年后，他的助手被X射线灼伤，死于癌症，他放弃了这些尝试。）

查尔斯·威尔逊怀着满腔热情加入了研究行列。凭着直觉，他向J. J. 汤姆孙借了一根简易的阴极管，朝充满潮湿空气的云室发射了X射线。他吃惊地看到X射线在腔室里制造了浓雾。[17]它们从空气分子中电离电子，产生了被称为离子的带电分子，水蒸气凝结在上面，形成了雾滴。威尔逊欣喜若狂。[18]他的云室揭示了不可见粒子的踪迹：这些粒子个体如此之小，以至于没有人想象它们能被探测到。当他把放射性粒子引入他的云室时，“小缕云絮”如飞机后面的蒸汽尾迹一样近乎神奇地出现又消失。[19]这近乎魔法。威尔逊煞费苦心地改进了云室，他发明的用来研究云的简单仪器很快成为世界广泛使用的强大工具，用以研究电子、离子和放射性粒子。但是他的云室还未实现其最伟大的成就——探测比原子还小的未知粒子。

到了1932年，科学家已经确定宇宙射线中含有电子，因此加州理工学院一位名叫卡尔·安德森的年轻研究员不情愿地建造了一个云室来研究它们。刚拿到博士学位的安德森想转到另一所大学，但他的导师坚持让他先做这个项目，这位导师恰好是罗伯特·密立根，也就是证实赫斯发现的宇宙射线存在的密立根。[20]安德森从南方爱迪生公司的一个废品场借来一些元件，制造了一个庞大的电磁铁，它的电磁强度足以使从天空飞进云室的任何电子的路径偏转。他的耐心有时会得到回报，他成功拍摄到了电子在强电磁场中偏转的轨迹。但令他困惑的是，他时不时就会发现一条规模相似、朝相反方向偏转的轨迹曲线。

起初，安德森认为这一定是由向上移动的电子形成的。但密立根提醒他，宇宙射线来自太空，而不是地面，所以形成这些轨迹的一定是从太空降落的带正电的质子。[21]安德森并不信服。作为唯一已知的带正电粒子，质子要更大一些，所以它们的轨迹应该比电子的轨迹宽，但这些轨迹并非如此。他们争论起来。安德森改进了他的实验。最后，在新证据的支持下，他大胆宣布他发现了一种新型的亚原子粒子。而且这种粒子非常古怪，除了带的是正电荷外，它和电子完全一样。

不管是卢瑟福、玻尔、薛定谔，还是奥本海默，这些著名的量子物理学权威没有一个相信他。[22] 每个人都知道原子只有三个基本组成部分：负电子、带正电的质子，以及刚刚发现的不带电荷的中子。正电子不可能存在。可是，就在6个月前，物理学家保罗·狄拉克宣布，他与爱因斯坦的相对论角力数年之后，被迫做出了一个奇怪的预测。应该有与电子质量相同但电荷相反的粒子。就连狄拉克自己都怀疑自己的说法，然而安德森找到了。这种新的亚原子粒子是反电子——有史以来发现的第一种反物质粒子。当时，它被命名为正电子。

（如果你认为反物质听起来与日常生活很远，那你可能有兴趣知道，你和正电子的熟悉程度比你以为的更高。我们体内有少量的天然放射性钾以分子形式存在，它们具有发送神经信号的功能。每天大约有0.001%的钾原子衰变，释放正电子。如果你体重为150磅①，你每天会产生近4 000个正电子。[23] 但它们不会逗留太久。每个正电子都会迅速遇见一个电子，在相互摧毁时，它们会留下一次小小的辐射爆发以证明自己。）

就在安德森无意间发现正电子的两年后，他又捕获了另一种粒子——μ 子。② 令人费解的是，它的电荷与电子相同，却比电子重200多倍。听到这个消息时，物理学家伊西多·拉比问："那是谁定的？"[24]

赫斯、威尔逊和安德森都因自己的发现而获得了诺贝尔奖。物理学家发现了一些人们曾认为不可能存在的东西：新型亚原子粒子。事

① 磅是英美等国使用的重量单位，1磅=0.453 6千克。——译者注

② 今天我们知道，撞击地表的宇宙射线粒子大都是 μ 子。每秒约有10个 μ 子穿过你的身体。宇宙射线每年给你增加约27毫雷姆的辐射剂量，几乎相当于3次胸部X光。[松德迈尔，《你的粒子物理学》(The Particle Physics of You)]

实突然变得很明确，原子不仅仅包含电子、质子和中子。我们再也不能确定我们体内的原子最终由什么构成。

但是物理学家仍如盲人摸象。为了找到原子的最小成分，他们仍然需要创造性的新工具。幸运的是，又一项至关重要的发现很快就会出现，这要归功于玛丽埃塔·布劳。她是一位五英尺高、性格内向的奥地利研究员，而她的贡献将被长久遗忘。和威尔逊一样，她开创了一种方法，可以“看见”显微镜无法显示的微小物体。

20世纪第二个十年，布劳就读于女子公学预备学校，由此对物理产生了兴趣。她的兴趣在维也纳大学变得更加浓厚，她在那里获得了物理学博士学位。当时有不少欧洲女性受玛丽·居里的启发，研究令人费解的放射性新现象，布劳也是其中之一。多年前，居里夫人及其丈夫皮埃尔发现了一种近乎神奇的新元素——镭，它的放射性比铀强一百万倍。它似乎能提供“取之不竭的光和热”，令科学家兴奋不已。在随后的镭热潮中，你可以买到加镭的肥皂、雪茄、牙膏和糕点，甚至还有加镭的家具清洁剂和肛门栓剂。[25]（居里夫人没有意识到危险，自己也因暴露于辐射照射而英年早逝。①）镭是从铀矿石中提取的，欧洲唯一的铀矿属于奥匈帝国。因此，顺理成章，维也纳建立了一个镭研究所，布劳作为有才华的实验者也在那里找到了工作。

1925年，她的导师，一位物理学家，给了她一项艰巨的挑战。她能不能用照相底板来探测两个原子核相撞时喷射出的质子的路径？[26]实际操作甚至比听起来还要难得多。她要尝试找到比原子更小的单个粒子的轨迹。她百折不挠，系统地尝试使用浓度更大的感光乳剂，测试了底板显影的新技术，并竭力解释那些几乎无法察觉的印痕。多年后，她竟然成功了，她不仅捕捉到了微乎其微的粒子的路径，还利用其来测量粒子的能量。这显著证明了她技术的前景。

① 即使到了今天，她的文件也具有很强的放射性，研究者在检查它们前必须穿上防护服。

然而，布劳这些年在研究所工作时没有得到任何报酬。她养活自己靠的是做家教、在医疗公司兼职，以及家人的帮助。当她开始获得国际认可时，她鼓足勇气申请薪水。但别人告诉她，这不可能——她是犹太人，而且是女人。[27]

20 世纪 30 年代初，布劳改进了她的方法，并为自己设定了一个更雄心勃勃的目标：探测宇宙射线中的粒子。然而，她面临的麻烦也越来越多。布劳总是渴望帮助一切需要帮助的人，因此，在遇到赫塔·万巴赫尔——一位郁闷地学习法律的年轻女性时，她慷慨地提供了帮助。[28] 万巴赫尔成为她的学生、助手，并最终成为她的下属。但随着时间的推移，布劳的慷慨反而给自己带来了困扰。1933 年，法西斯主义独裁者恩格尔伯特·陶尔斐斯在奥地利夺取政权。将犹太人逐出学术圈的呼声不绝于耳。而布劳的这位门徒成了非法竞争对手纳粹党的早期成员。[29] 更糟的是，万巴赫尔与一个更狂热的纳粹分子发展了婚外情，对方是已婚物理学家，名叫格奥尔格·施泰特尔，后来成为该研究所的所长。[30] 布劳和万巴赫尔还在一起工作，但两人曾经温暖友好的合作变得紧张起来。

1937 年，布劳最终准备好尝试探测宇宙射线。她的照相底板可能比巨大的云室更有优势，它们也更易于运输至宇宙射线最强的高海拔地区。而且她可以把它们长时间留在那里，这大大增加了她捕获稀有粒子的机会。布劳和万巴赫尔只需乘坐悬挂式缆车，便抵达了维克托·赫斯建在哈弗莱卡峰 7 500 英尺高的峰顶的研究站。她们满怀期待地放置特制的照相底板，使其朝向天空。

4 个月后，她们回来收回底板。回到实验室后，她们通过显微镜仔细观察，而后欢欣鼓舞。底板上蚀刻着细长的线条，她们捕捉到了不可见粒子从太空疾驰而下的轨迹。更令人惊讶的是，在某些情况下，许多线条源于同一个点。一束宇宙射线击中感光乳剂中的一个原子核，使之分裂，喷射出多达 12 个更小的粒子，形成了星形图像。[31] 布劳的发现引起了世界各地物理学家的兴趣。她多年的实验获得了成果。她开创了一项新技术，它有助于揭示我们体内最小的粒子。

不幸的是，她几乎没有机会使用这项技术。1937 年，随着奥地利反犹主义的抬头，施泰特尔逼迫布劳把她的工作交给她的下级合作者，并要她离开研究所。万巴赫尔对待布劳时而无礼，时而大方。极度痛苦的布劳考虑放弃自己的研究。但接着，她意外得到了一个暂时的喘息机会。她以前的朋友兼同事埃伦·格莱迪奇得知了她的困境，邀请她到奥斯陆大学（当时的名称为皇家弗雷德里克大学）待几个月。1938 年 3 月 12 日，布劳带着她最新型的底板，乘火车离开了。[32] 她从火车窗口看到德国军队正迅速越过边境。那是德奥合并，是希特勒吞并奥地利的日子。第二天，希特勒亲自进入维也纳，令他的崇拜者欣喜若狂。

挪威提供的只是一个短期避难所，但幸运的是，爱因斯坦听闻了布劳的困境。在他的帮助下，8 个月后，她在墨西哥城找到了一份教学工作。她担心战争一触即发，便搭乘最早的班机离开了奥斯陆。遗憾的是，它属于一家德国航空公司。当飞机降落在中转城市汉堡时，布劳被传唤。纳粹官员似乎很清楚他们要找什么。他们翻遍了她的行李，抢走了她的照相底板，才让她离开。[33]

在维也纳，万巴赫尔在布劳留下的基础上继续研究，并开始因两人的共同研究成果而获得荣誉。布劳伤心欲绝。尽管她后来在美国获得了一系列学术任命，她却再也无法恢复重新研究宇宙射线的动力。60 多岁的时候，她需要进行费用高昂的白内障手术，但在美国负担不起手术费，不得不回到维也纳。她在镭研究所工作了一段时间，感觉自己被冷待，并且依然没有薪水。另外，她愤怒地发现，施泰特尔尽管与纳粹有明显的联系，却在 20 世纪 50 年代初被允许回到一所名牌大学就职。[34] 布劳于 1970 年去世，她的成就在她的祖国奥地利未被认可。

与此同时，许多其他人采用了布劳开创的技术，并获得了回报。1947 年，塞西尔·鲍威尔和朱塞佩·奥基亚利尼在法国比利牛斯山的一处山巅放置了灵敏的照相底板，他们发现了一种新的亚原子粒子——π 介子，这是自安德森发现 μ 子以来发现的第一种新粒子。与 μ 子和正电子一样，介子也是奇异的玩意儿。它们大约比电子重 270 倍，可以带正电，也可以带负电，或者不带。

鲍威尔因此获得了诺贝尔奖。布劳却没有被提及。她至少三次获得诺贝尔奖的提名，其中两次的推荐者都是身为诺贝尔奖得主的埃尔温·薛定谔，但这一切徒劳无功。

在威尔逊的云室和布劳的照相底板上，那美丽的纤弱轨迹打开了潘多拉魔盒。它们揭示了比原子更小的新粒子的存在，但几乎没有阐明图景。虽然有了正电子、μ 子和 π 介子这样的粒子，但靠物理找到我们体内基本要素的日子倒似乎更加遥遥无期了。科学家就好像在一个井底寻找解决办法，却发现井底的深度超乎他们的想象。他们只能不断放下水桶，并满怀期望。然而，原子内部的图景甚至将很快变得更加模糊。

到 20 世纪 40 年代，物理学家知道，宇宙射线主要由原子核，以及游离的质子和电子组成。它们以接近光速的速度冲向地球，大部分被大气层吸收。但一些高速碰撞会分裂原子，产生更小、更奇异的亚原子粒子，比如 π 介子和 μ 子，它们也会像雨点一样落到地球上。

因此，研究人员当下决定尝试一种更直接的方法。与其等待宇宙射线偶尔大发慈悲，发射一个新粒子，为什么不操纵粒子撞在一起，看看是否有新的粒子会像高速公路车祸飞出的碎片般喷射出来呢？粒子搜寻者开始建造原子对撞机，他们更喜欢称之为粒子加速器，使电子与电子、中子与中子以惊人的速度相互撞击。

1949 年，8 所美国大学在纽约的布鲁克海文联合建造了第一台庞大的原子对撞机，并给它起了一个乐观的未来主义名字——宇宙加速器。它的内部结构看起来像是一架刚被空运来做调试的飞碟。物理学家将粒子发射进一圈200英尺长的环形轨道，轨道由288个6吨重的磁铁环绕。这些装置控制着粒子绕轨道运行，每隔10英尺设置的微波发射管会提升粒子每一圈绕行的速度，就像在加速的旋转木马上推动它们一样。研究人员在一堵两英尺厚的混凝土墙后面操作了这个30亿伏的设备。等终于解决了所有的难题后，他们便可以在4/5秒内将粒子发射130 000英里，使它们加速到接近光速。[35]

这些撞击取得了非凡的成功。研究人员欣喜地发现了更小粒子的轨迹。撞击点周围布置了布劳的照相底板，还有气泡室——威尔逊云室的类似物。它们的灵敏度高得惊人，可以探测到直径小于一百万亿分之一英寸、存在时间小于十亿分之一秒的粒子。[36]突然之间，最基本粒子似乎触手可及。

然而事实并非如此。

随着新发现数量的攀升，喜悦变成了困惑和惊愕。[37]到了20世纪50年代末，物理学家面对数十个奇异粒子组成的“动物园”，大惑不解，一头雾水。K介子、λ粒子、Σ粒子、Ξ粒子、超子，名单不断加长。“如果我能记住所有这些粒子的名称，”费米抱怨道，“我就不是物理学家，而是植物学家了。”[38]粒子物理学家注定要成为头衔好听的编目员吗？他们看到了一些表明这些粒子拥有共性的迹象，但没能找到统一的体系将它们联系起来。科学家想在宇宙混乱的表象下发现一种简明的秩序，但这一梦想到此为止了。此时，对最基本粒子的探索似乎裹足不前。

⊙

局面一直混乱不堪，直至1961年默里·盖尔曼加入。

盖尔曼是个神童。他3岁时就能心算大数相乘，15岁进入耶鲁大学。[39]他是那种自认为无所不知的人，他老是写不完论文，经常逃课，却总是在考试中名列前茅。32 岁时，他获得了麻省理工学院的博士学位，在普林斯顿高等研究院工作，在芝加哥大学与传奇人物费米共事，并在加州理工学院担任教授。他会说 13 种语言，包括高级玛雅语。他的合作者谢尔登·格拉肖回忆："不用认识多久，他那咄咄逼人的博学就会让你明白，他在几乎所有方面的知识都远超你，不论是考古学、鸟类、仙人掌，还是约鲁巴神话和发酵学。"[40] 照片上的盖尔曼通常眼神温暖，笑意藏在厚重的黑框眼镜后，但他易怒且傲慢。他喜欢贬低与他意见不同的人，包括圈子里的另一个天才——理查德·费曼，这位合作者后来变成了他的竞争对手。

盖尔曼选择研究粒子物理学，他有一种不寻常的天赋，善于辨识潜在模式。经过多年研究，他发现他可以运用一种晦涩的代数理论形式，根据粒子"动物园"里所有成员的性质——电荷、质量、自旋和"奇异数"（这种性质似乎可以预测一些粒子衰变为更简单粒子所需时间的差异）——将它们分组，于是他迎来了顿悟时刻。在一次令人惊叹的关于自然界如何映射数学的演示中，他发现这些粒子可被分成 8 个几何形状组成的不同集合，叫作八重态。他将自己的理论称为"八重法"，幽默地向禅宗致敬①（毕竟这是 20 世纪 60 年代的加州②）。也许它终将使粒子物理学家得到启迪，结束他们的痛苦。[41] 盖尔曼的八重态将粒子分组，这些分组与粒子性质一致的程度，就如俄国化学家门捷列夫的元素周期表将元素排序一样令人印象深刻。由于几何图案中有缺失粒子的地方，盖尔曼预测人们将发现新的粒子。

但盖尔曼对发表他的理论感到忧虑，以至于两次从《物理评论》撤回了论文。[42] 最后，他提交了一篇关于粒子性质的论文，并谨慎地把关于八重法的突破性意见藏在文章末尾。

正如科学界常见的那样，另一个人同时得出了同样的理论。这又

① 佛教教义中有"八正道"，意为八种方法，包括正见、正念、正定等。——译者注
② 美国的 20 世纪 60 年代是反主流文化的时代，年轻人反叛社会，宣扬佛教禅宗，加州是当时的文化中心之一。——译者注

是一名神童，他名为尤瓦尔·内埃曼，当时是物理学家，后来成为以色列内阁成员。两人分享了发现这一晦涩理论的荣誉，它起初看似完全不可能奏效。[43] 他们的理论认为，应该还存在人们未曾于自然界中见过的粒子，所以我们不清楚两人是否走在正确的道路上。

但数年后，布鲁克海文的一项实验使盖尔曼大受追捧。他曾预测了一种特殊粒子的性质，它在他的一个几何集合中是缺失的，被他称为 Ω−。实验人员开始寻找它。他们花了几个月的时间，在加速器上安装好必要的设备。而后他们开始每天拍摄数千张照片，照片如此之多，他们不得不雇用了长岛的家庭主妇日夜轮班来帮助分析它们。[44] 在拍了 9 万张照片之后，他们一无所获。但到了第 97 025 张，他们发现了匹配的现象。[45] 盖尔曼早已预见了 Ω 粒子的性质。八重法被证实了。

盖尔曼得意于他的理论，但并不满足。实验者编目的粒子数量多得荒谬，但他没有减少这一数量。他也不明白它们为什么与八重法体系契合，但一定有某种潜在模式可以解释这一现象。他认为，已知粒子肯定是由某种更简单、更基本的东西构成的。

1963 年 3 月，他在哥伦比亚大学拜访物理学家罗伯特·瑟伯尔时取得了突破。瑟伯尔一直在琢磨八重法的运算，他怀疑其底层代数可能揭示了一种以三为基础的深层模式。在教工俱乐部吃午饭时，他问盖尔曼，八重态中的每个粒子是否可能由三个更小的粒子组成。

“这将是个有意思的怪论。”[46] 盖尔曼说。

“馊主意。”一起吃饭的物理学家李政道反驳道。盖尔曼拿起一张餐巾纸，开始潦草地写下这个建议为什么古怪。问题在于，如果每个粒子都由三个更小的粒子组成，那么每个更小的粒子就必须带有 1/3 或 2/3 个正电荷或负电荷。没有人见过分数电荷。那它们怎么可能存在呢？这似乎不太可能。

但这个问题一直困扰着盖尔曼，第二天，他发现自己又在思考它。他开始想知道，是否有一种奇怪的方式使分数电荷得以实际存在。假设带分数电荷的粒子被禁锢在一个带完整电荷的较大粒子中，就能解释为什么我们无法探测到它们。它们永远无法摆脱困住它们的大粒子。这似乎很不可信，甚至古怪得不可能成真。但他又想，管他呢，为什么不呢？[47] 为了梳理这个念头，他随意地把这些奇异粒子命名为“quack”或“quork”，并最终选择了“quark”（夸克），这个荒唐的名字源于詹姆斯·乔伊斯的小说《芬尼根的守灵夜》。（“quark”在德语中有“胡言乱语”的意思，盖尔曼得知这一点时也被逗笑了。）

盖尔曼认为他提出了一个聪明的理论，但也是我们无法观察到的。于是他想知道，他的带分数电荷的粒子是否可能是一个有用的数学虚构概念。[48] 他担心论文可能被拒，便决定不把它交给《物理评论快报》的谨慎的编辑。他把它寄给了《物理快报》，那里的编辑更乐于发表“疯狂”的想法。[49]

再一次，有人进行了相似的头脑风暴。这一次，盖尔曼的同事、过去的学生乔治·茨威格独立地提出了分数电荷粒子的概念［不过他称它们为埃斯（ace），而非夸克，并推测它们可能有四个，而不是三个］。但茨威格是一位更年轻的科学家，当时他在瑞士的欧洲核子研究中心（CERN）工作，那里有世界最强大的粒子加速器，而该机构对论文发表的地点和形式有限制。茨威格对部门主管给他设置的障碍感到非常挫败，以至于放弃发表论文。[50] 在欧洲核子研究中心工作期间，他只是给人们传阅了两份本来准备发表的草稿。他回忆，人们对他的论文“基本上不太温和”。一位上级科学家给他贴上了骗子的标签，并阻挠他在伯克利担任教职。[51] 茨威格最终心情苦涩地离开了物理学界，转投神经生物学界。

和埃斯一样，夸克一开始也被排除在外。粒子中的分数电荷从未被探测到，而且永远也不可能被探测到，这一理论似乎过于牵强。情况在 1968 年夏天发生了变化，盖尔曼的竞争对手理查德·费曼用量子物理学告诉人们，斯坦福大学的加速器实验证明了这些电荷的存在。在他的演示中，电子从质子上反弹回来，其表现就好像质子里有三个坚硬的实体。凭借云室、布劳的照相底板、粒子加速器，以及盖尔曼的直觉与数学层面的敏锐，科学家终于探测到了夸克——尺寸是沙粒的一百万分之一。[52]《纽约时报》写道，许多物理学家认为，“他们已经开始打开通往物质最内部秘境的大门”[53]。

在过去的50年里，怀疑已经转变为深信。人们普遍认可夸克是粒子“动物园”中所有成员的终极基本要素，包括你身体原子中的所有质子和中子。夸克有6种类型，它们强相互作用的媒介是被盖尔曼称为胶子的交换粒子，之所以叫这个名字，是因为它们把粒子黏合在一起。没有人知道为什么夸克有分数电荷。但科学家发现了一种力，它阻止带分数电荷的夸克逃离质子和中子。夸克越往外移，束缚它们的力会越强，就像被拉伸的橡皮筋一样。科学家估计，夸克所承受的压力超过宇宙中任何已知的压力，比海底最深处的压力大一千亿亿亿倍。[54]盖尔曼的理论得到了其他人的扩展，如今已处于不容挑战的地位。这一重大突破为他赢得了诺贝尔奖。

虽然你可以说盖尔曼发现了构成我们乃至世间万物的最基本粒子，但公平地说，你还包含了多得多的其他东西——真空。你可能认为你是固体，但那是一种幻觉——你的原子中有99.999 999 999 999 9%的部分都是空的。原子中的真空之海是如此之大，如果你把一个氢原子的原子核放大到网球那么大，它的电子将在大约一英里外旋转。如果你把你的电子、质子和中子之间的空间全部去掉，你将变得不比一粒大灰尘更大。你可以把全人类塞进一块方糖里。[55]

这引出了一个有趣的问题。如果我们的身体如此空荡，为什么我们却感觉如此坚实？答案是，当我们碰触桌子这样的东西时，原子实际上并不相触。相反，你手指的电子和桌子的电子会相互排斥。所以你的原子并没有实际碰触桌子，它们在桌子上方波动，诱使你的神经产生触觉。物理学家会告诉你还有其他事情在发生。在量子力学的世界里，相同的粒子不能占据相同的空间。因此，当原子相互靠近时，它们的电子会被迫以不同的模式围绕原子核高速旋转，这种旋转产生了排斥能，使它们无法实际接触。

迄今为止，科学史上的所有观察结果都告诉我们，除了真空，你和所有已知物质都只由三种基本粒子组成：电子、夸克和胶子。胶子是无质量的交换粒子，它们将夸克黏合成质子和中子。从某种意义上说，你是一个集合，包含了大约 30 000 000 000 000 000 000 000 000 000（3 万亿亿亿）个电子、数十倍于前者的夸克和无数个将夸克黏合成粒子的胶子。

⊙

盖尔曼的发现使我们能将基本粒子的历史追溯至它们被召唤出来的那一刻。那是 138 亿年前，没有宇宙，没有空间和时间。而后，就在大爆炸那一瞬间，夸克、胶子和电子从一个密度无穷大的小点中喷射出来。于是砰！我们的旅程开始了。创造我们的粒子在超高温等离子体中旋转、跳跃、聚集。不到 1 毫秒后，胶子开始把夸克黏合在一起，形成质子和中子。3 分钟内（根据爱因斯坦的方程和对宇宙中物质总量的估计），等离子体稍微冷却。这使得胶子携带的强大核力得以发挥作用。它们开始将质子和中子黏合在一起，创造出我们这个宇宙中最初的原子核。

其中 3/4 是最简单的元素——氢，它的原子核中只有 1 个质子。这意味着你体内所有 4 亿亿亿个氢核，都在大爆炸 3 分钟后就形成了，它们约占你质量的 10%。

第二简单的元素氦（有 2 个质子和 2 个中子），以及极少量的锂和铍（分别有 3 及 4 个质子和中子），也在旋转的原初等离子体中孕育出来。但目前仅此而已。

在大约 2 亿年的时间里，宇宙极度乏味。那才是真正的黑暗时代。没有什么可看的，也没有光让它可以被看到。在宇宙膨胀的过程中，只有 4 种闲置元素组成的云团飘浮在黑暗空间里。

我们大概可以确定，这 4 种最早出现的元素不可能凭自己创造出生命。毕竟，你的身体含有 60 多种其他元素，从铁和硒，到氟和钼。而你是存在的，这怎么可能发生？你体内的其他原子是如何产生的？让它们得以存在的是什么庞大的能源——等同于一千亿亿亿枚氢弹？[56]

第一条意想不到的线索将来自“哈佛第一人”，她碰巧是一名意志坚定的英国女性。

第 3 章

哈佛第一人

改变星空观察方式的女性

世界接受一种新思想的过程分三个阶段[1]:

a. 这想法纯属无稽之谈;

b. 有人比你更早想到它;

c. 我们一直相信它。

——弗雷德·霍伊尔,改述自雷蒙德·利特尔顿

1923 年春天,剑桥大学 21 岁的高个子学生塞西莉亚·佩恩开始担忧自己的未来。她如此热爱天文学研究,甚至做梦都梦到它。她一直在笔记本上记录自己成为科学家后想要解决的研究问题。但是到了最后一个学年,她意识到自己没有出路。在那个时代的英国,像她那样的知识女性所能期待的最好出路,就是成为一所女子学校的教师或校长。她后来在自传中写道:"我看到脚下裂开了一道深渊,女教师的生活对我来说是'比死亡更糟糕的命运'。"[2] 但这种可怕的命运并没有发生。相反,尽管条件不利,她还是得出了一项至关重要的发现,为 20 世纪科学的伟大胜利奠定了基础:她揭示了我们体内所有元素(除氢以外)最初是如何被创造出来的。

6 岁时,一颗流星给她留下了深刻的印象,佩恩对科学的兴趣由此开始。10 岁时，这种兴趣更加稳固了。她在就读的天主教学校做了一个实验来测试祈祷的力量。她在自己半数的考试中祈祷能得高分，在另一半考试中没有祈祷。[3] 结果她发现两组成绩没有差别，于是坚定了自己对理性力量的信念。她后来成为一位论派 ① 教徒。

一位虔诚的女校长对她说，如果她学习科学，就是在“滥用自己的天赋”。[4] 她所在的学校唱诗班的指挥是古斯塔夫·霍尔斯特，他当时是一位默默无闻的作曲家，后来写出了《行星》组曲，敦促她成为一名音乐家。但她另有安排。

佩恩获得了剑桥大学的奖学金，有望成为一名植物学家。[5] 但是在剑桥大学，在一战后物理学思潮澎湃的时代，当她听到天文学家阿瑟·爱丁顿发表了他历史性的演讲，揭示了太阳的引力场使光的路径弯曲，正如爱因斯坦预测的那样，她经历了一次重大的人生转变。佩恩只觉得振聋发聩。她后来写道：“我的世界地动山摇，那时候我简直就像是精神崩溃一般。”[6] 你可以说她深深爱上了物理。次日，她“和校方对峙”，决定从植物学专业转到物理学专业。她在家里逐字逐句地写出讲稿，几乎连着三晚没睡。

剑桥大学卡文迪许实验室的气氛激情洋溢。电子发现者 J. J. 汤姆孙和云室发明者查尔斯·威尔逊都在那里，还有常驻在此的当时最耀眼的明星：发现原子核的传奇人物欧内斯特·卢瑟福。但对佩恩来说，这是个扫兴的人。卢瑟福不喜欢自己班上有女性。虽然女性不再需要行为监护人，但她们仍然必须占用单独的长椅。每次进入大讲堂，极度腼腆的佩恩都是唯一的女性，她不得不独自坐在前排。卢瑟福每节课都蓄意以“女士们，先生们”为开场白。她在自传中回忆道：“所有的男孩常常以雷鸣般的掌声向他的俏皮话致意，用传统的方式跺脚，每堂课，我都希望把自己埋到地里去。”

---

① 一位论派，只敬拜上帝，反对三位一体的教义，主张耶稣只是一个伟大的神圣人物，不具有完全神性。——译者注

她很快就找到了爱丁顿。他认可她的意愿，对她的鼓励远远超出卢瑟福，还允许她参与研究。佩恩还被引入了量子物理学激进的新领域，引荐人正是该领域的发现者之一，尼尔斯·玻尔。但在最后一学年，她意识到自己正走入死胡同。剑桥大学不允许女性获得更高的学位。（事实上，她们甚至没有被授予正式文凭，也没有受邀参加毕业典礼。）因此，佩恩排除万难，通过一些角力和坚持，争取到了一笔让女性在哈佛大学天文台进行研究的奖学金。她将在台长哈洛·沙普利手下工作。

天文台位于美国马萨诸塞州的剑桥，位于一处离校园大约一英里的缓坡上。它以雇用女性闻名，因为其前任台长爱德华·皮克林发现，女性不仅勤奋聪明，还能大幅度降低他的预算。在一次规模空前的天文研究活动中，皮克林雇用了 80 多名女性处理一系列照片，这些照相底板将增至 50 万张。而这些女人被称为“皮克林的计算机”，更常见的称谓是“皮克林的后宫”。

沙普利认为佩恩可以加入这项研究，运用照相底板对恒星进行分类和编目。但佩恩在她的第一次独立研究中，便渴望解决一个更雄心勃勃的问题，那是她的剑桥大学教授提出的。[7] 她想调查我们对宇宙的认识中的一个巨大的盲点：恒星是由什么组成的。

科学家已经对此有所认识。哈佛大学的天文学家不仅拍摄恒星，还在照相底板上记录它们的光谱，这为研究恒星元素提供了许多线索。恒星会发出各种颜色的光，但元素周期表中的每种元素都吸收一组特定的波长。因此，在星光抵达我们之前，盘旋在恒星大气中的任何元素的原子都会吸收特定波长的星光。当天文学家观察恒星光谱的水平波段时，他们在波长缺失之处看到了细细的黑线，这些黑线揭示了吸收这些波长的光的元素的身份。所以玻璃底板就是光谱指纹。它们就像宇宙中的条形码，揭示了恒星含有许多地球上存在的元素，如铁、氧、硅和氢。

不过，天文学家遇到了一个问题。光谱线图案中存在的异常使之难以解读。所以，这些底板虽然告诉科学家一颗恒星含有哪些元素，却没有揭示每种元素的含量。

尽管如此，天文学家认为他们已经知道了答案。恒星和行星一定是由相同的物质构成的。当时有许多人认为，这些行星是在一颗途经的恒星从太阳中扯出大量热气体时形成的，所以它们必然拥有相同的成分。事实上，杰出的恒星专家亨利·诺里斯·罗素坚信，太阳和地球一样有一个庞大的铁核。他确信，如果把地壳加热到太阳的温度，两者的光谱几乎是相同的。

这就是佩恩想要调查的。她想用照相底板来确定恒星中各种元素的比例。而且她提议使用一项最前沿的理论进行研究，它是由远在加尔各答的卓越的天体物理学家梅格纳德·萨哈提出的。根据量子力学的新理论，电子只能在不同轨道上绕原子核旋转，能级越高，离原子核越远。在此基础上，萨哈提出，在不同温度的恒星中，同一元素的原子的电子可能在不同的轨道上（在最热的恒星中，那些原子甚至可能失去电子）。这些变化会导致原本完全相同的原子吸收不同波长的光，进而扰乱对恒星光谱的解读。

佩恩试图将萨哈的方程应用到哈佛大学海量的照相底板中，她对这项极具挑战性的工作迫不及待，而且她是哈佛大学唯一一个对量子理论有足够了解的人。

在她的办公室里，在那座贮藏了大量底板的砖砌建筑的三楼，佩恩夜以继日地分析成千上万颗独特恒星的光谱中那令人费解的差异。[8]那些底板至今仍然保留在这栋建筑的黄色套筒里。天文学家欧文·金格里奇是佩恩带过的研究生，他在那里给我看了一张底板。上面有暗色的条带，每条约 1/4 英寸宽，其上有许多强度不同的模糊亮线，需要用放大镜才能看清楚。“看着它你会晕头转向，”金格里奇说，“你必须学会辨别图案。不过只要日复一日地观察，它们就会变成朋友。”[9]

看着那些微小的痕迹，真的很难相信他的话。

在那些夜晚，天文台台长沙普利偶尔会到佩恩的办公室看看。他发现她一边不停地抽烟，一边全神贯注地盯着她的底板，努力从模糊的线条中辨别规律，并将它们与自己的计算匹配。她写道："我经常处于疲惫又绝望的状态，整天工作至深夜。"数月的困惑拉长为近乎一年的"根本摸不着头脑"[10]。

但最终一切都上了正轨。她运用萨哈的方程，发现了一些完全出乎意料的东西。在学位论文初稿中，她勇敢地宣称，和几乎所有人认为的不同，恒星和地球的组成大相径庭。恒星中很少含有地球上最常见的元素，如铁、硅、氧和铝。相反，每颗恒星的 98% 都是氢和氦。事实上，太阳中氢的含量比我们这颗行星上的氢多一百万倍。

这太奇怪了。这和她在剑桥大学学到的不一样，当然也不符合她的老师对地球形成过程的理解。物理学家艾尔弗雷德·福勒对她说："佩恩小姐？你非常勇敢。"[11] 沙普利自豪地把她的论文草稿寄给了他以前的导师，普林斯顿著名的天文学家亨利·诺里斯·罗素。罗素回以高度的赞扬，同时也提出了严正的警告。佩恩声称恒星几乎完全由氢和氦组成，这"显然是不可能的"[12]。人们有充分的理由否定它，其中包括认为太阳含有大量铁的理由。在太阳光谱中，铁的谱线数远超其他物质，不仅如此，许多陨石也是由铁构成的，并且地核中充满了铁。在罗素看来，所有这些证据都清晰地表明，一切天体中必然都含有丰富的铁。[13]

佩恩只是一名研究生，她接受了这位权威专家的话，或者至少觉得她必须同意。她回忆道："他的一句话可以成就一个年轻科学家，也可以毁掉一个年轻科学家。"[14] 她在论文中特别注明，她的这部分结论"几乎肯定不是真的"[15]。佩恩的女儿告诉作家多诺万·穆尔："佩恩一生都在为这个决定感到遗憾。"[16] 而几年后，不仅罗素本人凭借量子理论的进步得出了这些结论，其他人也通过别的方法得出了佩恩的结论，这些事实证实了她的发现。[17]

佩恩的论文长期以来被视为天文学领域最杰出的博士论文。著名天文学家埃德温·哈勃称她为"哈佛第一人"[18]。但她很久以后才得到晋升。多年来，她的课程都没有被列入哈佛大学的课程目录。[19] 这所大学的校长劳伦斯·洛厄尔一想到教职人员中有一位女性就感到恐惧，他发誓，只要他活着，她就绝不会得到任命。事实上，她直到 1956 年才被任命为教授，那时洛厄尔已经去世多年了。

佩恩的发现改变了我们对恒星机制的看法。研究人员知道它们主要由氢和氦组成后，便解决了另一个长期存在的难题——恒星以什么为燃料。他们发现，在恒星受压的内部，带单个质子的氢原子聚变为带两个质子的氦原子时，就会释放能量。我们的太阳就是这样产生热和光的。多亏了佩恩，有了这个新认识，科学家终于能够解开重元素形成之谜了。答案就在恒星之中。

⊙

第一位发现我们元素来源的正是弗雷德·霍伊尔，我们上次提到他时，他还在轻蔑地嘲笑大爆炸。霍伊尔中等身材，戴着厚厚的眼镜，总是顶着乱蓬蓬的头发，带着调皮的笑脸。在还是约克郡的一个村庄里的小男孩时，他气恼于老师们的"愚蠢"，便完善了逃学的艺术，经常一次逃学数周或数月。[20] 不"生病"时，他就在运河水闸附近闲逛，在树林和田野里漫步。[21] 他在父母的书架上找到一本化学课本，在家里成功读完了它，并用自制火药的爆炸给朋友们留下了深刻的印象。作为一名科学家，霍伊尔可能很难相处，好争辩，总是快活地显摆自己对正统的藐视。他的这种怀疑态度是从他父亲那里继承的，后者曾在一战的索姆河战役中见证了自己的部队在堑壕战中被机枪和英军统帅部的无能联合摧毁。霍伊尔至死都不接受大爆炸的假说。尽管如此，他仍被称为"世界上最具创新思维的人之一"[22] 以及"他那一代最具创造力、独创性的天体物理学家”[23]。

在剑桥大学，霍伊尔决定学习物理，不过是在他掌握数学之后。因此，当他的兴趣转向天文学时，他的优势在于其有强悍的统计能力，以及将统计学应用于核粒子复杂反应的能力。

20 世纪 40 年代，霍伊尔开始思考元素的起源。物理学家乔治·伽莫夫已经认识到，大爆炸产生的温度高得惊人。因此，伽莫夫假设所有元素的原子核都是在原初烟花中由质子和中子迅速组装而成的。他说，这个过程“所需的时间比煮鸭子和烤土豆的时间还短”[24]。这似乎是有道理的，如果你要建立一个宇宙，为什么不同时从所有的基本要素开始呢？然而伽莫夫无法使他所有的计算都奏效。刚刚算了最初几种元素，他就卡住了。

霍伊尔就是此时介入的。他知道，佩恩的玻璃底板显示，恒星除了氢和氦外，还含有少量的氧、碳、铁和其他元素。每颗恒星的元素比例都略有不同，这个事实向霍伊尔表明，恒星本身可能是制造新元素的工厂。不过这看上去几乎不可能：物理学家计算出恒星的温度远远不够。[25] 它们没有足够的能量。

这是因为作为元素周期表中的第一个元素，氢的原子核中只有 1 个质子，之后的 117 种元素依次递增 1 个质子。氦有 2 个质子，锂有 3 个，以此类推。这听起来很容易形成，但任何想成为现代炼金师的人都知道事实并非如此。往 1 个原子核中加入 1 个质子需要多得令人咋舌的能量，原因很简单。到 20 世纪 30 年代，科学家发现原子核的质子被一种不同于引力或电磁力的力束缚在一起。这是一种极其强大的束缚力，他们称之为“强核力”。但它只在极短的距离内起作用。距离再拉大一些，电磁力便起主导作用。因此，当一个游离的质子飞向原子核时，它会被原子核内部同样带电的质子的电磁力强烈排斥——除非它有足够的能量逼近到强核力可以抓住它的距离。天文学家计算出，恒星没有足够的能量来产生比氦更重的原子核，氦只有 2 个质子。恒星的温度太低，无法添加更多的质子。

霍伊尔知道，一定有一个关于这些元素如何形成的解释。但它在哪里？

1944 年，他的一次旅行改变了一切。在二战战火肆虐时，霍伊尔正在为英军设计对抗雷达制导火炮的对策。一次关于雷达技术的绝密会议使他来到华盛顿特区。[26] 一到那里，霍伊尔就趁着这次旅行做了一些未经批准的天文学私人活动。在普林斯顿，他遇到了伟大的恒星专家亨利·诺里斯·罗素，后者建议他去参观威尔逊山天文台，那里有世界最强大的望远镜。

讽刺的是，在战争时期，继埃德温·哈勃之后，那里最杰出的天文学家严格来说是来自敌对国的人。大多数天文学家被派去从事战争研究了，但沃尔特·巴德没有，因为他是 1931 年从德国移民来的。他不但没有被外派，活动范围还被限制在了洛杉矶县。夜间针对外国人实行的宵禁政策本来会使他无法使用望远镜，但天文台台长向军方请求了豁免。[27] 由于战时的局部停电，巴德在观测时间和天空的黑暗方面几乎无人可以匹敌，他充分利用了这个机会。他告诉了霍伊尔很多事，包括他的发现：一颗大恒星不会悄然消亡。相反，它会消亡于一场磅礴的爆炸，他和一位同事称之为超新星。此外，巴德还告诉霍伊尔，他的最新研究使他确信，超新星产生的热量远远超出最热的恒星。[28] 霍伊尔听得兴致盎然。

在前往蒙特利尔时，霍伊尔对恒星的思考更深入了，他在蒙特利尔遇见了正在设计世界首个核能反应堆的英国科学家。至少这是他们的托词。事实上，据霍伊尔所知，他们是英国原子弹计划的成员，并试图从他们的加拿大合作者那里收集关于曼哈顿计划①的战时情报。[29] 霍伊尔精通核物理，这些科学家对自己研究的含糊描述足以让他掌握美国钚弹的原理。他意识到，如果用一圈常规炸药使原子弹产生强烈

① 曼哈顿计划是美国陆军部自 1942 年开始秘密研制原子弹的计划。——译者注

内爆，就可能引发更具破坏性的核爆炸。

回到剑桥大学后，霍伊尔开始琢磨，超新星能否以同样的方式被引爆。当一颗恒星耗尽燃料时，它会像钚弹一样内爆并引发一场更大的爆炸吗？[30]

他的计算表明，如果事实如此，那么远在恒星爆炸之前，它就会逐渐变得比任何人想象的要热得多。在这种情况下，也许元素起源的答案便近在眼前——每一个夜晚。有没有可能在爆炸之前，被称为红巨星的大质量恒星就已经足够热，可以将氢转化为其他元素？[31]他决定运用自己在核物理和统计学方面的知识，尝试计算可能促使这种情况发生的反应。

霍伊尔假设，当一颗大质量恒星的核心将所有的氢转化为氦后，释放的能量使恒星变得更热，于是其内部的粒子运动加快。此时，3个各带2个质子的氦原子核应有足够的能量，可以克服彼此的排斥力而猛烈撞击在一起，聚变成1个单一的原子核，产生有6个质子的碳。一旦一颗恒星产生了碳，反应过程能释放更多能量，它的内部就会更热，粒子的运动速度也会更快。实际上，这颗恒星可谓自我奋发。起初，他的计算似乎表明，不断增大温度和压力的连续反应使恒星能够生成所有其他元素，直至有26个质子的铁。他似乎取得了惊人的突破。

但随后他就撞上了一堵墙，确切地说是碳墙。在计算中，能量无法累积到足够的程度，使产生碳原子的反应得以发生。而只要恒星无法先产生碳，就无法产生更重的元素，他的整个理论都受到了质疑。现在霍伊尔被困住了。

几年后，霍伊尔受邀到加州帕萨迪纳的加州理工学院逗留数月。在那里准备一场演讲时，他重新审视了自己的困境。他开始思考，如果两个氦原子相撞，紧接着第三个氦原子几乎同时撞上它俩，就可以得到足以产生碳的能量。但他仍然有一个问题：这种反应会产生一种不可能存在的极其高能的碳形式。

这是因为原子可以有不同的能量，取决于它的质子和中子如何排列。他计算出，他设定的反应产生的碳原子，其能量超过实验中检测到的任何实际碳原子。他甚至计算出了精确的数值：765 万电子伏。

尽管如此，霍伊尔还是觉得自己把握了一些关键。他知道碳是宇宙中第六大常见元素。它几乎占据了我们身体质量的 23%。[32] 他看不出它如何在恒星之外的任何地方被聚合生成。他想，也许那个能量水平的碳是存在的，只是我们还没发现它。

霍伊尔兴奋地做出一个大胆的预测。他声称，在大型恒星中，当各带 2 个质子的 3 个氦原子相撞，产生 1 个有 6 个质子的碳原子时，就产生了上述的碳。但它不稳定。所以它损失了一点点活力，释放了一点点能量，变成了我们周围常见的低能量形式。他后来又声称，既然我们存在，并且由碳构成，那么他的预测肯定是正确的。宇宙中充满了碳，而碳不可能由其他方式生成。

幸运的是，霍伊尔当时在加州理工学院，那里有一些世界上最伟大的核试验人员正在使用粒子加速器。有一天，他闯进了该团队领导人威廉·福勒的办公室，请他验证一下自己的预测。身材魁梧的福勒被这个带有英国口音的怪人打断了。“这个有趣的小个子认为我们应该停下手边所有的重要工作……我们并不理睬他。离我们远点，小伙子，你打扰我们了。”[33]

但是霍伊尔并没有停止纠缠福勒的团队。最后，他们意识到，尽管霍伊尔的预测看似极不可能，但如果被证明是真的，它将具有重大意义。于是他们同意对他的理论进行检验。他们把一个可以测量单个原子能量的光谱仪与一个小型粒子加速器连接起来，他们要在加速器中尝试创造碳。

霍伊尔在等待结果时很紧张。“我每天蹑手蹑脚走进实验室时，都觉得有热风吹在我的脖子上。”他回忆道。他就像被告席上的囚犯，等待陪审团主席宣判他是无罪还是有罪。[34]

经过几个月的测试，物理学家震惊地发现了一种能量水平完全符合霍伊尔预测的碳形式。[35] 福勒大吃一惊。之前从未有人做过这样的事：用天体物理学和恒星的理论预测如此微观的东西——原子的精确核结构。霍伊尔写道，听到结论时，他喜欢的加州橘子树闻起来更芬芳了。他已开始揭开元素诞生的奥秘。

⊙

创造新元素的舞台搭建于大爆炸之后，此时巨型氢云飘入了已无限膨胀的太空。约 2 亿年后，无情的引力开始把最大的氢云中的原子紧紧挤压在一起，以至于可怕的热量和压力将氢云的中心变成了核反应堆。氢聚变成了氦。能量的狂潮被释放出来，将云层点燃成炽热的星辰。它们辐射出热量，第一次照亮了我们漆黑的宇宙。

人们已经理解了这一点。霍伊尔的洞见在于，当一颗超大恒星的核心消耗完它所有的氢之后，它就进入了一个狂暴的新阶段。引力将其核心处的氦挤压得如此之紧，以至于氦也开始发热。在那个超热的大旋涡中，氦原子核激烈碰撞，其力量压倒了彼此间的排斥力，形成了我们体内的碳。一旦碳被创造出来，恒星就像有九条命的猫一样开始蜕变。核聚变释放的热量将恒星一层层推出，使其转变为巨大的“红巨星”。我们的太阳太小了，不足以产生比氦更重的元素，但它在大约 60 亿年后也将经历类似的命运。它的表面会往外膨胀，直至焚毁我们的星球，把地球烧得很脆。

霍伊尔意识到，一旦巨大的远古恒星变成红巨星，宇宙就变得更加有趣了。由于恒星温度不断升高，新元素在恒星的核心周围的洋葱般的一层层环里形成又毁灭——碳转化为氧，氧转化为氖，氖转化为镁，镁转化为硅，直至形成原子核中有 26 个质子的铁。

这就是我们大部分原子的来源。超过 88% 的原子是在一个巨大的红巨星的炼狱中形成的。它们包括为我们运动提供动力的氧、骨骼中的钙、发送神经信号的钠和钾，以及我们DNA中除氢以外的所有元素。其中功能最多的碳，按质量算，是我们身体中第二多的物质。（氧占榜首。）如果你把身体里所有的水都抽走，碳在你的骨骼中只占不到1%，却在你的组织中占67%的质量。[36]碳链是蛋白质、糖和脂肪的骨架。在烤架上把牛排烤黑时，你看到的是在恒星中形成的碳。对流性气流将重至铁的所有元素从红巨星内部带到其表面。星风，主要是电子和质子流，将它们以巨型云团的形式吹向太空。

然而，当霍伊尔试图计算比铁更重的元素如何形成时，他撞上了另一堵墙。这下可把他难住了。在铁及其以下的元素诞生的过程中，这些反应释放出大量的能量，可以用来制造更重的元素。但在铁之后，再也没有免费的午餐了。霍伊尔的计算表明，一颗恒星不可能锻造出比铁更重的元素，除非它以某种方式获得几乎无法想象的大量的额外能量。[37]

霍伊尔感到迷惑不解。地球上有66种比铁更重的元素。其中有40多种元素极少量地存在于我们的身体内，包括酶中的铜和硒，以及牙釉质中的氟。制造它们的能量从何而来？宇宙某处的某个事件必然释放了更多的能量。但没人能告诉霍伊尔那是哪里。

在加州理工学院一间没有窗户的房间里，在一台粒子加速器的旁边，霍伊尔锲而不舍地研究着。与他合作的包括从助手变成搭档的威廉·福勒，以及天文学家玛格丽特和杰弗里·伯比奇夫妇。他们运用计算尺、原始计算器和集体的核物理知识，研究了大质量恒星的老年期。这些恒星一开始就比我们的太阳大得多，后来变成了红巨星。他们发现，其中一颗红巨星在其核心完全转变为铁之后，就突然停止了反应，核心中的反应突兀地停止了。这是个坏消息。这颗大质量恒星不再产生足以支撑其外层的能量。相反，在令人惊叹的一秒钟内，它的核心就坍缩成了一个直径不到30英里、密度比地球大30万倍的球。（一颗用它制成的弹珠重量超过10亿吨。）这突然的坍缩发出的灾难性的冲击波穿过恒星一层层的结构，引发了所有爆炸中的王者——整个宇宙中最强大的爆炸之一——超新星。这是沃尔特·巴德率先发现的，一颗恒星的爆炸性消亡。

数天里，这颗正在消亡的大质量恒星燃烧的亮度相当于一千亿颗太阳，而且它将继续燃烧，可能持续几个月。[38] 你也许认为它的温度已热到足以制造出所有剩余的元素，但霍伊尔的团队不能确定。不过，在无意中看到 4 年前第一次氢弹试验的最新开放的数据后，他们更有信心了。[39] 氢弹爆炸迅速摧毁了伊鲁吉拉伯岛，它是马绍尔群岛中一个由珊瑚和沙子组成的小岛。爆炸掀起了 100 英里宽的蘑菇云。科学家在残骸中发现了一种非常重的放射性元素，它在爆炸中形成，半衰期为 60 天。霍伊尔的研究小组发现的证据表明，超新星发出的光以同样的速度变暗，这显然证实了超新星的温度足以产生这种元素。[40] 事实证明，这和许多线索一样都是错误的。尽管如此，霍伊尔的团队认为他们的方向是正确的，这激励他们继续前进。

在加州理工学院的某一天，霍伊尔在午饭前有一些空闲时间，于是他无所事事地决定，要试着使用团队的方程来预测宇宙中比铁更重的元素的丰度。而每一次计算都使他更加兴奋。研究人员曾研究地球和陨石，用塞西莉亚·佩恩的技术测量恒星的成分，从而得出了一些估计，霍伊尔的计算结果与这些估计相吻合。他的数据在少数几处对不上，但结果证明，错的是测量结果，而不是他的计算结果。

该团队长达 107 页的杰作题为《恒星中元素的合成》，它被视为有史以来发表的最伟大的科学论文之一。它列出了产生这些元素的 8 种不同的核途径。它细致地描述了红巨星深处的聚变如何创造出重至铁的所有元素。它展示了当一颗巨大的红巨星突然坍缩触发超新星时，粒子是如何在令人瞠目结舌的数十亿华氏度①高温下被瓦解的。相比太

① 华氏度是美国等少数国家使用的温度计量单位，1 华氏度≈ −17.22 摄氏度。——译者注

阳中心微不足道的 2 700 万华氏度，超新星的温度要高出数千倍。[41] 中子、质子和原子核以近光速的速度撞在一起，当它们重新组装时，它们就创造出了宇宙中的每一种元素，包括我们体内最重的元素①。

霍伊尔因其开创性的研究获得了荣誉、奖项，甚至爵士头衔。但是物理学家能获得的最高荣誉徽章总是与他无缘。1983 年 10 月，他的合作者威廉·福勒听说自己获得了诺贝尔奖后激动不已，但得知霍伊尔不会共享这一奖项时，既震惊又失望。没有人明确陈述过原因，但大家都明白。那时，霍伊尔已经成为物理学界的坏小子。“有趣又有错，比无聊且正确更好。”他曾这样说，并致力于遵循这条格言。他从不放下对权威的蔑视，也无所顾忌地侮辱与他意见相左的杰出同事。不仅如此，他尽管持续创造杰出的科学成果，却也公开支持一些挑衅性的，甚至践踏权威的理论。他声称地球上的生命萌发于源自外太空的种子——“泛种论”，这种声明现在来看不那么疯狂了。但其他的言论显然很疯狂，比如他认为英国自然历史博物馆里著名的始祖鸟化石是假的，太空中到处都是病毒和细菌组成的云团，它们周期性地引发疾病，比如 1918 年大流感、循环出现的顿咳，甚至包括军团病。[42] 他于 2001 年去世，至死仍不愿意接受大爆炸学说。

⊙

有了佩恩和霍伊尔的发现，我们便能开始追溯所有原子自时间伊始的旅程。你体内的每一个氢原子都是在由夸克和胶子形成质子时产生的，那是在大爆炸后不到一秒的时候。过了两亿年左右，重至铁元素的其他元素开始在炽热的红巨星深处形成。在不断增加的热量

① 超新星用了一种技巧来创造这些重元素。爆炸使中子以快得多的速度四处飞窜。中子由于不带电荷，便不会被原子核中的带电质子排斥，于是移动速度足够快的中子就可以潜入原子核。在那里，一个多出来的中子可能是特洛伊木马，因为它实际上可衰变为 1 个带正电的质子、1 个带负电的电子，并释放一些能量。这个中子衰变时，它的电子将从原子核中射出，只留下 1 个质子，就把这个原子核转变成了更重的元素。

中，原子核剧烈碰撞，质子和中子又以接近光速的速度撞入它们，将元素转化为更重的元素。大爆炸产生的氢和红巨星中产生的元素（主要是氧、碳、氮、钙和磷）构成了你身体的99%。你还有1%是重元素，如锌和锰，它们是在红巨星以超新星形式爆炸时产生的。在宇宙中最强大的爆炸中，它们被数十亿华氏度的温度烘烤[①]。

现在，当你的原子扬帆远航，离开锻造它们的恒星时，它们发现自己被困在了旋转的尘埃和气体中，这些尘埃和气体被重新造就为新的红巨星。或者它们被更大的恒星吞没，恒星将来又产生另一次超新星爆炸。在数十亿年里，你的原子可能在许多恒星中被重新加工。

最后，大约50亿年前，它们在一个巨大的云团中涌动，朝一处真空附近飘荡，这处真空如今容纳了我们的太阳系。最终，它们踏上了成为你的非凡旅程。

但这段旅程并非一帆风顺。事实上，它们的麻烦才刚刚开始。

① 2017年，我们发现，我们体内最重的原子中，有非常小的一部分是由中子星的剧烈相撞产生的，比如金。中子星是一种奇异的致密恒星，主要由中子组成，于超新星爆发后形成。

第 4 章

值得感谢的灾难

如何从引力和尘埃中创造世界

我自己的怀疑在于，宇宙的奇妙程度不仅
超乎我们的想象，还超乎我们的想象力。[1]

——J. B. S. 霍尔丹

早于 48 亿年前，创造我们的原子乘着气体和尘埃组成的巨大云团航行，前方……什么都没有。没有太阳系，没有行星，没有地球。事实上，在很长一段时间里，科学家都无法解释我们的固体行星究竟是如何形成的，更不用说一颗如此适宜生命生存的星球了。我们如今的岩质星球是如何像魔法一样，从一团缥缈的气体和尘埃中变出来的？地球是如何以及何时变得如此欣然接受生命的？在生命得以进化之前，我们的分子被迫经受了怎样的艰辛？科学家会了解到，我们的原子只有经历过惨烈的碰撞、崩溃和轰击，才能最终创造出生命——这些灾难使人类曾目睹的任何破坏都相形见绌。

解释我们的行星是如何形成的似乎如此困难，以至于到 20 世纪 50 年代，大多数天文学家都放弃了。他们的理论看起来毫无进展。两个世纪前，德国哲学家伊曼努尔 · 康德和法国学者皮埃尔–西蒙 · 拉普拉斯就已经提供了一个非常不错的开头，他们正确地推理出，引力将气体和尘埃组成的巨大旋转云团缠绕得如此紧密，以至于剧烈的温度和压力将云团点燃，形成了一颗恒星，也就是我们的太阳。但行星是如何形成的呢？他们假设，游离的尘埃和气体组成的盘状云团绕太阳旋转，并分裂成较小的云团，形成了行星。但是，没有人能令人信服地解释这个盘状云团是如何分裂的，或者行星是如何从这些较小的云团中形成的。

1917 年，英国人詹姆斯·金斯采取了一种创新的新策略，我们之前看到了，与塞西莉亚·佩恩同时代的人很支持这种策略。金斯推测，一颗途经的恒星有极其强大的引力，从太阳表面扯下了大量热气体，这些热气体就形成了行星。还有人认为我们的行星是恒星相撞后留下的碎片。但这样的撞击如何形成了 9 颗相距甚远的行星，谁也说不准。这就好比你把湿衣服放进烘干机，等到打开它时，发现衣服不仅干了，还叠得很齐整。只有几位天文学家继续认真对待这个问题。天文学家乔治·韦瑟里尔说，这个问题只适合“单纯的娱乐”或“离谱的猜测”。[2]我们压根不清楚能否回溯至如此久远的过去。

不过，在 20 世纪 50 年代末冷战正酣的苏联，一位年轻的物理学家决定正面迎击这个问题——用数学。他的名字是维克托·萨夫罗诺夫。萨夫罗诺夫身材矮小，一直苦于疟疾，那是二战期间他在阿塞拜疆接受军事训练留下的后遗症。他腼腆、谦逊，并且聪明过人。他以物理和数学的高级学位扬名于莫斯科大学。数学家、地球物理学家和极地探险家奥托·施密特了解到他的才华，将他招入了苏联科学院。

与前辈康德和拉普拉斯一样，施密特本人也坚信我们的行星是由绕太阳运行的气体和尘埃组成的盘状云团形成的。他想找一位技术人员来协助他研究其原理，而说话温和的萨夫罗诺夫正是一位才华横溢的数学家。[3]

在苏联科学院的一间办公室里，萨夫罗诺夫追本穷源。他承担了一项艰巨的任务，试图解释数亿亿亿的气体和尘埃粒子如何构建出一个太阳系。他将尝试用数学来完成此任务——主要是统计学和流体动力学方程，后者能描述气体和液体的流动。整个研究过程都没有计算机。事实上，没有计算机甚至可能对他有所帮助，因为这迫使他磨砺了自己本就强得可怕的直觉。

在上一章中，我们让巨大的原始尘埃和气体云飘浮在太空中。萨夫罗诺夫一开始就假设，当云团在无休止的引力牵引下变成一颗恒星时，我们的太阳系便初具形态了。云团几乎全部（现在我们知道是99%）都变成了太阳。残留的部分离得太远，无法被拖入太阳，却又不够远，因此无法彻底逃脱太阳的控制。于是，引力和旋转的向心力压平了这一部分云团，将它变成绕太阳旋转的气体和尘埃组成的盘状云团。

萨夫罗诺夫进行快速数学估算的天赋令同事们眼花缭乱，他着手计算当盘状云团内的粒子相互撞击，再联合撞击邻近的粒子时，会发生什么。他带着铅笔、纸和计算尺，也许是在安静的图书馆里——苏联科学家常常从嘈杂的大型公共办公室躲到这里来，坚持不懈地估算数亿亿亿次撞击的影响。无论有没有计算机，这项任务都令人生畏。相比之下，根据云层中初形成的水滴来计算飓风的路径简直是小菜一碟。

萨夫罗诺夫意识到，围绕太阳运行的宇宙尘埃和气体云将以大致相同的速度和方向运行。有时，当粒子与邻近的粒子相撞时，它们会像雪花一样黏合在一起。更多的碰撞开始形成越来越大的团块，直至它们大如巨石，大如远洋客轮，大如山脉，最终变成迷你行星。萨夫罗诺夫以此洞见为基础，凭一己之力概述了科学家解释我们的行星起源时需要解决的大多数主要问题。他凭借数学的玄虚，征服了其中许多难题。

多年来，他所创造的行星形成领域几乎独属于他一人。大多数苏联同事对此表示怀疑且不感兴趣，他的研究看上去过于理论化，无凭无据。[4] 到了 1969 年，萨夫罗诺夫出版了一本薄薄的平装书，回顾了他 10 年来孤独的研究。他给一名美国访问研究生送了一本，这名研究生把它交给了 NASA（美国国家航空航天局），并建议他们出版。[5] 3 年后，它的英文版出现在西方世界。

这本书点燃了华盛顿卡内基研究所的乔治·韦瑟里尔心中的火花。信奉宗教激进主义的母亲容忍了韦瑟里尔年少时对自然史的痴迷，他已经成长为一名科学家。他学习物理学，从事地球化学研究，同时也是一位出色的数学家。韦瑟里尔对萨夫罗诺夫的理论很感兴趣，更重要的是，他意识到自己可以验证它。与苏联科学家不同，韦瑟里尔可以使用一台原始计算机，因此他能将萨夫罗诺夫的方程应用于模拟中。他还能整合一个他可以使用的开创性程序，这个程序使用一种新的统计工具——蒙特卡罗法①，人们最初研发这个方法是为了制造原子弹。[6] 它会增加随机要素，所以如果他以不同的初始假设反复进行试验，他就能知道可能性最大的结果。

结果令韦瑟里尔很吃惊。他的模拟显示，如果数亿亿亿次微小的碰撞产生了数百个绕太阳运行的月球大小的天体，将继续形成数量少得多的行星，它们的大小和位置类似于我们的行星。

此外，他与行星科学家格伦·斯图尔特的模拟揭示了这个过程的惊人图景。一块太空岩石的直径一旦增至大约 100 英里，它的引力就会变得如此强大，以至于它开始牵缠周围的所有物体。这引发了一种失控的效应。[7] 随着岩石像滚雪球般疯狂迅速生长，越来越大的个头使它越来越频繁地与其他物体相撞。很快，它飞速吸走了补给区（它绕太阳的轨道）内所有较小的物体。事实证明，这个过程一旦开始，行星的形成就不是一个缓慢渐进的过程，它发生得非常快。

这个图景并不美丽。事实上，对天文学家来说，这不仅令人不安，

① 蒙特卡罗法是一种以概率和统计理论为基础的计算方法，通过建立随机模型，利用计算机进行数值计算和随机模拟，得到近似数值解和估计出误差。——译者注

还令人恐惧。我们的行星不是和平地聚集起来的。内太阳系曾有大量天体，甚至可能有100个大小在月球和火星之间的天体，它们曾经像参加轮滑比赛一样推来挤去，互相撞击，扰乱彼此的轨道。其中一些撞上了太阳，另一些被抛向了木星——迄今为止太阳系体积最大的行星。如果它们没有与木星相撞，木星强大的引力就会扰乱它们的轨道，足以将它们抛出太阳系。与此同时，我们自己这些不幸的分子被困在巨岩和迷你行星里，在地球形成的过程中遭受了无数次猛烈的撞击。

正如韦瑟里尔所阐明的，萨夫罗诺夫的理论解决了另一个令人困惑的难题：岩质内行星和外行星（也就是气态巨行星）如何从同一片云团演变而来？他们意识到，答案是，在太阳形成后不久，附近的温度非常高，以至于较轻的元素仍然以气态存在，只有较重的元素才能凝华成固体粒子。这些形成了岩质行星：水星、金星、地球和火星。它们所在区域的大部分较轻的分子要么被吸入太阳，要么飘出盘状云团，消失在外太空。但在更远的区域，温度已足够低，可以让水、甲烷和二氧化碳冻结，使那里的固体含量大约增加了一倍。这种岩石和冰的混合使木星和土星等行星的核心变得膨大。它们变得如此巨大，引力变得如此强大，以至于氢和氦等轻气体得以聚集在其大气层中，从而形成气态巨行星。

萨夫罗诺夫和韦瑟里尔的理论甚至解释了以下问题：所有的行星都在同一个平面及方向上绕太阳旋转，为什么金星的自转方向是逆向的，天王星几乎是躺着自转，而地球的自转轴倾斜，使我们有了四季。[8]我们的北半球偏向太阳时便在享受夏日，偏离太阳时就到了冬天。行星在形成过程中与其他巨大天体的强烈碰撞使它们各自的朝向脱离了同步状态，哪怕它们仍然绕太阳运行。

萨夫罗诺夫的理论帮助解释了月球的奥秘，这是其中最伟大的成就之一。多年来，科学家一直无法解释为什么月球不像地球那样拥有一些轻元素。到了20世纪70年代，行星科学研究所的威廉·哈特曼和唐纳德·戴维斯，以及哈佛大学的阿拉斯泰尔·卡梅伦和比尔·沃德这4位天文学家认识到，当地球几乎完全形成，也就是约目前大小的90%时，它必定遭受了剧烈的撞击。[9] 一个火星大小的天体以数万英里的时速撞上地球，撞击者本身破碎且升华了，还把地幔撞掉了一大块。巨大的撞击使大量升华的岩石和碎片喷射到地球大气层中，与此同时，撞击者沉重的铁核与地核融合。大多数喷入大气层的碎片又落了下来，包括我们的一些原子。但那次撼动地球的碰撞——术语为“大撞击”、“大冲撞”或“大碰撞”——也将巨量升华的岩石抛入了太空。

一些最轻的元素飞走了，消失了，比如氢，但较重的元素被限制在地球轨道上，形成了月球。这就是月球的轻元素少于地球的原因。尽管这个理论最初被忽视了，不过其改进版本已成为如今对月球起源的最佳解释。大撞击使地球的质量增加了约10%，于是我们这颗完全成熟的星球的生日被有效地标记为45亿年前。

天文学家就好像眼罩掉了一样。在萨夫罗诺夫之前，他们茫然无知，而现在他们有了行星形成的范式，也有了检验它的方法。他们的时间机器——确切地说是计算机模拟——可以被改进，并与天文观测结果相对照，以重建太阳系包括地球的演变。

讽刺的是，到了20世纪70年代，萨夫罗诺夫已基本上落于人后，因为他和大多数苏联科学家一样仍然无法使用计算机。但他经常访问西方，在那里他备受尊崇。韦瑟里尔真诚地写道：“他的贡献无人可及，我连他的衣摆都够不到。”[10] 萨夫罗诺夫戏剧性地改变了我们对地球历史的理解，对此我们如何形容都不为过。

⊙

45亿年前，我们的原子终于有了家园，那就是地球。你可能会以为我们这颗新生的行星将迅速稳固，海洋将会形成，生命很快就能昂首阔步地走上舞台。可惜，事情没那么简单。科学家会发现，我们的星球在经受暴力组装后，又经历了另一系列令人敬畏的灾难，生命才得以繁衍。第一个事件就相当惹眼：那是一次彻底的灾难，讽刺的是，这将使我们自身的存在成为可能。

早在17世纪，伊丽莎白女王的医生、自然哲学家威廉·吉尔伯特就发现地球有一个巨大的铁核，他已经发现了上述灾难的端倪，可惜他自己不知道。在那些关于“第一人”的编年史中，深刻影响了伽利略的吉尔伯特通常被誉为“第一位科学家”。[11] 他是最早提出要了解自然界不能仅凭建立理论的人之一。你必须做实验。他的调查推翻了水手们的古老信念，包括在指南针附近吃大蒜会妨碍它探测磁场，以及他们的指南针因遥远的磁性山脉而转动。[12] 吉尔伯特发现，如果像船用指南针横越全球那样，让指南针在一大块有两个磁极的磁性岩石周围移动，它依然指向南北。他推断出，地球和这块岩石一样，被一个磁场包围，这个磁场是其中心的铁核产生的。

那么铁核和磁场从何而来？到了20世纪70年代，科学家了解到，在地球完全形成后，引力将其内部的原子挤压得如此紧密，以至于地球变得比地狱之门还要热。多亏了萨夫罗诺夫，他们还知道撞击提高了地球的温度，尤其是大撞击熔化了大部分地幔。他们计算出，像铀这样的放射性元素在当时更加常见，使地球更加热。综上所述，地球显然只能通过一种方式获得它的铁核：变得炽热并完全熔化。

科学家贴切地称这一时期为冥古宙。我们的星球表面是一片汹涌的岩浆，并且分子们根据重量被分类。许多轻气体分子升到了大气中，如氮和二氧化碳。在熔化的地球内部，磷、钠和钾等生命元素与硅结合，上升成为地壳的一部分。与此同时，重金属铁，连带着一点镍，像池塘里的沉积物一样沉入了地心。即便到了今天，这宏伟的熔毁产生的大量余热还留在地核里。那里的温度依然很高——将近10 000华氏度——几乎和太阳表面一样热。地质学家称这次熔毁为“铁灾变”。但我们应该感谢这场行星级的灾难，没有它，我们就不会在这里。

地球的主要铁核的外部区域是熔融的，于是它在自转的地球内部旋转。其内部的循环电流在地球周围生成了一个浩大的无形磁场。这个广袤的力场远超大气层的范围，为我们遮挡了高能宇宙射线，否则我们的 DNA 会被这些射线撕成碎片。它还保护生命免受另一种危险——来自太阳的太阳风（主要是电子和质子），太阳风会一点点侵蚀我们的大气层，并将其送入太空。太阳风就是这么对待火星的。火星太小了，无法维持自己的磁场，因此它大气层中的分子被太阳风中的粒子撞击时，就会飞入太空[①]。若没有年轻地球经受的那场灾难，我们的星球就不会有磁力屏障。

对我们来说，这是一个幸运的转机，真是出人意料。

⊙

灾难发生之后，我们的星球以多快的速度从危险地带变成了宜居的伊甸园？ 20 世纪 60 年代，从高耸的喜马拉雅山到最偏远的沙漠，地质学家搜遍世界以寻找线索。他们历经艰辛，归来却所获无几。地球是在 45 亿年前形成的，可他们能找到的最古老的岩石只有约 35 亿年的历史[②]。构造运动将相撞板块的边缘推入了灼热的地幔，地球最初 10 亿年的历史几乎没有留下痕迹，这对寻找地球上最古老岩石的地质学家来说相当不幸。

因此，地质学家开始将热切的目光转向月球。它太小也太冷，不可能发生大陆漂移。所以就在那里，古岩石仍然躺在月球表面，拨动人们的心弦。研究人员确信，这些岩石可以讲述有关地球和月球最初的故事，只要我们能够找到它们。

1969 年 7 月 20 日是一个温暖潮湿的日子，在得克萨斯州休斯敦

---

① 你在地球上可以看到太阳风的影响，即南北两极分别被称为南极光和北极光的彩色光带。

② 他们之所以知道地球的年龄，是因为放射性元素表明陨石（行星形成时留下的碎片）源于 45 亿年前。陨石出现后，行星很快就形成了，可能只用了 1 亿年左右。

的 NASA 约翰逊航天中心，一个由地质学家、天文学家和生物学家组成的精英团队陷入了困境。就在两个月前，“阿波罗 10 号”的宇航员还在绕月飞行。而此刻，两名“阿波罗 11 号”的宇航员尼尔·阿姆斯特朗和巴兹·奥尔德林，即将尝试首次登月。

这个科研小组被招募到全球首个用于分析地外岩石的设施中工作，他们的期待逐渐攀升。年轻又热情的地质学家埃尔伯特·金博士对《纽约客》的一位作家说：“要我说，这将是科学史上最令人兴奋的事情。”[13] 金曾帮助说服 NASA，让他们相信自己需要这处耗资 800 万美元、面积 8.3 万平方英尺①的设施，他还被授予一个乐观的头衔——月球样本馆馆长，只不过那天他的架子上还是光秃秃的。[14]

对许多政客来说，成功登月可以向世界表明，美国的经济及政治体制有不可否认的优越性。但是休斯敦的科学家坐立不安，则是出于一个截然不同的理由。宇航员的首要科学目标是把月球岩石直接带回他们在航天中心的实验室。这使耗资 250 亿美元（相当于当今的 1 600 亿美元）的阿波罗计划成为迄今最昂贵的地质实地考察项目。[15]

1969 年，我们对月球知之甚少，以至于科学家还在争论月表那些巨大的陨石坑是由火山喷发导致，还是被巨大的小行星或彗星撞出来的。[16] 我们如此无知，以至于一位著名的行星科学家发出了严厉的警告：月球着陆器将被深层月尘吞没。[17] 这将使载人飞船安全返回变得极不可能。幸运的是，较早的一项无人任务已排除了这种风险，但不可否认的是，宇航员将面临巨大的未知。

休斯敦时间 19 点 59 分，电视广播报道称，蜘蛛似的月球着陆器“鹰号”已与指挥舱分离，指挥舱将留在月球轨道上，而着陆器开始下降。

在着陆器里，尼尔·阿姆斯特朗和巴兹·奥尔德林弯着腰站在控

① 1 平方英尺 =0.092 903 04 平方米。——编者注

制台旁，因为安置座椅会增加太多重量。在导航方面，他们依靠麻省理工学院研发的早期制导计算机。他们对它有信心，只是不完全相信。接近银色的月亮时，奥尔德林读出计算机所给出的高度值，阿姆斯特朗朝窗外看了看，确认他们在计划的航线上。

有一段时间，一切都很得当。但突然间，就在离坑坑洼洼的月表只有 6 000 英尺时，奥尔德林的控制台闪烁着黄色的警报，两人的耳机里响起了蜂鸣。回家看电视的科学家并不知此事，但他们研究月球岩石的机会已变得渺茫。指挥中心的控制人员手足无措。一个数字代码告诉他们制导计算机出了问题。奥尔德林无助地看着他的计算机关机，接着又迅速重启。几分钟后，又出现了一个类似的警报。[18] 控制人员对原因毫无头绪，而且他们几乎没有时间决定是否要中止冒险。

然后，一名思维敏捷的飞行工程师查阅了一份手写的警报代码清单。他发现一次模拟中出现了同样的警报，但计算机很快恢复了正常。电光石火间，控制人员做出了无视警报的决定，并且尽量往好处想。

他们的决定很明智。计算机稳定下来了。

但阿姆斯特朗受到了干扰，这是可以理解的。此刻燃料只够用几分钟了，当他向小窗外张望时，他的身体触发了自己的警报。制导计算机使着陆点偏离了大约 4 英里，他们即将降落在一个陨石坑里，里面到处都是大众甲壳虫汽车大小的巨石。[19]

NASA 从一群试飞员中挑选宇航员是有充分理由的。阿姆斯特朗立即启动了手动操控。他拐了一个大弯，把着陆器的时速从 8 英里加速到 55 英里，不顾一切地冲向远处的一块空地。在阿姆斯特朗的脉搏翻了一番时，地面控制人员只能无助地观望。[20] 在下降燃料箱中的燃料只够坚持 25 秒时，他在一片尘埃中降下了着陆器。“我们又正常呼吸了。”指挥中心对宇航员们说。

休斯敦的科学家欢呼雀跃。任务的第一阶段已经成功。他们或许真能摸到月球岩石，这多亏了阿姆斯特朗钢铁般的意志和工程学的一项非凡成就，以及 NASA 适逢其会的好运气。

宇航员们头晕目眩地在月球的低重力环境中尝试了行走和跳跃。休斯敦的研究人员焦躁地看着，担心还会出什么差错。[21] 宇航员们插上了国旗，与尼克松总统交谈，并安装了一些科学仪器。然后，科学家大大松了一口气，因为阿姆斯特朗和奥尔德林终于开始了他们最重要的工作——把两个手提箱大小的铝箱装满准备运回地球的石头。

3 天后，在海军舰艇和直升机的追踪下，“哥伦比亚号”指挥舱落入夏威夷西南的太平洋中。从那一刻起，月球样本接收实验室的团队便焦急地监视这些岩石的运输，就像银行官员追踪一大批黄金一样。NASA 的首席行政官开玩笑说，这些岩石比最稀有的珠宝还要贵重。他将它们定价为 240 亿美元，这是整个太空计划的成本。[22] 因此它们的价值高达每磅 4 亿美元。

宇航员们开玩笑地填写了一份美国海关申报表。与此同时，两个总共装着 60 磅的岩石和土壤的铝箱单独搭乘 C–114 喷气式飞机，被运送到休斯敦的埃灵顿空军基地。它们将从那里被运送到仅 4 英里外的月球样本接收实验室。但月球样本馆馆长埃尔伯特 · 金不愿冒任何风险。那是 1969 年，反战和民权抗议活动如火如荼。牧师拉尔夫 · 阿伯内西曾驾着一辆骡车来到卡纳维拉尔角，抗议政府把巨额资金花在阿波罗计划而非济贫项目上。为了迎接月球岩石的到来，警察封锁了通往航天中心的道路，准备了护送货车。[23] 但是金仍然担心会有“一群激进的嬉皮士”来捣乱。[24] 为了加强安全，他回家往自己那把长筒的史密斯–韦森 .357 马格南手枪里填了 6 发子弹。然后，他开着他的普利茅斯勇士汽车跟在货车后面，被浴巾裹着的装满子弹的左轮手枪放在座位下。什么也不能阻挡这些箱子抵达他的实验室。

最后，这段路程是平静的。岩石顺利抵达了 37 号楼，即月球样本接收实验室。新设施里挤满了许多小型实验室、生物隔离系统，以及一个供宇航员使用的隔离区，因为科学家无法排除大灾变的可能：外星生命的污染。就在两个月前，迈克尔·克莱顿出版了著名科幻惊悚小说《天外来菌》，书中，一种微生物附着于太空舱来到地球，几乎毁灭了人类。因此，和宇航员一样，这些岩石将被隔离三周，科学家将在这期间寻找是否有致命月球细菌的迹象。他们谨慎地将藻类、植物、家蝇、大蜡螟、德国小蠊、牡蛎、黑头呆鱼、虾、小白鼠和日本鹌鹑暴露在月球灰尘和土壤中，检验它们所受的影响。[25]

但是金和同事们没必要等到隔离结束。人们煞费苦心地设计了密封钢制真空室。从玻璃窗中伸出的黑色橡胶手套使科学家可以在真空室里处理岩石。小组成员比尔·舍普夫回忆，如果密封室发生大规模泄漏，应急计划要求科学家冲向室外的一处草地，那里会有直升机将他们送往一个空军基地。而基地里有一架待命的飞机将把他们秘密带到太平洋的比基尼岛进行隔离。

箱子送到后没多久，一组科学家便在一间净化室里淋浴。他们换上防护服和帽子，然后戴着防毒面具接近房间，这个过程中，一名同事在闭路电视上向他们详细地描述了进展。[26] 一名技术人员把双手伸进粗笨僵硬的橡胶手套，用强力杀菌剂擦洗其中一个装岩石的箱子的外部。接着他打开它，往后退，好让科学家透过窗户往里看①。终于，关键时刻到了。这些岩石能揭示月球和早期地球的什么秘密？研究人员急切地伸长脖子，就像探险家将要第一次瞥见一块新大陆。

但他们极其失望。月球上的岩石非常干燥，蒙着黑色的灰尘。“我是世界上第二个看见它们的人，”地质学家舍普夫告诉我，“我的意思是，没什么大不了的。它们看上去就像煤块。”[27] 科学家清除灰尘后，这些岩石让人想起另一种东西：普通的地球玄武岩，一种由冷却的岩浆形成的常见灰色岩石。

① 比尔·舍普夫回忆，他们将经历一点意外。当技术人员试图打开箱子时，他发现箱子已经开封了。插销太硬了，以至于宇航员在月球上无法封闭箱子，所以在返回舱落入海中时，他们看上去像煤矿工人，脸上沾满了一条条的月尘。

不可否认，月球岩石的首次面世非常无聊，但它们很快开始提供惊人的启示。首先，它们解决了长久以来关于月表陨石坑起源的争议。宇航员们带回来的并不是某些科学家预期的火山口残留物。[28] 相反，这些岩石来自小行星或彗星留下的巨大的圆形疤痕。但岩石的年龄才是真正的惊喜。它们将揭开地球及我们自己的原子历史上灾难性的一章。

这一发现是在 NASA 将月岩样本速递到杰拉尔德·沃瑟伯格的实验室后实现的。曾高中辍学的沃瑟伯格已成为加州理工学院的地球化学家，他算是仪器发烧友。20 世纪 60 年代初，他向美国国家科学基金会申请拨款建造第一台数字质谱仪，遭到了拒绝，于是沃瑟伯格自己筹集了资金。他的机器将以更高的精度测量放射性元素及其衰变形成元素的数量，从而使他更准确地计算出岩石的年龄。他利用隧道和 2/3 英里长的电线，将他的设备连接到 IBM 的一台大型计算机上。[29] 他的光谱仪很快就成为测年技术中的劳斯莱斯，精度比别家仪器高出 30 倍。在研究月球岩石时，沃瑟伯格将它命名为“疯子 I”。他在一间无菌的洁净室里操作它，走廊上挂了一块黄铜门牌，上书“Lunatic Asylum”（疯人院）。[30]

由于月球没有板块构造，沃瑟伯格希望能找到与月球和地球一样古老的岩石：45 亿年。但宇航员带回来的第一批岩石只有 36 亿到 39 亿年的历史。他希望之后的旅程能带回更古老的岩石。

直到 3 年后的 1972 年，他的团队从 5 次阿波罗计划中获得了岩石。现在，沃瑟伯格和他的同事们审查了宇航员们徒步或乘车探查每个陨石坑后带回岩石的年龄。

他们简直不敢相信自己的结果。事实上，沃瑟伯格十分惊喜，还带着团队去了帕萨迪纳的一家酒吧庆祝。[31]

尽管这些月岩没有月球和地球那么古老，但他们发现了别的东西。你如果审视一张月球的高清照片，就会看到月表完全被巨大的陨石坑覆盖。奇怪的是，宇航员去过的每个陨石坑的历史都在38亿至41亿年，没有更老的，也没有更年轻的。

惊人的是，这表明41亿年前，也就是月球和地球形成4亿年后，月球突然遭到巨大彗星及小行星的撞击，它们砸出了这些陨石坑，并重塑了整个月球表面。到了大约38亿年前，突然间，猛烈的撞击停止了。沃瑟伯格及其同事们写道："它从地球上望去肯定是一场精彩大秀，前提是有一处绝佳的掩体供你瞭望。"[32] 他们把这段毁灭性的时期称为月球大灾变，不过现在它有另一个广为人知的名字，不那么令人浮想联翩——晚期重轰击。月球岩石似乎提供了证据，表明在月球形成数亿年后，我们这个邻域忽然不再像安静的郊区，而更像繁忙的打靶场。它被大量小行星或彗星的轰击淹没，而且地球这个目标比月球要大得多。我们的星球必然也经受过同样的大灾难。

天文学家自然开始好奇这些排山倒海的巨大的小行星或彗星来自哪里。2005年，他们相信自己找到了源头。虽然我们乐于认为行星有稳定的轨道，但是在太阳系历史的早期，气态巨行星木星和土星的环日轨道还没有稳定下来。天文学家亚历山德罗·莫尔比代利及其同事的模拟表明，这可能干扰了小行星带的太空岩石。小行星带的轨道位于火星与木星之间，如今那里仍然有数百万颗岩质小行星。最大的谷神星（小行星1号）直径585英里。天文学家提出，小行星带曾包含的小行星比如今多得多，在晚期重轰击期间，木星的运动将它们像台球一样朝四面八方击散。它将20倍于现今小行星带存量的太空岩石砸向了地球。

在10年里，人们普遍接受了这个设想。但如今，许多人都不那么确定了。莫尔比代利现在认为这个清空小行星带的事件发生得更早，甚至早于月球的形成。许多人甚至怀疑晚期重轰击的存在。这变成了一个争议点。但你不要混淆了。几乎所有人都赞同地球和月球受到了一众巨大的小行星和彗星的撞击，直至38亿年前才停止。有些人只是不相信，在地球形成后，撞击会在一段悠长的间歇期后突然增加。他们认为根本没有间歇期。换句话说，怀疑论者认同“重”，但不认同“晚期”。相反，他们怀疑更古老的陨石坑只是被新的撞击抹去了痕迹。

幸运的是，我们没有理由担心另一轮同等规模的灼热轰击。到30亿年前，行星形成过程中留下的大部分碎片已经进入了稳定的轨道。一些大型岩质天体仍留在小行星带中，而另一个主要由绕彗星运行的宇宙天体组成的集合在太阳系的外缘，掠过海王星，位于一个名为柯伊伯带的区域中。莫尔比代利认为，木星和土星如今轨道稳定，再也不会有一大堆小行星或彗星朝我们冲来。（不过也有人估计，大约35亿年后，水星有那么一点点可能会稍微偏离轨道，扰乱邻近行星的轨道，致使水星、金星或火星与地球相撞。）[33]

许多科学家认为，显而易见的是，在地球形成后的数亿年里，任何开始将自己组合成生命的分子几乎没有藏身之处。一颗250英里宽、以3.8万英里时速巡航的小行星，将砸出一个面积超过美国4/5领土的陨石坑。它会把堆积如山的岩山抛向太空。急停会把这颗小行星的大部分动能转化为热量。当红热的岩浆巨浪从火山口朝四下迸发时，加热到7 000华氏度的升华的岩石将给大气层杀一次菌。[34]相比之下，导致恐龙灭绝的9英里宽的小行星或彗星的撞击就像往土里扔了一颗小石子。这些沉重的撞击在38亿年前就基本上结束了，可能摧毁了早期生命形成的任何尝试，或者至少大大减缓了其速度。

⊙

20世纪60年代初，当维克托·萨夫罗诺夫在莫斯科努力用铅笔和纸进行计算时，他几乎没有想过他的理论会如此多地揭示地球动荡的历史，以及我们自身分子的历史。我们所站立的坚实地面曾是尘埃和气体组成的缥缈云团，我们的分子就在其中，被遥远恒星的光芒依稀照亮。凭借萨夫罗诺夫的工具，科学家发现在45亿年前，尘埃颗粒之间的碰撞产生了更大的颗粒，接着是卵石、巨岩，而后形成庞大的个体，它迅速吞噬其轨道内的一切，成为地球。

而这只是我们的原子苦旅的开端。地球一形成便熔融了，我们的原子不得不在其中游动。分子自行分类，沉重的铁向地球中心下沉。但是，如果我们的原子中有谁因为还没到达地表而不满的话，它们很快就会感到庆幸了。大约 5 000 万年后，一颗火星大小的行星撞上了地球，大部分地幔升华了。你的原子如果靠近地表，就会被高高地抛向太空，以后再悬浮着慢慢落下来。之后，地球可能有时间重整旗鼓，也可能没有，反正 4 亿年后，大约 41 亿年前，将有数不胜数的粉碎小行星猛烈轰击地球。它们掀起了岩浆的超级海啸，用炽热的升华的岩石堵住了地球的大气层。如果在这段时间里进化出了任何生命，那些灼热的撞击很可能会摧毁它，或者至少迫使它苟且偷生。

可能要到 38 亿年前，也就是地球形成整整 7 亿年后，我们的太阳系才最终平静下来。行星安于稳定的轨道。小行星和彗星流氓们的打靶场渐渐缩小。地球表面冷却了，一层薄薄的岩石地壳形成了。

终于，有利于生命的环境出现了。

Part 2 ——

第二部分

让生命出现吧！

在这一部分，我们将了解到我们身体的基本成分——水和有机分子来到地球的方式有多么出人意料，还有生命诞生的过程——这也许是宇宙史上最惊心动魄的帽子戏法。

第 5 章

“脏雪球”与太空岩石

史上最大的洪水

如果这颗星球上有魔法，它一定存在于水中。[1]

——洛伦·艾斯利

我们一直啜饮或牛饮，却把体内的水视为理所当然的存在。然而数十亿年前，当我们的星球刚刚形成时，邻域的温度高得足以蒸发任何水分，这使水分渐渐散去，早在相互碰撞的岩石粒子开始组装地球时便是如此。但地球上所有生命都依赖于水。水之于生命，就像画布之于绘画。它是如此重要，以至于 NASA 搜寻地外生命时的座右铭都是“跟着水走”。如果没有水，我们必然不会在这里，因此科学家才如此渴望解释我们血管中流淌的水最初从何而来。几十年来，他们发现这个简单的问题出奇地难以回答。

事实上，水分子是宇宙中最不寻常的分子之一。我们生活在太阳系唯一的水世界中，也就是说，只有这颗行星的表面以水为主。正如阿瑟·C. 克拉克所说：“把这颗行星叫作‘地球’多么不恰当啊，它显然主要是由海洋构成的。”[2] 深蓝色的海水覆盖了地球 70% 以上的面积，其平均深度为 2.5 英里。没有海洋，地球将失去大部分魔力。没有其他分子能覆盖地表如此多的面积，又或以三种状态在地球上自然存在：

固体、液体和气体。在我们的太阳系中，唯一的一个有云、河、湖泊的卫星，就是土卫六，土星的卫星之一。但土卫六下的是甲烷，而不是水。那里是否居住着化学机理迥然不同的生命？有可能，只有去了那里才能知道。而在地球上，生命需要水。

就循环方面而言，水在我们的星球上没有遥远的对手。它结冰，融化，奔涌，流淌，潺湲，滴落，还能上升到令人眩晕的高度。这使得生命无处不在：在地表以下几英里处的洞穴里，在洋壳深处的岩石中，在河流、小溪、温泉、泥潭、雾、露，还有每立方英尺含有数百万个水滴的云朵中。2010 年，佐治亚大学的一位化学家安排他的学生搭乘 NASA 的一架研究飞机。在离地面 3 万英尺的高空，他们发现有超过 100 种细菌及真菌存在于雨云中。[3]

我们也完全依赖于水。你可能认为自己生活在干燥的陆地上，但你本质上是水构成的生物。当你离开子宫时，你本质上是由水组成的[4]，水约占你体重的 75%[5]——和香蕉中水的占比差不多[6]。普通男性的 60% 左右是水[7]，普通女性的 55% 是水。年老时，你会多失去约 10% 的水。听上去你有很多水，但只要损失 2% 左右，你的大脑就会当机立断地告诉你，你渴了。你可以在没有食物的情况下存活一个月甚至更久，但如果没有水，你就只能坚持大约一个星期。

水对我们益处无限。它协助身体储存并释放食物提供的能量的反应。它帮助我们的 DNA 和蛋白质聚合并维持其格外复杂的形状。它帮助我们的细胞分解分子。每次你排空膀胱时，它都会带走废物。这就是你每天需要更换大约 11 杯水的原因。[8]

最重要的是，水是基质，在体内的海洋里，你的分子相遇又组合。讽刺的是，这一切得以实现，是因为水极其脆弱，它分子间的化学键很容易断裂。1 个水分子由 2 个宽容的氢原子和 1 个氧原子以不平等的关系结合而成。更重的氧原子不太懂得分享。它把与每个氢原子共用的电子拉得更靠近自己，氧原子上产生了微弱的负电荷，氢原子上产生了微弱的正电荷。相邻水分子上氢氧原子的微小电荷差通过被称为氢键的微弱化学键将液态水结合在一起。

这意外的弱点意味着，我们体内水分子之间的键以每一万五千亿分之一秒的频率断裂和重组。[9] 这使其他分子可以轻松地快速通过，于是你有能力思考。在你湿润的大脑中，带电离子能以每秒 350 英尺的速度发送信号。[10] 如果脱水，你就无法清晰地思考，可能是因为缺水的神经元萎缩了，或者缺水的静脉没有为前者提供足够的氧气。如果你觉得头昏脑涨，你可能只需要喝点水①。[11]

所有这些必然给了科学家想知道我们体内的水是如何到达地球的更多理由。在寻找答案的过程中，不断有新证据突然冒出来，使原本被公认的理论受到质疑。

⊙

关于水究竟如何出现在地球上，最早的线索之一来自 20 世纪 50 年代的一位天文学家，他在其他方面声名鹊起，和火箭科学家冯·布劳恩合著了一本书，讲述如何将一支由 50 名科学家及技术人员组成的探险队送上月球。[12] 弗雷德·惠普尔年轻时没有想过要成为科学家，这是源于无聊和失败的方案 C。最先到来的是失败。

惠普尔是农民的儿子，他基本是在 20 世纪初接受学校教育，校舍在艾奥瓦州的雷德奥克，只有一间教室。他的家人住在远离医院的地方，遭受了一系列医疗问题的折磨，它们使他备受创伤。惠普尔四岁时，两岁的弟弟死于猩红热。一年后，惠普尔本人患上了小儿麻痹症。父母恐惧于其他人患阑尾炎时的痛苦，便决定让全家人都接受预防性阑尾切除手术。“有好几年，”他回忆，“我总是看到令人毛骨悚然的幻

① 冰上捕鱼的人都会明白为什么水在另一方面有助于生命。当水冷却成固体时，它不会下沉，它会浮起来。冰之所以如此，是因为当水冻结时，它奇特的氢键迫使分子伸展成密度较低的晶体模式。如果冰像大多数固体一样下沉，那我们的河流和海洋就会在最深处开始结冰，如果温度足够低，水下的所有生命都会被冰封。

象：药柜里放着三瓶福尔马林，泡着爸爸、妈妈和宝宝的阑尾。”[13] 尽管受到这些惊吓，他在学校依然表现出色。1922 年，他的家人意识到他的前途不似常人，又担心玉米价格即将下跌，于是迁往加州，他在那里会有更好的学习机会。[14] 正是在那里，惠普尔迷上了网球。在加州大学洛杉矶分校，他决定主修数学。他觉得这门学科更容易，这样他就有足够多时间磨炼自己的网球水平，以便成为职业选手。[15]

但希望落空了。小儿麻痹症使惠普尔的左腿比右腿短了 1.125 英寸。他被迫接受现实，放弃了辉煌的网球梦。当时他展望未来，担心数学生涯会像他所能想象的任何命运一样无聊透顶，于是转向了天文学。[16]

1930 年，在伯克利的研究生院，惠普尔和一位研究员率先计算出了冥王星的轨道，就在它被发现几星期后。[17] 他高兴地发现自己很喜欢“轨道计算事务”。[18] 获得博士学位后，他去了哈佛大学，在距离剑桥的明亮灯火 26 英里远的一个新天文台主持一个天空观测项目。在望远镜旁边的那座小砖房里，他的职责之一是用放大镜仔细观察每一张新的照相底板，以检查照相机的准确性。[19] 惠普尔决定利用这个到手的机会搜寻彗星。10 年里，他研究了 7 万幅图像。这对某些人来说可能很乏味，但对惠普尔来说显然不是。他的努力为他赢得了发现 6 颗新彗星的荣誉。（纪录保持者是让-路易·庞斯，他是 18 世纪的一位天文台看门人，后来成为天文学家，他发现了 30 多颗彗星。[20]）不过，发现新天体并不是惠普尔的主要成就。等他开始困惑于彗星的奇怪行为，他将做出永载史册的贡献。

在古代，彗星在夜空中炽热的火焰通常被视为厄运的先兆。观天者会看到一个明亮的球体，后面拖着一条闪耀的可怕长尾（它的英文名 comet，源于希腊语 komētēs，意为“长发之头”）。但到了惠普尔的时代，科学家对这些以长椭圆轨道绕日运行的天体已兴味索然。它们只不过是“飘浮的沙洲”——由一些被引力松散束缚的气体和沙粒或碎石组成的云团。这个理论已经流行了很久，完善它的是剑桥著名的天文学家雷蒙德·利特尔顿，他是弗雷德·霍伊尔的合作者。

令惠普尔困惑的是，彗星接近太阳时会形成长长的尾巴，后面能拖曳数十万甚至数百万英里。它们是由彗星表面的气体构成的。然而，根据他的计算，虽然恩克彗星已经绕太阳转了 1000 多圈，但形成其长尾的气体却没有耗尽的迹象。[21] 此外，彗星十分不可靠。尽管它们的环日轨道很稳定，但它们从未在预定时间返回，这一点与准时的行星和小行星不同。有些彗星会到得稍早一些，比如恩克彗星，它每 3.3 年回来一次，不过总是比预定时间早半小时到一小时。[22] 其他彗星，如哈雷彗星，是每 76 年重新出现，但每次都比预期晚好几天。在惠普尔看来，这里面有些事说不通。

在哈佛大学，1949 年的某天他坐下来计算流星的运动轨迹，它们是进入大气层的彗星碎片。在分析它们所受的力时，他发现它们的前缘会升温。他突然想到，如果它们含有冰，其中的一小部分就会变为气流。他想："上帝啊，这就是彗星的情况！"[23] 他恍然大悟。突然间，彗星的奇怪行为完全合乎逻辑了。

惠普尔意识到，当彗星绕太阳运行时，它也会像所有绕太阳运行的天体一样自转，就像棒球飞往本垒时一样。如果一颗彗星是一个巨大的冰球，而不是一团沙云，那么在接近灼热的太阳时，它前缘的一些冰就会变为气体，如同小型喷气推进器一样流往一侧。正是因为这股气流，彗星才如此不可靠。根据彗星自转的方向，气体会使其轨道变得略大或略小，进而加速或延迟其旅程。

1950 年，惠普尔大胆地声称，彗星并不是利特尔顿等人所认为的沙子和气体的松散集合，这在学界引起了轩然大波。它们周围的尘埃和气体云掩盖了一个事实：在这些面纱之下，它们是巨大的冰球。换句话说，它们是飞行中的"脏雪球"。这解释了为什么彗星永远不会耗尽气体，它的冰核直径达数英里——如此之大，以至于它接近太阳时只会损失少量气体。惠普尔怀疑，它们的核心主要是冰以及冻结的气体，如甲烷、氨、二氧化碳，所有这些气体都是在太阳系正在形成时远离太阳的常见气体。

这些大得过头的冰球真的在数万年甚至更长时间里绕太阳运行了数亿英里吗？难免有不少科学家质疑这个观点。惠普尔的观点遭到了剑桥大学的利特尔顿的强烈反对，他有详细的数学理论可以解释沙子和砾石如何形成彗星。利特尔顿尖刻地评论说，惠普尔的理论能幸存下来，只是因为我们无法证明它是错的，惠普尔声称彗星头部的冰核太小了，无法从地球上探测到。[24]

直到约 30 年后，研究人员才最终验证了惠普尔的理论，那时他 79 岁了。1986 年，哈雷彗星在消失 3/4 个世纪后即将再次出现。古代中国人曾观测到这颗彗星，更早的巴比伦人和希腊人也可能观测到它。

研究人员预见了这次历史性的回归，抓住一切机会研究它。当它距离我们有 8 900 万英里（约为火星与地球的距离）时，NASA 的一架飞机在 41 000 英尺的高空用光谱仪追踪它。[25] 苏联发射了两个航天器，飞抵离哈雷彗星 5 000 英里的范围内。日本发射了两个自己的航天器。欧洲航天局（ESA）的第一个太空探测器首次亮相，它名为“乔托号”，是当时能探测彗星内部的唯一航天器。

1986 年 3 月 13 日，在德国的达姆施塔特，来自世界各地的科学家团队聚集在欧洲航天局昏暗的地面指挥中心和邻近的众多实验室里，他们用接收仪器将这些实验室连接了起来。经过 10 年的计划，研究者紧张地等待着这次邂逅。惠普尔也是其中之一。“哦，弗雷德，”一位科学家说，“明天是你的关键时刻。”[26]

“乔托号”的许多工程师不太相信这个脆弱的航天器能在“自杀式任务”中坚持到揭开彗星秘密的时刻。[27] 这是因为，要到达彗星中心的核心，“乔托号”必须穿过汹涌的尘埃和气体云，并且航天器和彗星将以超过每秒 40 英里的速度冲向彼此。[28]

为了遮挡疾驰的碎片，“乔托号”前后都装备了惠普尔护罩。每一个护罩都由稍微分离的铝和凯芙拉纤维薄层制成。惠普尔本人早在1947年就发明了这种用于航天器的轻型减震器，当时太空旅行还是科幻梦想。但研究人员也知道，即使有惠普尔护罩，“乔托号”的灵敏仪器还必须经受住喷砂的毁灭性打击。若时运不济，尘埃颗粒的撞击可能会让这些仪器很快失灵。

当“乔托号”距离彗星中心62 000英里时，尘埃颗粒的撞击开始了。[29]到了10 000英里处，撞击已持续不断。航天器继续靠近。接着，在离彗核493英里处，一个质量不到4%盎司①的颗粒撞上了“乔托号”。这半吨重的机器因此摇晃了起来。[30]更令人担忧的是，无线电联络中断了。许多人心里都做了最坏的打算。他们在不到30秒就重新建立了通信，但尘埃颗粒已经击垮了相机，摧毁了部分护罩，并打坏了一些传感器。

尽管损失惨重，但包括惠普尔在内的科学家都欣喜若狂。在撞击发生的几秒前拍摄的照片显示了一个引人注目的幽灵般的轮廓。彗核本身是土豆形状，大约有9英里长，差不多有曼哈顿那么大。质谱仪的数据显示，彗星释放的气体中有80%是水蒸气。[31]不过事实证明，总的来说，彗核所含的岩石和尘埃远超惠普尔的预期。它只有大约1/3是冰，这意味着与其说它是一个“脏雪球”，不如说它是带雪的泥球。无论如何，彗星明显含有大量水。

对于想知道古地球如何补充水的行星科学家来说，硕大无朋的带雪泥球此时成了头号怀疑对象。数十亿年前似乎有一场彗星的冰雹落在了我们的星球上，送来了海洋的水。

但这些彗星又是从哪里来的？

科学家长期以来认为彗星诞生于火星以外的寒冷区域。到了20世

① 盎司是英美使用的计量单位：做重量单位时，1盎司约等于28克；做容量单位时，1美制盎司约为29.57毫升。——编者注

纪 90 年代，这些彗星中的大部分显然早已被不断变大的行星吸走了，然而荷兰天文学家扬 · 奥尔特认为，可能有数万亿颗彗星在太阳系的边缘幸存了下来。过远的距离使行星无法卷走它们，它们便像一个巨大的球形外壳环抱着太阳系，我们今天称之为奥尔特云。所以那里有足够多的冰彗星，它们可能在过去填满地球的海洋。问题在于，它们离地球的距离是地日距离的数千倍，远到不可能抵达过这里。

一些研究人员想知道是否有一些彗星设法在太阳系内更近的地方幸存下来，只不过在土星轨道之外。这就比奥尔特云近了一千倍。然而这只是猜测。没有人会愚蠢到认为自己能在如此遥远的地方发现一颗直径几十英里或更小的彗星。

没有人，除了麻省理工学院的年轻教授戴夫 · 朱伊特和他的研究生刘丽杏。朱伊特是伦敦一位工人和一位电话接线员的孩子，他顶着额头很宽的脑袋，总是微笑，还有一种诙谐的英国式智慧。孩提时，在夜空中偶然看到的一颗流星点燃了他对天文学的痴迷。

1985 年，他突发奇想，将一种名为 CCD 的新型数字光侦测器安装到望远镜上，以便在太阳系更遥远的疆域搜寻像彗星这样的小天体。他推断，我们看不见它们并不意味着它们不在那里。他正在申请资金，但它们将被用来寻找的是少有人怀疑可能存在的物体。他的拨款申请一次又一次被否决。30 多年后，回忆起对他的申请不屑的评论时，他很快就怒火中烧。“通常的回答就是，‘你没有证明提案里的测量方法是可行的’，”他说，“这真是世界上最愚蠢的意见。我们的主旨就是要尝试一些没人做过的事。这也许不可行，但关键在于尝试。”[32] 一些审查者可能陷入了“现有工具未测出即不存在”的偏见——假定我们还没发现任何东西，所以那里肯定什么都没有。

朱伊特和刘丽杏拒绝放弃，他们偷偷地从手边的其他项目中借用望远镜观测时间，来寻找数十亿英里外可疑的微小天体。

多年来，他们一无所获。一两年过去了，然后是四年、五年、六年。到了 1992 年的一个夏夜，他们正在夏威夷大岛的冒纳凯阿火山天文台工作。就在他们几乎要断定这五年的搜寻毫无意义时，他们发现了一个非常微小的点。接着他们意识到，它在几不可见地移动。朱伊特想："这不可能是真的。"[33] 但它是真的。朱伊特和刘丽杏发现了海王星外的一条轨道，事实表明，这里有数百万颗彗星。它将被命名为柯伊伯带，以向一位荷兰天文学家致敬，这位天文学家在 20 世纪 50 年代讨论了这种可能（但讽刺的是，他不相信它可能存在）。

在柯伊伯带探测到大量彗星后，我们体内水的起源似乎已被解释了。地球形成后的某个时候，来自柯伊伯带的彗星，也许还有一小部分来自更遥远的奥尔特云，把现在覆盖地球的水带到了这里。[34] 这些飞行中的冰山的蓄水量非常大，足以填满地球海洋。这个理论很快被大多数人接受并传授。谜底揭晓了。

⊙

真的揭晓了吗？ 1995 年，问题又出现了。在亚利桑那州菲尼克斯附近的一个观星派对上，轮到一家混凝土供应公司的零部件经理汤玛斯·波普使用他朋友的望远镜。他注意到目镜一角有一团模糊的光。当天晚上，天文学家艾伦·海尔在新墨西哥州克劳德克罗夫特的车道上看见了同样的物体。他们新发现的彗星是有史以来最亮的之一，它从此被称为海尔-波普彗星。

第二年，包括戴夫·朱伊特在内的一组科学家回到了冒纳凯阿火山天文台，这次是为了将一台强大的射电望远镜对准海尔-波普彗星。14 000 英尺海拔的空气稀薄得令人不适，他们在夜里轮班进行 13 ~ 16 小时的光谱测量。他们想比较一种罕见形式的水在彗星中与在地球海洋中的比例。

水有几种形式，你也许知道，也许不知道。大部分水的氢原子核中只有 1 个质子。但另一种形式的水比常见水重 10%。它的氢是一种名为氘的同位素，氘的原子核中除了 1 个质子外，还有 1 个中子。这种更重的水比较罕见，在我们的海洋中，每 6 400 个水分子中只有 1 个。因此，当冒纳凯阿火山的研究小组准备测量海尔-波普彗星时，他们坚信会发现同样比例的重水，毕竟地球上的水来自彗星。

但他们的发现并非如此。海尔-波普彗星的重水比例是我们海洋的两倍。这就有问题了。早前有天文学家在哈雷彗星上探测到了类似的高比例，但他们把它当作一种异常现象，没有在意。接着，科学家在一颗名为百武的彗星上测量到了同样的比例。三个读数是一致的，我们很难忽视这个证据，它表明彗星和地球海洋中水的构成不匹配。

我问朱伊特："天文学家对海尔-波普彗星的测量结果有什么反应？"

"它们把他们吓着了。"他说，他指的是他们逐渐意识到的个中意义。"这算是一种意识的觉醒，是新世纪式的，"他大笑着，又补充道，"但愿我没说过这话。"他的意思很清楚，研究人员被打了个措手不及。事情突然变得很清晰，单单融化彗星无法得到海洋。惠普尔认为彗星充满了水，这是对的，但我们的海洋来自太阳系的其他地方。但究竟是哪儿呢？

就在那时，朱伊特和许多人一样，把目光从冰彗星转向了飘浮在太空中的巨岩，也就是小行星。

你可能认为岩石里拧不出水。但其实可以，至少其中一部分可以。岩质陨石是落在地球上的小行星碎片，如果你加热它们，就会有小股水蒸气升起，那是被束缚在晶体结构中的水分子。科学家多年来已经知道小行星中藏着水，而且这些岩石藏的水量千差万别。大多数在太阳附近形成的小行星几乎不含水。但那些在火星轨道外深度冰冻区域形成的小行星可以容纳高达 13% 的水。朱伊特等人意识到，如果撞击地球的小行星足够大，那就可能累积大量的水。不仅如此，天文学家还知道，在火星和木星之间的轨道上有一大片小行星，这片区域被称为小行星带。与彗星不同的是，小行星中的重水比例符合我们的海洋和身体中重水的比例。这一切都表明，地球的水可能来自太空岩石。

听起来好像结案了。可是小行星带在3亿英里以外。想象一下，你站在那里，试着要往地球击出一个台球。这一球要击中，你得是旷世奇才。足够多的小行星以恰当角度发射，用水覆盖地球的可能性有多大？我们到底怎样才有可能知道呢？

1998年，在离阳光普照的里维埃拉沙滩不到1英里的法国尼斯天文台，亚历山德罗·莫尔比代利认为他找到了一种验证小行星理论的方法。他不再用望远镜进行天文观测，而是在办公桌前重现地球的演变过程。莫尔比代利刚刚接触行星演变游戏。他的灵感来自乔治·韦瑟里尔和约翰·钱伯斯，他们刚刚研发了一个新的比以往复杂得多的计算机程序，用来模拟行星形成的后期阶段。莫尔比代利问钱伯斯是否可以与他合作，使用这个程序来追踪所有碰撞形成地球的无序天体的来源，包括小行星和彗星。

夏洛克·福尔摩斯的宿敌莫里亚蒂足够聪明，有能力计算小行星复杂的轨道，和他一样，莫尔比代利的数学能力也绰绰有余[①]。在意大利上大学时，纤瘦又自信满满的莫尔比代利打算追随自己年少时观测天空的热爱，可是他的教授告诫他不要这样做。“我被人竭力劝阻了，”他说，“据说纯天文学学位会让找工作这件事变得很复杂。太冒险了。”失望之下，他改学了物理。毕业后，他遍访学校里的教授，想写一篇天文学方面的硕士论文。可是没有人愿意指导他。再次挫败之余，他攻读了数学物理及混沌理论的博士学位，并一直在留心寻找跨领域的方法。在博士后期间，他研究的数学问题恰好与天体力学相关。尼斯的天文学家注意到了他的研究，他们想在小行星如何从小行星带到达

---

① 在《恐怖谷》中，福尔摩斯问华生：“难道他不是《小行星动力学》的著名作者吗？这本书在纯数学方面达到了少有人及的高度，据说在科学出版社里没人有能力批评它？”莫里亚蒂的原型可能是著名的加拿大裔美国天文学家西蒙·纽科姆，他发表了许多关于小行星轨道精微动力学的论文，“人们对他的畏惧甚于喜欢”。

地球的模型中加入更复杂的数学运算，比如混沌和概率。他们给了他一份工作，他从此义无反顾。

莫尔比代利、钱伯斯及其同事们微调了他们的计算机模拟，好估计足够多的小行星或彗星撞击地球从而带来海洋的概率。当对象是小行星时，答案是非常有可能。他们的模拟似乎表明，在地球形成后期，火星与木星之间的小行星带拥有比今天多得多的成员。[35] 在巨大的木星渐渐稳定轨道的过程中，它像打台球一样把无数小行星往各个方向击散，其中一些神准地沿着 3 亿英里的轨道直奔地球。

莫尔比代利还发现，他们的另一个发现同样有说服力，即彗星撞击地球的概率要比小行星小得多。“论文的这一部分经常被忽视，”他说，“但它可能更加重要，因为我们证明了木星轨道外的物体撞击地球的概率不到百万分之一。”这让人醍醐灌顶。一颗彗星要从更遥远的柯伊伯带前来，其路程过于远，因此你被一颗小行星击中的概率比被同样大小的彗星击中的概率大 100 倍。

莫尔比代利和钱伯斯证明，我们海洋中的大部分水基本不可能是由冰彗星运送来的。彗星出局，小行星当选。这看起来毋庸置疑了。我们体内的水就是由太空巨岩送到地球来的①。剧终。

⊙

但是这场辩论远未结束。在亚利桑那大学，英国出生的地质学家、地球化学成分专家迈克·德雷克仍然持怀疑态度。德雷克的研究生同学曾因他保持桌面干净而嘲笑他，这时他觉得自己也许可以理清一个杂乱的理论。[36] 小行星带在 3 亿英里之外。你体内大部分水真是从那

---

① 你可能想知道小行星是否也给我们的邻居送过水。它们送过。金星可能收到了和地球一样多的水，甚至可能曾经是宜居的。但它离太阳更近，温度比地球高出大约 30 华氏度，因此对流性气流将水蒸气送到了远高出金星大气层的上方，在那里，紫外线逐渐将金星的水都分解掉了。火星上也曾有海洋，但火星更小，引力更弱，无法像地球一样支撑住大气层。它较弱的磁场也无法抵御紫外线。因此，它的地表水也很容易被逐步摧毁。即便如此，一部分水仍然以冰的形态存在于火星表面，下面可能也有。

么远的地方来的吗？也许我们不需要小行星的运送，可能有更简单的解释。

德雷克在脑海中回溯了水从太阳系早期开始抵达地球的旅程。他思索着，当一个庞大的气体和尘埃盘状云团内部碰撞开始形成我们的星球时，我们的邻居是什么样子的？他问，这个盘状云团中最丰富的气体是什么？是氢，其次是氦和二氧化碳。第四常见的是什么？水。因此，在德雷克看来，形成地球的云团基本上是被水蒸气包裹的大量尘埃。[37]诚然，当时地球附近非常热。即便如此，那些水蒸气真的就这么飘走了吗？

有一天，他正在喝冷饮——这对阳光明媚的亚利桑那州居民来说是常事，他注意到玻璃杯外面凝结了薄薄一层水滴。他的脑海里当即浮现出一个疑问。在地球最小的构成要素上，水滴也会以同样的方式凝结吗？水会附着在碰撞形成地球的尘埃颗粒上吗？如果会的话，也许我们根本不需要小行星给我们送水。也许大部分水从一开始就被困在地球的岩石中。德雷克甚至计算出橄榄石可以容纳大量的水，它们是地幔中最常见的岩石。

但他仍然需要解释水是如何从地球内部分散的藏身之处突围的。这是一个更直截了当的问题。火山气体的60%以上是水蒸气。当上地幔中的岩石被加热至熔化时，隐藏在其中的轻水分子会聚集，再排入大气。曾与地质学家凯文·赖特多次合作的德雷克计算出，当地球形成时，尘埃颗粒可以留住数倍于当前海洋水量的水。[38]即便到了今天，地幔所含的水也可能比地表的水更多，也许是后者的好几倍。德雷克很清楚，海洋中循环的大部分水显然始终藏在这个星球上，它只是被困在了由尘埃颗粒碰撞形成的岩石中。

并不是所有人都抢着拥抱德雷克的理论。莫尔比代利、朱伊特等许多天文学家仍然难以接受它。有一些水当然有可能是以这种方式到达地球的，但其真的占了大部分吗？莫尔比代利想知道，首先，即使水蒸气会凝结在尘埃颗粒上，但是在地球形成过程中，它们经受了无数次剧烈的高温碰撞，其还会一直附着在尘埃颗粒上吗？

⊙

我问朱伊特，如今大多数科学家支持哪种理论。他干巴巴地说："每个人的理论一般都会被接受，被他们自己接受。"他接着说，大多数人可能都认同我们的水来自各种遥远的地方。正如德雷克所说，有一小部分可能凝结在尘埃颗粒上，一开始就被困在地球内部。适量的一部分来自柯伊伯带的彗星。更少的部分可能来自遥远的奥尔特云，它紧贴着太阳系。但你体内绝大部分水可能是小行星撞来的。在莫尔比代利最新的模拟中，这些小行星并非来自小行星带，而是来自木星周围，木星轨道的变化或它体积的增大将这些小行星送往我们这个方向。

等所有水到达地球，又是如何进入我们的海洋的？这个故事就像《圣经》大洪水一样戏剧化。你如果在地球形成早期从上空俯瞰它，就会看到它发出深红色的光芒。灼热的岩浆覆盖了它整个表面，因潮汐翻涌不休。你过一段时间再来看，最外面薄薄的一层已经冷却成黑色岩石的地壳。在它变厚的过程中，地下岩浆中的水蒸气持续从无数的火山和裂缝中喷涌而出，形成厚实的乌云，黑压压地悬在地球上空。与此同时，在早期，小行星（可能还有较少的彗星）持续轰击地球，带来更多的水，这些水被岩浆吸收，或被抛入大气层。

最后，随着地球和大气的冷却，沉沉的乌云变得过于沉重，于是释放了有史以来最大的洪水，就连挪亚也要为之震惊。如今栖息于我们体内的水曾被裹挟在这恐怖的洪水中。滂沱大雨下了成千上万年，地下岩浆不断喷出水蒸气以补充大气中的水分，为这场大雨加料。[39]这些日子里还没有板块构造，我们的星球没有高山，也没有盆地。雨停后，一片超过 1 英里深的海洋包裹了整个星球。

⊙

重建地球早期历史这件事不适合胆小的人。地质学家约翰·瓦利说："在那样久远的过去，没有什么是无可争议的。"[40] 科学家现在能看似合理地解释水如何抵达地球。然而，要弄清楚适宜生命的稳定水体出现的时间有多早，属实和找到水的来源一样困难。

刚开始看起来很容易。直到 2001 年，大多数科学家都相信他们已经把这个故事写完了。正如我们读到的，地球和月球在 45 亿年前形成，之后，一阵小行星和彗星的轰击继续重塑地球。当时如果有任何水不幸存在于地表，都可能被这大规模轰击蒸发或消除，又或被灼热的岩浆吸收。只有到了 38 亿年前，晚期重轰击结束后，稳定的海洋或池塘才能出现。

然而，在一些不比沙子大的古晶体中发现的化学特征颠覆了科学家对地球历史的工整叙述。这迫使他们怀疑，在更远古的时候，就存在一片适宜生命的海洋——也许就在地球形成后不久。

这种引起争论的晶体首次出现时，地质学家西蒙·怀尔德正在为澳大利亚的一个偏远地区绘图而进行地质调查。怀尔德从珀斯出发，驱车向北行驶了近 400 英里，穿过沙漠来到一个名为克尤的小镇，而后沿着一条未铺柏油的路又颠簸了 125 英里，最后到达灌木丛生的红棕色山脉，它被称为杰克山。就在那里，当他在绘制一个小坡地时，他注意到了一处暴露在外、透着绿色的露头①，一侧大约 6 英尺高，是一块罕见的石英卵石砾岩。他非常激动。砾岩是由沙、泥和其他化学黏合剂混合而成的岩石。怀尔德偶然发现的这一种特殊砾岩以令人暴富而闻名。如果你发现了一个，那它值得你花点时间调查一下。南非有一个类似的地层，名为威特沃特斯兰德，它产出的黄金占了有史以来黄金开采总量的 30%~40%。[41]

---

① 露头指的是岩石或矿脉等露出地表的部分。——译者注

在杰克山，怀尔德煞费苦心地把这块岩石砾岩的最小斑点都分离并过滤了。他没有发现什么能让他变富有的东西，但是，他无意中发现了一个科学金矿，只不过人们要过一段时间才知道这一点。在分类的岩块中有几种罕见的晶体，组成它们的是一种历久弥坚的矿物，名为锆石。事实证明，它们比地球上任何其他岩石都要古老得多。它们有 41 亿年的历史，后来被修正为 43 亿年。

这可是大新闻，而更好的消息还在后头。

10 年后的 1999 年，威斯康星大学的地质学家约翰·瓦利和他的研究生威廉·佩克决定向怀尔德申请研究这些古晶体。[42] 他们想知道这些微小的岩石碎片是否有可能保存了关于早期地球上岩石从当时的热岩浆中结晶时的化学线索。瓦利和佩克飞到爱丁堡，携带了大约 100 块怀尔德的晶体，其中有 5 块是他的晶体中最古老的，每块都不如书中的一个英文句号大。一位苏格兰同事向他们提供了一种昂贵的新型离子探针，这种设备看起来有点像缩小到汽车大小的粒子加速器。通过向晶体发射一束离子，并分析其被削落的分子，探针将揭示晶体内氧的数量和类型。这台极度灵敏的仪器在夜晚运行得更稳定——那时楼里没有别人，电梯也停了——于是他们上 14 个小时的夜班。在第 10 天的凌晨 3 点，瓦利开始分析最古老的晶体。他立刻发现，这些晶体的氧同位素高于它们在极高温度下形成时应有的水平。当佩克带着早茶来的时候，瓦利也放下工作，一起喝了他“预备睡觉”的那瓶英国啤酒，他们对结果都感到很困惑。瓦利说：“在接下来的 4 天里，我们试图搞清楚我做错了什么。”

在排除了一切可想象的误差来源后，摆在他们面前的只剩下唯一可能的结论：他们的读数一定是准确的。只有在一种情况下，某种罕见的重氧同位素水平才可能高得如此惊人（原因过于复杂，这里不详细展开），那就是，在一个早得令人吃惊的年代，形成这些锆石的沉积岩曾经存在于有液态水存在的地表①。

其他人很快证实了他们的发现。[43]就这么几块晶体，每块只有沙粒那么大，但它们改写了我们对地球历史的理解——据我们所知，这些古老的遗物只存在于澳大利亚内陆的小块露头中。它们告诉我们，在44亿年前到42亿年前，也就是在一次可怕的大规模撞击烧灼了地球并创造了月球后的1亿到3亿年，我们的星球表面已经有了水，而且非常可能是海洋。

大规模的小行星是否反复蒸发了地球的第一个海洋，直到4亿年后的晚期重轰击最终结束？或者那片海洋是否保留了完好无损的一部分，足以为生命提供一处安全的避风港？理性的科学家不同意，但现在许多研究人员认为，晚期重轰击可能比我们最初想象的要温和。这意味着，我们的细胞祖先最初进化所在的那片海洋，可能在地球自身形成后没多久就出现了。

显然，还有许多问题有待解决，我们尚且不知道的太多了。我们只能肯定地说，你静脉中正在流动的一些水曾经凝结在尘埃上，而尘埃的碰撞首先创造了地球。你体内还有一些水分子勇敢踏上漫漫征程，搭乘彗星从海王星和冥王星之间的柯伊伯带前来。还有一小部分水跨越数万年的旅程才来到这里，它们的来处甚至比柯伊伯带更遥远，那是太阳系外缘的奥尔特云。但你体内大部分水可能搭乘的是来自木星附近的大质量岩质小行星。在44亿前到38亿年前，也就是地球诞生后的1亿到7亿年间的某个时段，所有来自这些殊方异域的水，汇集成了一片广袤的海洋。

在那古老的原始景观中，偶尔有岛屿从怒涛中探出头来。火山不知疲倦地向空中喷出气体、熔岩和火山灰。一道道明亮的闪电划破天空。从远处看，地球不再是一片熔融的红色岩浆海洋，也不再完全被

① 同位素显示，地表的岩石被水分解成黏土，这也改变了黏土中氧同位素的比率。在黏土被埋在沉积岩中后，地下的高压使沉积岩产生了锆石晶体。

黑灰色的火山岩覆盖。现在，波光粼粼的水在我们蓝色的星球上流动、撞击、荡漾、回落。我们的分子祖先终于有了一处可以聚会的水之家园。生命进化的舞台已搭建完毕……这是说，如果此时能找到另一种关键成分的话。

第 6 章

最著名的实验

探寻生命分子的起源

我一生的大部分时间生活在分子中。它们是很好的伙伴。[1]

——乔治·沃尔德

1918 年，苏俄新首都莫斯科的市民努力维持着看似正常的生活。这并不容易。白军和红军间的残酷内战正在肆虐。西方还强加了一场贸易战。首都充满了革命思想，还有关于平等、正义和历史的新思维。那些没有逃离的富人被降为普通公民，被迫与弱势群体分享他们的财富和住房。虽然革命热情高涨，亚历山大·奥巴林却收到了让人失望的消息。他是一名沉浸在激进科学思想中的年轻生物化学家，写了一份推测生命如何从纯化学物质中诞生的手稿，但审查委员会不允许他发表。布尔什维克在一年前推翻了沙皇，但他们的革命意识形态还没有渗透到审查机构，也许是因为他们还没有准备好直接对抗东正教。

不过，奥巴林的激进思想并没有被压制太久。它们将引发一场探索，让人去追溯我们的远古化学祖先——那些构成生命基石的有机分子。他希望，这将是把“生者世界”与“死者世界”联系起来的第一步。[2]

奥巴林在乌格利奇长大，这个乡镇有传统木屋、土路和马车。作为一个新手植物收藏家，他酣然于自己在有云杉、桦树和松树的森林中发现的千姿百态的花草虫木。[3] 1914 年，他考入莫斯科大学学习植物学。在那里，他被克利门特·季米里亚泽夫的授课吸引，这位魅力超凡的生物学家因反对沙皇被大学开除，但继续在自己的公寓里给学生讲课。季米里亚泽夫 26 岁时深受达尔文的启发，去了英国“朝圣”。他在达尔文家附近的一家酒馆里留宿，在这位退休科学家的房子外站了一周的岗，直到达尔文最终同意与他见面。季米里亚泽夫成为最伟大的达尔文思想推广者之一，他宣扬达尔文进化论和马克思主义的相与为一，认为它们预示着一种唯一的“科学”世界观。[4] 达尔文主义颠覆了我们对自身生物史的理解，就像马克思主义改写了我们对人类事务的理解一样。在季米里亚泽夫看来，进化论和共产主义都是历史的必然结果。

1917 年，布尔什维克夺取政权，而奥巴林开始攻读植物生理学研究生。他蓄着列宁那样的髭须和山羊胡，开始与杰出的科学家、革命家阿列克谢·巴赫合作，后者著有一本被广泛阅读的小册子，名为《饥饿沙皇》，这本小册子宣传了革命社会主义。在巴赫的指导下，奥巴林研究了藻类的光合作用。

他学得越多，就越相信另一个革命性想法：化学进化可以解释生命的起源。

距达尔文出版《物种起源》已过去了半个世纪，少有人支持这一观点。在英国，许多著名科学家一直是神职人员，视自己的使命为揭示上帝创造的权威。异端才会认为生命可能起源于无生命的化学物质。但在苏俄，奥巴林这些新锐猜想受到积极的鼓励（只是其中还不包括审查委员会）。

不过，在试图追溯我们化学起源的过程中，奥巴林面临着一个无法忽视的问题：人类体内乃至一切生命中的分子，截然不同于我们周围岩石中的无机分子。如果你分析自己的成分，你会发现其中约 60% 是水，还有 1% 是离子——由钠、钾和镁等元素组成的带电分子。[5]

而你体内其他的一切，从指甲和骨骼到肌肉和大脑，都是由有机分子——以碳链或碳环为基础的分子构建的。

碳如果有个性，那一定是社交外向型。事实上，许多科学家认为，如果我们能在宇宙的其他地方发现生命，它们也将是以碳为基础构建的。碳之所以功能多样，缘于它的外层有 4 个电子，再加上它个头很小，这意味着它可以凭借几何戏法，轻易在四个方向上建立连接，形成长而稳定的环和链。它们是人类有机本体的骨干。你的糖、脂肪酸、氨基酸和核酸都是以碳为基础构建的。它们连接在一起时，就会产生碳水化合物、脂肪、蛋白质和 DNA——你的大型有机组分。举例来说，你的心脏是一块巨大的肌肉，（除水外）大约 70% 是蛋白质，换句话说，70% 是氨基酸。[6]

然而，据当时的科学家所知，只有生物才能制造这些有机分子。无论花多长时间，你都无法在地球的岩石中找到它们——除了像煤这样的沉积岩，是由有机物形成的。委婉地说，这对解释生命起源构成了障碍。如果你不知道生命基本成分源自何处，你就无法很好地理解它如何出现。科学家被难住了。对当时的科学家来说，无生命的岩石中的无机分子和生命中复杂的有机分子之间的鸿沟是个棘手的问题，就如今天解释我们大脑中的分子如何创造意识一样。许多人认为要创造有机分子只能通过“生机”——一种只存在于生物体内的难以解释的力量。

当我还是个学生时，我一直认为生机论很荒谬，怎么会有科学家相信呢？但站在科学家的立场上，就更容易理解。早在亚里士多德时代，许多伟大的思想家就相信某种形式的生机论。如果你没有简单分子如何变成有机分子的理论，没有用来观察细胞及其内部结构的高倍电子显微镜，也不明白遗传是如何传递的，那么从无生命化学物质向活的生物的飞跃可能会显得很神奇。想想看，如果你把一块石头劈成两半，哪一半都不会再发生任何变化。但如果你把一条扁形动物涡虫切成两半，这两部分都会再生成完全相同的整体。你要如何解释？18 世纪的瑞典化学家约恩斯·贝采利乌斯写道：“在有生命的大自然中，元素遵守的法则似乎不同于无生命的大自然。”[7] 无生命的物质似乎缺乏一种生命能量。[8] 19 世纪杰出的物理学家开尔文勋爵（也因认为永远不可能有比空气重的飞行器而闻名）写道：“没有受到原本有生命的物质的影响，死物就不可能变活。在我看来，这和引力定律一样是科学学说。”在 20 世纪，量子物理学奠基人之一的尼尔斯·玻尔推测，要了解生命，我们可能需要发现新类型的物理现象。就连证明了新物种如何诞生的达尔文本人，也无法解释最初的生命如何从一池化学物质中突然产生。“目前思考生命起源纯属瞎扯，”他在给植物学家约瑟夫·胡克写信时说，“我们不如思考物质的起源。”[9]

许多 19 世纪的科学家沮丧到了放弃的地步。开尔文勋爵的解决方案是提出宇宙和生命始终存在。著名的科学家、哲学家赫尔曼·冯·亥姆霍兹与他观点相同。他们相信生命久远，和物质本身一样古老。在生命于地球上出现之前，它一定很早就存在于宇宙的其他地方了。它如何找到这里，依然是个谜，不过他们猜它可能搭上了陨石或彗星的便车。“太空中挤满了这些天体，”亥姆霍兹争辩道，“谁知道它们会不会往任何一个新世界散布生命的胚芽？”[10] 但是，开尔文、亥姆霍兹等人提出的“泛种论”（意为“到处播种”）只是把问题抛开了。这对解开生命起源之谜毫无帮助。

1922 年，在被审查委员会拒绝的几年后，奥巴林和他的布尔什维克英雄阿列克谢·巴赫一起在莫斯科的一个实验室工作。他还得到了一份教职。人们将会铭记他在大学所塑造的仪表堂堂、格格不入的形象。[11] 他曾被短暂地派往国外学习，回国后他穿着笔挺的欧式西装，总是戴着领结，显得优雅又权威，这与他学生们破旧的衣服形成了鲜明对比。在这新工人的天堂里，生活条件非常艰苦。经济凋敝，许多莫斯科人在挨饿。奥巴林开始运用他的生化知识来提高面包和茶的产量。

即使在这个需求巨大的时代，他仍然无法放弃对更深层科学问题的痴迷。奥巴林也意识到达尔文的著作《物种起源》“缺失了前传”，但他觉得可以有所作为。[12] 他决定回归基本原则。有机分子真的只能由活的有机体制造吗？如果是这样，那么世界上第一个细胞——第一个由膜包裹的能复制并产生能量的分子的集合——一定极其复杂，乃至它也能制造用来制造它的材料。显然，这样的进化飞跃跨度过大，让人难以接受。对奥巴林来说，假设第一个细胞起源于它周围早已存在的有机分子，要合理得多。但有机分子从何而来？

他已经知道了一个事实，它令生命起源显得似乎很简单。19 世纪的化学家已经确定，尽管元素周期表中有很多元素，但我们的身体几乎都来自其中 6 种：碳、氢、氧、氮、硫和磷。

你的脂肪和碳水化合物是完全由碳、氢和氧组成的分子链。你的蛋白质由碳、氢、氧、氮和硫构成。你的 DNA 只包括碳、氢、氧、氮和磷。这 6 种元素构成了你体内物质的大约 99%。一个 150 磅重的人含有 94 磅氧、35 磅碳、15 磅氢、4 磅氮、近 2 磅磷和 0.5 磅硫。

这 6 种元素恰巧也是宇宙中最丰富的。氢是最充足的，氧排第 3，碳排第 6，氮排第 13，硫排第 16，磷排第 19。在某种意义上，这让了解生命起源变得像一场化学拼字游戏。你只需要解释这几种元素如何结合成有机分子。

当然，事实证明这个过程极其艰难。原子对与之结合的对象吹毛求疵。这 6 种元素潜在组合的数量多得令人难以置信。碳是如此开放，如此善于扭转和结合，以至于地球上已知的有机分子超过 1 000 万种。

1924 年，在迫切想说服民众上帝不存在的苏联，《莫斯科工人报》出版了奥巴林 71 页的手稿，这本小册子的封面上写着“全世界无产者联合起来！”。12 年后，奥巴林出版了一本扩展其论点的书，其中融入了更多最新的科学成果。

他的第一个开创性见解是，为了了解生命最初如何出现，他需要地球在数十亿年前的清晰图景。奇怪的是，之前思索生命的人中几乎没人考虑过这一点。奥巴林回顾了天文学和地质学的最新发现后，意识到地球最初形成时与今天完全不同。

最重要的是它缺少什么。许多科学家认为氧气始终存在，但奥巴林明白地球大气中的氧气是由光合作用产生的。在生命出现之前，大气层中没有氧气。你和我在那里一秒钟也活不下来。

他声称，地球早期的大气更像木星的大气，当时的天文学家刚刚发现后者充满氨和甲烷。值得注意的是，奥巴林在书中从基本成分开始——简单的碳氢化合物，如甲烷（CH_4），连同氨（NH_4）、氢（H_2）和水（H_2O）——详细列出了一系列化学反应，这些反应可能会形成更复杂的有机分子、蛋白质乃至生命。他主张将生命理解为化学进化的终点。他谦虚地为这本书起名为《生命的起源》，如果作为达尔文《物种起源》的前传，这个书名很恰当。

第一种生命形式会是什么样子？与奥巴林同时代的一些人声称它是光合藻类。[13] 对奥巴林来说，这显然是不可能的。作为一名植物方面的生物化学家，他充分了解光合作用的复杂性。第一批进化出来的有机体不可能就如此复杂，这样的进化飞跃跨度太大了。相反，他认为第一种生命形式可能是海洋中的有机分子簇，它们将缓慢进化为细菌。

在英国，派头十足且思想自由的进化生物学家、生物化学家、数学家及多产的作家 J. B. S. 霍尔丹独立提出了一个相似的理论，它发表在《理性主义者年鉴》刊物上。许多科学家一开始否定它，认为它是“疯狂的猜测”，霍尔丹基本上也把精力转移到了其他重要问题上。[14] 但是奥巴林在之后的职业生涯中继续探究生命的起源。

他在苏联科学界名声大噪，获得了满箱的勋章，包括社会主义劳动英雄勋章、劳动红旗勋章和最高的平民荣誉——列宁勋章。在之后的数年里，他访问西方时又受到赞誉。

然而，等他在苏联科学界平步青云的另一面被曝光时，他的荣誉将失去光彩。20 世纪 40 年代，他与权欲熏心的生物学家特罗菲姆·李森科结盟，后者的遗传理论存在无可救药的缺陷，却受到了斯大林的青睐。李森科声称，植物的特性和人的一样，是由环境而非“基因”塑造的，他否认了基因的存在。孟德尔的遗传学理论与他的理论对立，于是该理论的支持者都遭到了他无情的迫害。许多拒绝站队的人失去了工作，被遣往西伯利亚，或被杀害。尽管如此，奥巴林却支持李森科，并且是他的朋友。他们甚至还有相邻的度假别墅。[15]

多年后，作家洛伦·格雷厄姆质问奥巴林有关支持李森科的事。“如果当年你在这里，”奥巴林回答，“你会勇敢地站出来说出真相，然后被关在西伯利亚吗？”[16]

在斯大林治下的苏联，奥巴林设法保住了自己的职务和地位，无论他是不是机会主义者，他对科学的贡献不仅仅是开创性的，还引发了一场科学大爆发。

⊙

奥巴林提出了一个研究生命起源的理论框架，却没有人尝试去验证它。可用于检测有机化学物质的技术太有限了。到了 1951 年，一个神经质的雄心勃勃的美国研究生斯坦利·米勒来到了芝加哥大学。

芝加哥大学是一处科学重地，许多卓越的科学家来到这里研究原子弹，并留下来。很幸运，米勒在第一个学期就参加了著名化学家哈罗德·尤里的一个讲座。尤里因发现氘而获得了诺贝尔奖（作为氢同位素的氘被用作氢弹的燃料，戴夫·朱伊特及其同事后来在彗星上发现的也是它）。尤里曾在曼哈顿计划中指导分离铀同位素的项目，但他深受原子弹恐怖的困扰，反对进一步使用核武器。他在《科利尔》杂志上写道：“我认识的所有科学家都很惊恐，惊恐于自己的生命，也惊恐于你们的生命。”[17]他因自己的“左翼”观点收获了海量FBI档案，他转而研究更适合和平主义者的生命领域——行星、月球和地球的化学成分。

碰巧的是，尤里对早期地球大气成分的看法与奥巴林非常相似。在米勒参加的那场讲座上，尤里随口说，总有一天会有人试着检验奥巴林的理论。[18]米勒注意到了这句话，但没有在意。作为一名新博士生，他正在为博士论文寻找选题，但本科阶段研究的经验使他相信，他应该不惜一切代价避免实验。他认为实验既麻烦又耗时，而且没有理论工作那么重要。他转而热切地接受了一个称心如意的机会——在引发争议的物理学家、“氢弹之父”爱德华·特勒的指导下，研究元素如何在恒星中产生。然而，仅仅6个月后，特勒就抛下米勒，去了加州的劳伦斯·利弗莫尔实验室研发新型核武器。回顾起来，这对米勒来说是个幸运的转机。物理学家弗雷德·霍伊尔及其同事抢得先机，数年后引人瞩目地计算出了元素在恒星中产生的细节。

特勒走后，米勒又回到了起点。在四处搜索新课题时，他想起了尤里的演讲，问尤里能否和他一起验证奥巴林的理论。米勒建议模拟地球的初始大气，看看它是否真的会像奥巴林所说的那样酿出有机分子。

尤里没有把握。“他尝试的第一件事就是劝我放弃。”[19]米勒回忆道。它看起来太冒险了。米勒的学业已经进行了一年多，他需要尽快取得博士学位，但这个课题可能会让他多年都困在混乱又不确定的实验中。一个许多人认为需要发展数十亿年的过程，怎么会在短短12个月内就交出它的秘密呢？但米勒坚持己见。它的回报看起来太棒了，让人忍不住尝试。他对更安全且更无聊的课题又不感兴趣。最后，尤里妥协了，但有一个条件。他只给米勒6个月到1年的时间，并告诉米勒，时限一过，他就必须选择一个新课题，从头再来。

在被称为“地牢”的地下实验室里，米勒着手重建地球的初始大气。[20] 为了筹集资金，尤里从其他项目中挪用了小笔资金，这种做法在当时和现在都很常见，因为科学家总是投身于其他人认为鲁莽的实验。尤里和奥巴林设想了一个古老的世界，在那里，由火山喷发不断加厚的层层乌云在辽阔的海面上方翻滚，被明亮的闪电穿透。米勒用一团凌乱的玻璃器皿模拟这一过程，它们看起来非常适合一个疯狂科学家的实验室。他的“海洋”是一个不完全装满水的大圆形烧瓶，他的“大气”是另一个装满氢气、甲烷和氨气（H_2、CH_4 和 NH_3）的烧瓶，他将两者连接了起来。“海洋”下的一小簇火焰会产生水蒸气（H_2O），蒸汽会上升到“大气”中。“大气”中的冷凝器将把蒸汽变回“雨”，顺着玻璃管返回“海洋”。尤里带了一位叫卡尔·萨根的年轻本科生来参观米勒的实验室，萨根留下了深刻印象且兴奋不已。[21] 复杂的有机分子会简单地自行组装，这个想法似乎不太可能，但米勒打算试一试。

1952 年秋季的一个深夜，米勒准备好了。他向实验室的同伴发出警告，他们明智地迅速离场了。他在他的“海洋”下点燃了一簇小小的火焰，开始制造水蒸气。接着，由于安全不是他的要务，他准备了致命一击，只希望它不会炸到他的脸上来——这话是认真的。他要在他的“大气”中模拟闪电，在两个电极之间通 6 万伏的电流，制造起伏的火花，会让弗兰肯斯坦博士[①] 宾至如归。它应该能运转良好：只要他能成功地在添加气体前从玻璃器皿中抽走所有易爆的氧气。还有，不发生泄漏。如果发生泄漏，气体和空气的易挥发混合物就会像炸弹一样爆炸。

米勒点燃了火花。没有发生爆炸。他松了一口气，看了几小时的烧瓶后，便离开去过夜了。

诸神向他露出了微笑。两天内，“海洋”里的水变黄了，他看到电

① 弗兰肯斯坦博士是 19 世纪英国作家玛丽·雪莱创作的小说《科学怪人》中的角色，后泛指疯狂科学家。——译者注

极旁烧瓶的瓶壁上有黑色的浮渣。他过于兴奋以至于无法继续，便中断实验去分析水。他震惊地发现，他已经制造出了我们体内最简单的氨基酸：甘氨酸（NH_2–CH_2–COOH）。米勒欣喜若狂。他的“远古大气”自发组装出了一种分子，它是我们蛋白质的组成部分，在大脑中充当神经递质发挥作用，并构成了三分之一的胶原纤维，这些纤维将我们的骨骼、皮肤、肌肉和组织连接在一起。

他兴奋地又做了一遍实验。这一次，他加大了“海洋”下方的热量，以模拟由火山添入更多水蒸气的大气。他决心让它运转一星期。

米勒悬着心看着他“海洋”里的水一天天变成粉红色、深红色，接着变成黄褐色，此时电极上还滴下了一种黑色的油性物质。同为研究生的杰拉尔德·沃瑟伯格（前文我们已经看到，他后来确定了月球岩石的年龄）对此并不感兴趣。“看起来像苍蝇屎。”[22]他狡猾地暗示米勒没把烧瓶清洗干净。但苍蝇与此无关。

开启项目仅三个半月后，米勒就完成了他的分析。他兄弟回忆：“他一蹦三尺高。”[23]这就好像他关上车库门，里面留了一堆木头和钉子，回来后发现门里有一张新桌子和椅子。他造出了若干有机分子，包括由我们的细胞连接起来以制造蛋白质的 20 种氨基酸中的 2 种，可能还有其他几种。数年后，有了更灵敏的仪器，他又多检测到了至少 8 种。[24]凭借火花产生的能量，有机化合物自行组装。而这些氨基酸正是奥巴林预测会率先出现在地球上的。[25]

尤里大为惊喜。他鼓励米勒迅速写出研究结果，并让米勒成为论文的唯一作者。事实上，人们每次提及这个故事时，都要重述尤里的姿态。这高尚的提议反映了尤里慷慨的本性，也折射出一个事实：他可以有这样的雅量。他早已获得了诺贝尔奖。

作为诺贝尔奖得主，尤里毫无困难地给《科学》杂志的编辑打电话，要求他尽快将米勒的论文发表。尽管如此，程序还是很缓慢。一位科学家受编辑邀请审阅这篇论文，觉得米勒的结论太不可信，甚至懒得把意见寄回。发表论文花了这么长的时间，令米勒越来越担心。他害怕科研成果被人抢先发表，便从《科学》撤回了这篇文章，把它寄给了一家不那么知名的杂志。直到《科学》的编辑亲自写信向他保证立刻发表之后，他才同意重新提交。米勒后来说，他的科研成果太超乎想象："如果是我自己向《科学》提交它，它到今天还垫在一堆论文底下呢。"[26]

那年春天，在一个座无虚席的大讲堂里，这位 23 岁的科学家紧张地向芝加哥大学最出类拔萃的科学家展示他的发现，其中包括几位诺贝尔奖得主。卡尔·萨根作为本科生坐在听众席中，对这些人的第一反应很吃惊。"他们没有认真对待，"他后来写道，"他们始终在暗示他太马虎，弄得实验室里到处都是氨基酸。"[27] 当一位同事带着这个消息冲进来时，就连奥巴林都不相信。[28] 米勒的结论看起来实在太不真实了。

但其他人都意识到了，1953 年是生物学的奇迹之年。乔纳斯·索尔克宣布他制造出了小儿麻痹症的疫苗；一位神经外科医生确认了海马体是大脑记忆形成的关键区域；精子被成功冷冻并复苏；米勒的论文《氨基酸生成于可能的早期地球环境下》发表的几周前，沃森和克里克刚刚揭示了 DNA 结构。

米勒的论文激发了公众的想象力。它立刻成了整个生物学领域中最著名的实验。米勒总是喜欢说，就连高中生也能做这个实验，它表明地球上最早的有机化合物——我们的分子祖先，是在一锅"原始汤"中毫不费力地酿造出来的。[29] 尤里对大学同事说："如果上帝不是这样干的，那他就错过了一次下注的好机会。"[30] 它看起来太容易了。

4 年后，奥巴林邀请米勒到莫斯科，在第一届生命起源国际会议上发表演讲。奥巴林曾经写道："前方的道路艰难而漫长，但毫无疑问，它将通向对生命本质的终极认知。沿着这条道路前进，人工制造或合成生物会是一个非常遥远的目标，但并非无法实现。"[31] 在 1936 年，这看上去是痴心妄想，但此时不是了。几十名科学家在他们的工作台上组装玻璃管和烧瓶，心中满是令人陶醉的展望：他们也许能揭开生命起源的奥秘。年轻的卡尔·萨根也在其中，他此时确信，科学不仅即将发现生命如何在地球上兴起，还将发现其在宇宙中如何出现。

可叹的是，在米勒取得关键突破后的 10 年里，科学家的期望从高空无措地落回了地球。事实证明，酿造生命元素的难度远远超出他们的希望，这让他们非常沮丧。所有生物体用来连接成蛋白质的氨基酸有 20 种，他们只能制造出其中的大约一半。更麻烦的是，他们在合成和连接名为核苷酸的分子时遇到了极大的困难，而核苷酸是 DNA 和 RNA（核糖核酸）的基本单位。没人能搞清楚如何用早期地球上存在的成分制造它们。

米勒本来要继续尝试从大气中合成有机分子，但是到了 20 世纪 60 年代，他忽然遭到重挫。新的证据表明，地球的初始大气并不像米勒、尤里和奥巴林认为的那样充满氢气、甲烷和氨气。[32] 他们曾推断这些气体的形成是由于氢必然存在，氢是宇宙中最常见的元素。但后来研究人员意识到，质量很轻的氢会飘移，而小行星轰击和紫外线会赶走其他气体。因此，地球初始大气来自火山气体：主要是氮气、二氧化碳和水蒸气。[33] 对米勒来说很不幸，只要有一点热量，这些气体就会产生烟雾，而不是形成生命的基石。因此，尽管米勒的实验非常引人入胜，但很快就有人声称它没有揭示生命的真正起源。

“生命起源化学之父”米勒坚持自己的理论，但是看到其他人放弃时，他变得有些愤懑。许多直接投入这个新领域的人此时漫无目的。他们需要其他方法来了解生命基石如何出现在我们的星球上。他们需要新的创想来重振他们的探索，他们需要新的希望。

这个创想出乎意料地来自一个局外人。

⊙

如果有机分子不是在我们的大气中产生的，那究竟是在哪里？到了 20 世纪 60 年代中期，大多数科学家认为，有一个地方是寻找生命起源的最不合理之地，那就是广袤的太空。原因很简单，太空环境过于恶劣。太空被高能紫外线辐射、X 射线、伽马射线以及来自太阳和其他恒星的各种有害粒子穿透，所有这些粒子都非常乐意迅速干掉脆弱的有机分子。

我们能在地球上生存下来，只是因为我们受到两个巨大的保护罩的庇护。第一个是磁层——由地球铁核产生的庞大磁场，它包裹着地球，使危险的亚原子粒子（我们称为宇宙射线）偏转。第二个是大气层高处的臭氧层（由臭氧分子 O_3 组成），它能吸收有害的紫外线辐射。我们的细胞也进化出了聪明的机制，以逆转紫外线造成的许多严重伤害。在我们的每个皮肤细胞中，成千上万的酶就像工蚁一样云集在我们的染色体上，修复 DNA 链断裂的部分。[34] 皮肤中的 DNA 损伤会触发化学信息，发出信号表明是时候产生黑色素了，这种成分可以无害地吸收紫外线。如果你在夏天晒黑了皮肤，这说明你的 DNA 遭受了损伤，而身体在试图防止更多的损伤（因此医生和父母总是唠叨涂防晒霜的必要性）。

尽管太空环境以恶劣著称，但到了 20 世纪 50 年代，科学家已经在那里找到了一些简单的分子。这要感谢两位荷兰天体物理学家，扬·奥尔特（因奥尔特云而闻名）及其同事亨德里克·范德胡斯特，他们发现了一个惊人的事实。你可能没有想到，每一类分子都会发射独特的无线电波长。当分子相撞时，它们的原子会振动及旋转。由于原子是如此微小，而束缚它们的力又如此有弹性，以至于它们就像上了发条的螺旋弹簧玩具一样，每秒来回摆动数十亿次——产生微小的电磁波。（这种弹性令人难以置信。要理解 10 亿的规模，就想一想：100 万秒加起来是 11 天，而 10 亿秒加起来是 32 年。）因此，我们完全有理由认为，一个大的分子团可能会发出足以被射电望远镜接收的信号。事实上，到 1967 年，深空中已经探测到了由两个原子组成的简单分子云。但科学家知道，较大的分子无法在这样恶劣的环境下存在。

物理学家查尔斯·汤斯对自己的所知就不那么确定了。汤斯是律师的儿子，19 岁大学毕业，获得了物理学博士学位，先后在贝尔实验室和哥伦比亚大学任职。在 35 岁某个明媚的春日清晨，他坐在公园的长椅上，突然得到了一个“启示”，他后来把这个时刻比作一次宗教体验。他意识到，如何有可能制造一种装置来放大由气体分子发出的微弱波动。这促使他发明了一种激发激光的设备，它为他赢得了诺贝尔奖，顺便激励他思考要如何探测到太空气体分子发出的信号。

早在 1957 年，汤斯就发表了一篇论文，描述射电望远镜如何能够探测到太空中某些复杂分子的存在——如果出于某种奇怪的原因，它们确实存在的话。[35] 他甚至预测了它们的精确频率。多年过去了，他很好奇为什么没有人费心去寻找它们。

他不知道，有几个年轻的研究者本来想这么做，却被说服而放弃了。例如，哈佛大学的一名研究生曾被一位诺贝尔奖得主说服，后者认为，如果太空中真的有较大的分子幸存，它们的数量也会非常少，以至于无法被探测到。[36]

汤斯在 1965 年决定转行，这时他 50 岁了。为了保持敏锐的思维，他开始阅读天体物理学，在哈佛大学上了几门课（包括卡尔·萨根的一门课）。然后，他搬到了更加晴朗的伯克利，那里有一流的望远镜。这位研究资金充裕的诺贝尔奖得主在那里寻找新的项目时，遇见了一位年轻的电气工程师，他叫杰克·韦尔奇。

韦尔奇的大部分职业生涯在伯克利度过。我问他，他俩是如何找到彼此的。“汤斯来的时候四处打听：‘射电天文学界有什么有趣的事情吗？’有人说：‘嗯，杰克·韦尔奇准备寻找分子。我知道这有点疯狂。’所以，就这样，他来找我了。”[37]

韦尔奇当时正在学校东北方向约 300 英里处的哈特克里克天文台架设一台 20 英尺宽的射电望远镜。他计划用它来研究地球大气，但同时也抱着其他希望。数年前，他偶然看到了汤斯的论文。这启发他做了一次简短演讲，关于射电望远镜如何探测在恒星之间飘移的大分子。“我给天文学家做这次简短演讲时，”韦尔奇说，“其中一位后来对我说：‘你知道吗，你的演讲有点尴尬。你不可能在太空中找到原子数超过 2 的分子。’”韦尔奇笑了起来。“真是聪明的家伙，但有时太聪明了也不是件好事。”

韦尔奇告诉汤斯他的演讲有了怎样的反响。汤斯笑出了声。不久之后，他对韦尔奇说，当他还是在哥伦比亚大学做研究的年轻教授时，系里的大人物突然找上他，警告他不要浪费自己的时间和学校的钱。“你知道这行不通，”他们对他说，“我们知道这不会起作用。你在浪费钱。马上停止！”[38] 汤斯坚持自己的立场。“他们有点愤怒地走了。他们阻止不了我。”他说。而那项研究为他赢得了诺贝尔奖。他告诉韦尔奇：“不要听从那些自以为是的人。”汤斯与众不同的哲学观也源于他与顶尖的物理学家和工程师团队一起从事项目的经验。他见识过专家如何被自己的知识蒙蔽了双眼。他们的确精通于自己的知识，比如量子物理学或放大器的工作原理，但有时他们会忽视未知。一些工程成果显得难以想象，是因为专家过于确信自己早已知晓一切可能。

在伯克利，汤斯立刻问韦尔奇：“你对寻找分子感兴趣吗？”他还提出要出资为韦尔奇的望远镜配备一个光谱仪。汤斯轻描淡写地回忆道：“我能感觉到伯克利的大多数天文学家都觉得我的主意有点儿疯狂。”[39]

他为他们的推测项目招收了一名博士生和一名博士后，并决定寻找有 4 个原子的氨分子（NH_3），它是有机分子的前体。汤斯计算出，如果氨从数千光年外广播它的存在，那它会发出特定的无线电频率，于是他们着手建造一个放大该频率的装置。

1968 年秋天的一个晚上，在哈特克里克，他们终于准备将望远镜对准天空。“问题是要往哪里看，”韦尔奇说，“大家都没有头绪。”他们便决定把望远镜对准银河系的中心。

没有信号出现。但他们坚持不懈。几天后，他们调整望远镜，将它对准了距离稍远的一片尘埃云——人马座 B2，就在那儿，大量的氨飘浮在太空中，可能是由云团中的氢和氮碰撞形成的。[40]

为什么发现它们如此容易？为什么有那么多杰出科学家都犯了如此惊人的错误？专家根本没有想到，分子云可以如此庞大，以至于为其内部的分子屏蔽了破坏性的紫外线。少数游离分子在太空中很难幸存，但换作数百万英里宽的云团中尘埃颗粒上的大量分子，情况就不一样了。科学家没能意识到，我们知之甚少。他们陷入了“专家眼中没有未知”的偏见。

第二年，汤斯的团队重新调整他们的放大器，开始寻找水。这一次，他们甚至没有前往哈特克里克，只是打电话给望远镜操作员，告诉他怎样搜寻它。“砰，它就在那儿。”[41] 韦尔奇回忆道。操作员一搜索就找到了。

世界各地的天文学家都冲到了他们的望远镜前。韦尔奇说：“那时，整个射电天文学界兴奋起来。”他们发现了 200 多种有机分子。

其中许多分子都熟悉得令人惊讶。队列中包括卸甲水，更确切地说，是丙酮（C_3H_6O），它会在你分解脂肪时产生。有煮饭和取暖的气体——甲烷（CH_4）；有醋的主要成分——乙酸（$C_2H_4O_2$）；有甲酸（CH_2O_2），如果你触摸荨麻或被黑木蚁咬伤，这种物质就会触发你皮肤上的痛觉感受器。氯化氢（HCl）是在太空中发现的另一种分子，它与水相遇就会形成盐酸，我们的胃用盐酸来消化食物。也有甲醛（CH_2O）云团飘浮在太空中，我们用这种物质保存死者，但你可能不知道，我们的身体每天也会产生大约 1.5 盎司的甲醛。我们分解它以产生甲酸盐，并用后者制造 DNA 和一些氨基酸。孕妇尤其需要叶酸（某种形式的维生素 B_9）来制造甲醛，以形成 DNA 的基本要素。（然而，暴露在其他来源的甲醛中会损害 DNA，因此这种化合物是一把双刃剑。）

太空中最臭名昭著的有机分子是氰化氢（HCN）。水果的果核中天然产生这种物质，比如樱桃和桃子（大约10个桃核所含的量就可以把你干掉）。黄斑千足虫分泌氰化氢以防止捕食者吃掉它。19世纪80年代，农场主开始用它做杀虫剂。如果你吸入了氰化氢，它会干扰运输氧气的一种酶。你红色的血液会变成紫色，你会死于缺氧。纳粹在二战期间使用一种名为齐克隆B的氰化氢，在毒气室里杀害了100多万人。然而，氰化氢是由有益生命的元素氢、碳和氮组成的。当氰化氢与硫化氢（太空中发现的另一种分子）结合时，它们可以产生一些氨基酸、脂肪的前体及RNA的一种基本要素。在适当的条件下，氰化氢还会产生腺嘌呤，它是DNA的基本要素。

对于试图解释生命起源却深陷泥潭的科学家来说，太空中藏有丰富有机分子的可能性带来一个明显的问题，它唤起了新的希望。斯坦利·米勒曾试图证明第一批生命分子是在大气和海洋中产生的，如果并非如此，那它们会是来自外太空的访客吗？

仿佛是为了回答这个问题，1969年9月28日上午10点45分，就在汤斯的团队在太空发现氨的几个月后，一颗耀眼的橙色火球划过澳大利亚默奇森小镇的天空。一位妇女说："我们听到了砰砰砰的声音。"还有人回忆，听到了一种嗞嗞声，就像"卡车轮胎碾压在潮湿的路面上"。

一块重250多磅的太空岩石在他们上空爆炸，陨石碎片散落在超过5平方英里①的范围内。其中一块拳头大小的陨石砸穿了一间棚屋的金属屋顶，落在一堆干草上。[42]它闻起来像甲基化酒精，一种清洁溶剂。[43]村民们跑到牧场和田野，收集了数百块碎片，以每盎司10美元的价格卖给了岩石商店，这是黄金价格的三分之一。一些碎片被送往博物馆和大学。其中一部分最终落入了加州NASA艾姆斯研究中心的

① 1平方英里=2.589 988 11平方公里。——编者注

地球化学家基思·克文沃尔登的手中。

克文沃尔登告诉我："我们得到它们真的很兴奋。"这是因为，一个多世纪以来，许多科学家都声称在陨石中发现了有机分子。但怀疑论屡见不鲜。要排除污染是出了名的困难。"一位研究者指出，"克文沃尔登回忆道，"在一些样本中发现了氨基酸，其分布状况非常像指纹中发现的氨基酸。结论是，我们本以为是外星生命的东西，实际上是人类手指留下的。"20 世纪 60 年代初，科学家甚至为陨石含有生命的证据争论不休。一位微生物学家实际上从一块他怀疑来自外星的太空岩石中培养出了活细菌。但是，他承认，他无法排除污染的可能。[44] 其他研究人员还在陨石中发现了外星生命的"微化石"，但事实证明其中一些是纽约的豚草。[45]

1969 年，当默奇森陨石的碎片抵达艾姆斯研究中心时，克文沃尔登正在从月球带回的第一批岩石中寻找有机化合物。结果令人失望。月球岩石中没有任何有机物的迹象，只有微量的甲烷气体。不过，为了避免月球样本受到任何污染，新实验室经过精心设计，于是克文沃尔登及其同事当时拥有一套最先进的、洁净得无可挑剔的设施来分析陨石。而且他们刚刚得到的是原始的碎片，而不是博物馆架子上多年积压的发霉的岩石。他们对发现新事物寄予厚望。

他们穿上白色的无尘服，选择了最大块且裂缝最少的碎片。岩石很光滑，爆炸的高温使它们漆黑如夜。令人鼓舞的是，它们的内部也是黑色的，这是碳的标志。

该团队的化学分析显示，陨石的大约 2.5% 是有机的。没有任何迹象表明它含有活的有机体，或表明这些分子由生命创造。但值得注意的是，种类繁多的分子中包括了氨基酸。其中许多氨基酸的形式是地球上未曾发现的，这个令人宽心的迹象表明他们没有污染样本。"这就是科学家梦寐以求的事之一，"克文沃尔登说，"那可能是我人生中最激动的时刻。你有了一个新发现，并且意识到只有你和你的团队知道这个结果。这是一种几乎无与伦比的体验。”同样惊人的是，我们身体用来构建蛋白质和酶的 20 种氨基酸，他们发现了其中的 7 种，后来又发现了 2 种。[46]

谁知道我们和陨石有如此多共同之处呢？在遥远深空呼啸而过的岩石中，有许多我们不能没有的分子？它们包括缬氨酸，它有助于调节大脑的血清素水平，并为肌肉提供葡萄糖；天冬氨酸，这种兴奋性神经递质也在制造睾酮等激素的过程中发挥作用；还有谷氨酸，它是我们大脑中最常见的兴奋性神经递质，存在于 80% 以上的突触中。谷氨酸协助我们学习并形成记忆。我们还要感谢谷氨酸带来的鲜味——继咸、甜、酸、苦之后的第五种味觉。我们在酱油和奶酪等食物中品尝到它，更不用说颇具争议但美味的食品添加剂味精（谷氨酸单钠盐）了。有人想在早餐吐司上加点陨石吗？

令人吃惊的是，克文沃尔登检测到的许多氨基酸与斯坦利·米勒在实验室中酿造出的氨基酸完全相同。[47] 因此，米勒、尤里和奥巴林认为曾发生在古地球上的反应，肯定也发生在太空中——最可能发生于含冰岩石被碰撞或放射性衰变加热的时候。此后，其他研究默奇森陨石碎片的人发现了两种核苷酸——DNA 的基本要素——米勒等人在实验台上无法诱导出来的种类。更灵敏的仪器已探测到成千上万其他种类的有机分子。科学家估计，这块陨石还可能含有另外数百万细微痕迹。许多陨石的主要构成是岩石或金属，或两者混合，这类陨石不含有机物。但默奇森陨石属于一种可以富含有机物的特殊类型，被称为碳质球粒陨石。

一旦确定太空岩石中含有有机化合物，研究者就开始在冰彗星中搜寻它们。他们为此发射的卫星显示，一颗彗星的有机物含量甚至更高，可能高达其质量的 20%。

这些消息激动人心，令研究者想知道——哪怕开尔文、亥姆霍兹和霍伊尔是错的，而且生命本身也并非来自太空——那第一批有机分子会不会也和水一样，来自远方呢？

这看起来是可能的，甚至许多人都认为是可能的，不过前提是他们能解决一个烦人的问题。天文学家狂喜地发现了飘浮在恒星间的有机分子云，但它们远在数万亿英里之外，远得无法抵达这里。少量的有机物也许是乘着像默奇森陨石这样的小岩石而来，能零星分散地幸存下来。但这些零散的一星半点儿不足以创造生命。你可能会认为，大量脆弱的有机物搭巨大的彗星或小行星的便车，以 38 000 英里的时速飞行，当这段旅程戛然而止时，它们会在瞬间出现的炽热熔融岩浆和超高温气体中迎来毁灭。因此，一个棘手的问题仍然存在——怎样才能让足够多的来自太空的有机分子在前往地球之旅中幸存下来？

1992 年，天体物理学家克里斯 · 希巴和卡尔 · 萨根出人意料地给出了一个可能的答案。陨石和彗星会释放出微小的尘埃颗粒，它们虽然小得看不见，却会不断地降落在地球的每一处。科学家在退役的 U-2 侦察机机翼下安装特制的托盘，在 65 000 英尺的高空收集了飘落的太空尘埃。这些看不见的小点被称为行星际尘埃颗粒，它们太小了，并不会迅速坠入地球大气层。相反，它们缓慢沉降而不会燃烧起来，并且它们携带着微小的有机物。每年大约有 4 万吨宇宙尘埃散落在地球上。[48] 历经几亿年，它们将积累到一个可怕的量级。据希巴和萨根估计，落在年轻地球上的行星际尘埃的数量，相当于今天发现的所有有机物质量的 10 到 1 000 倍。[49]

其他人提出了有机物从太空一路抵达地球的另一种途径。这是一种“半杯空，半杯满”的理论。虽然一场猛烈的撞击可能会摧毁大型小行星或彗星中的任何有机物，但在灼热的高温下，它们的分子碎片可能会重新结合成新的有机分子。[50] 宇宙天体产生有机分子，也消灭有机分子。一些实验室的实验似乎支持这种有机交换理论。如果行星际尘埃做不到，那么巨大的撞击也可能在我们的星球上播撒生命分子的种子。

⊙

问题得到解答了吗？当一些科学家讨论生命最初由从天而降的有机分子创造出来的可能性甚至概率时，你可以明显感觉到他们的兴奋。如果是这样，那么其他行星也可以被播撒有机物，这使别处更可能存在生命。然而，他们的热情掩盖了一个棘手的问题。即使潜在的生命基石完好抵达这里，也不能证明它们就是实际创造生命的那些。我们的有机化合物祖先在这里迫降并孵化出生命的说法，是一个诱人但未经证实的猜想。

那么我们都有哪些进展？我们可以肯定的是，有机分子无处不在，宇宙中散布着它们。如果你追问一些研究者，他们会告诉你，生命最初的基石，也就是我们最远的有机祖先，可能有多种来源。其中一些有可能搭乘小行星、彗星和太空尘埃从太空来。而且我们将看到，其他一些可能是在地球上自酿的。事实上，研究人员提出，它们形成之处可能在火山烟流或间歇泉中，在深海喷口，在形成新洋底的大陆板块间的裂缝中，甚至在小行星的撞击坑里，那里可能数千年都是暖和的孵化器。我们体内的许多有机分子并不难制造。

研究者一致认为，一旦不同有机分子以适当比例在水中大量存在，它们就会邂逅新类型的分子，后者的吸引力会促使前者的原子断裂成新的构型，新化合物将迅速出现。之后便会出现类似于生命的结构。

这个看似奇迹的事件是如何发生的，这是整个宇宙最大的谜团之一。这个令人困惑的问题不仅引发激烈的争议，还在整个科学界引发了一些最激烈的交锋。

第 7 章

最大的谜团

第一批细胞究竟源自何方

生命是宇宙演变的必然。[1]

——克里斯蒂安 · 德迪夫

如果你要组织一次家族聚会，邀请所有与你沾亲带故的人，那么只要你没有物种歧视，你就必须提供座位给……大约一百亿亿位客人，其中绝大部分是细菌。我们要感谢达尔文的洞察力——他意识到所有生命都由一个巨大的系统树相连。地球上曾经存在过的每一种有机体都是另一种有机体的后裔。我们可以沿着 DNA 细链的连续性追溯至一个古老的谱系。你的分子向你奔来的路径被早期生物的先驱世代开辟。但是，最初的那个细胞，我们所有人最远古的祖母，造就生命惊人复杂性的那个细胞，它的起源是什么？地球上的分子是如何合谋创造出了最基本的生命单位：一个自我维持、自我复制的细胞？科学界少有观点如此多样、争论如此激烈的研究领域。

我们已经看到，1953 年，斯坦利 · 米勒发现他可以用简单的气体和火花轻易制造出一些氨基酸，对生命起源的探索得到了令人喜出望外的推进。可惜的是，他轻而易举的成功被证明是误导性的。米勒的技术无法制造出生命现有的所有氨基酸，并且我们还看到，早期地球的大气层也没能涵盖他的配方所需的一切成分。另外，要制造 DNA 的基本单位——脆弱的核苷酸——似乎难上加难。

事实上，在詹姆斯·沃森和弗朗西斯·克里克发现 DNA 结构的 10 年后，解释生命起源所需的化学复杂性令一些研究者感到非常沮丧，他们干脆放弃了。人们就是搞不清楚要从哪些分子开始，或者它们可以如何组装。就像一个历经数千年的犯罪现场，大部分证据被抹得一干二净。这个问题像是永远也解答不了。

就在那些令人气馁的日子里，英国研究人员亚力克·邦汉姆发现了谜底的一小部分。邦汉姆长得很健壮，宽脸，棕色的头发乱蓬蓬的，他拥有极具感染力的科学热情。他小学时从来都考不好。父母经常在他的成绩单上看到“可以做得更好”的评语。在被医学院录取之前，他两次没有通过资格考试。[2] 但他有旺盛的好奇心，数年后，正如他所说，这种好奇心迫使他与作为一个病理学家的职责“背道而驰”。[3] 他转而在剑桥附近的动物生理学研究所做研究。在被培训成血液专家的过程中，邦汉姆开始思考一些谜题，比如红细胞为什么不像其他细胞那样相互粘连。它们如何保持独立？这个问题进而又迫使他去研究细胞膜的特性。

1961 年，该研究所获得了一台电子显微镜，当时这种显微镜刚刚普及，邦汉姆试用了它。他在办公室里到处找可以检测的东西，最后决定使用一种存在于细胞膜中的脂质，它被称为卵磷脂。如果把卵磷脂加入水中，它就有一种迷人的特性，会形成像熔岩灯中奇妙气泡一样的小液滴。邦汉姆决定用他那台强大的新显微镜来检视这些小液滴。在昏暗的实验室里，他凝视发光的绿色显示屏，惊奇地发现组成这些小液滴的是具有薄壁的小微球。它们看起来非常像细胞膜。

邦汉姆被震撼了。没有人知道细胞膜是如何进化的——最初的细胞如何学会在自身周围建造松软的球状物。此时来看答案很明显：膜会自己形成。它们之所以产生，是因为脂类的一端被水吸引，另一端被水排斥。因此，把脂质放入水中，其疏水端会像条形磁铁一样迅速翻转，以防御姿态彼此相对，亲水端则朝外。为了保护自己，疏水端会更进一步排列在其他成对疏水端的旁边。它们的吸引和排斥瞬间形成了密集的阵列——两个分子厚的脂质球状物，每个分子的疏水端都藏在中间。邦汉姆意识到，包裹我们细胞的细胞膜就是这个样子的。它们是由脂肪组成的球状物，只有两个分子的厚度，背靠背排列以满足它们的疏水端和亲水端。

邦汉姆喜欢说："先出现的是膜。"[4] 制造它们是如此简单，它们一定是细胞进化出的第一部分。顷刻间，他就使想象生命起源变得更简单。很明显，只要有合适的成分，一些结构可以迅速自行组装。

为第一个细胞构建细胞膜看上去如此简单，然而制造细胞内的一切却并不简单。有机分子组成的细胞不断吸收新物质，以产生能量、构建结构并增殖。携带所有这些指令的分子就是 DNA。（我们将在后续章节中看到詹姆斯 · 沃森、弗朗西斯 · 克里克和罗莎琳德 · 富兰克林如何发现 DNA 结构。）DNA 告诉细胞要制造哪些蛋白质，接着由蛋白质在细胞中完成所有剩余工作。

有一个类似"先有鸡还是先有蛋"的问题，它让科学家束手无策，进退失据。DNA 和蛋白质，先出现的是哪个？问题是这样的：由于 DNA 携带复制指令，这显然是生命所必需的，你会认为它的进化必然先于一切。然而，DNA 又是由蛋白质构成的，这就形成了一个令人眩晕的循环。DNA 含有制造蛋白质的指令，而蛋白质制造 DNA，两者缺一不可。所以两者各自是如何诞生的？这让人彻底怀疑生命出现的可能。

20 世纪 60 年代中期，生物学界的三位重量级人物前来救援。卡尔 · 乌斯、莱斯利 · 奥格尔和弗朗西斯 · 克里克分别提出了同样的解决方案。他们提出，第一个细胞不是围绕 DNA 产生的，而是围绕它的助手 RNA 产生的，关键是 RNA 也可以复制。

在此之前，RNA 看上去不那么重要，只是助手，因为 DNA 比它长得多，携带的信息也多得多。RNA 似乎仅仅是一个媒介。这是因为 DNA 拥有一个由 30 亿个核苷酸组成的长得惊人的序列，从而包含了你所有的遗传信息。相比之下，RNA 分子只是一个基因的拷贝。它是 DNA 的一小部分，大概只有 1 000 个核苷酸长。此外，一旦细胞核中制造出 RNA 分子，它就会进入一个化学工厂，这个工厂会把它的代码转译成氨基酸序列，用来制造蛋白质。但细胞甚至懒得费劲留住它迟钝又忠诚的 RNA 分子。一旦 RNA 的蛋白质不再被需要，它就会被摧毁。一位科学家说，RNA 分子的一生是“希腊悲剧”，死亡在出生那一刻就已注定。[5]

这时，乌斯、奥格尔和克里克开始以新的眼光看待 RNA。DNA 是一个长长的双螺旋结构，由两条中心连接的螺旋组成，RNA 则只是单螺旋。这使它的组装难度远低于 DNA。而且近期的一项发现激起了他们的兴趣，即 RNA 可以把自己扭曲成如折纸般多瘤的形状，就像名叫酶的关键蛋白质一样，聚拢分子，极大地加速化学反应。酶使我们细胞中的反应急速发生——大约每秒 100 次，而不是每 100 万到 10 亿年才发生 1 次。[6]没有它们，我们几乎无法生存。因此，这三人快刀斩乱麻，推测在远古第一批细胞形成时，我们的 RNA 助手是拥有双重能力的超级英雄。当时的 RNA 携带复制的指令——如今这个工作由 DNA 完成，它还加速了反应——如今这个工作由酶完成。它多才多艺。

许多苦苦思索生命起源的人此时松了一口气。他们终于可以不用再谈论鸡和蛋了。这大幅简化了生命进化的任何剧本。第一个细胞既不需要 DNA 也不需要蛋白质，它是以 RNA 为基础形成的。直到后来，才出现了双链 DNA（稳定性几乎高出 100 万倍）和酶（效率高得多）。在生命早期，RNA 不是一次性助手。正是这种分子激发了生命，造就了我们所有人的远祖。

但是，兴奋的气氛很快再一次被破坏。从未有人发现 RNA 像酶那样激发并加速化学反应。大概在由蛋白质构成的更高效的酶出现时，RNA 就失去了这个功能，这使一切关于 RNA 曾经强大的猜测都只停留在猜测上。

20 世纪 70 年代末，科罗拉多大学 31 岁的助理教授托马斯·切赫不再关注生命的起源。在那个激动人心的时代，基因工程刚刚成熟，科学家正用它来飞快揭晓转译遗传密码的复杂机制。切赫刚接受第一份大学教职，他不是在落基山脉的雪道上滑雪，便是在尝试了解从 DNA 链中转录 RNA 分子的细节。为了方便，他正在研究生活在池塘里的原生动物嗜热四膜虫的基因（这是一种古怪的昆虫，有七种性别，基因和人类一样多）。便利之处在于，这些单细胞生物繁殖得很快，由于它们能产生大量 RNA，他便能轻易获得其中某些类型的 RNA。[7]

切赫发现，为了让四膜虫产生一条特定的 RNA 链，细胞首先必须在 RNA 分子中段切除一小节不必要的核苷酸。他决定弄明白细胞如何做到这一点，便开始寻找剪切额外序列的酶，却完全没有察觉到这将为寻找生命起源的进程带来突破。让人泄气的是，每当他尝试分离出完整的原始 RNA 链时，中间的额外片段就已经缺失了。切赫认为，去除不必要部分的酶一定与 RNA 结合得非常紧密，所以他和同事反反复复地搜寻它，但结果没什么两样。他们找不到它，也想不通自己错在哪里。

在一年的时间里，他困惑地反复回到这个问题上，一次比一次气势汹汹，仿佛神智都系于此。他的新计划是让这种隐秘的酶在发挥作用前就失效。研究小组煮沸了 RNA。他们添加洗涤剂。他们加入一种能破坏其他酶的酶。但他们就是无法分离出中段完好无损的 RNA 分子。“我们越来越绝望，”[8] 切赫回忆道，最后，就在他们挖空心思时，“我们几乎被绝望驱使，提出了相反的假设。”[9] 他们怀疑，RNA 分子自己完成了所有工作。它是否杂技般扭曲了自己的形状，剪掉了多余的中间部分，然后又自我修补呢？为了验证这奇怪的理论，他们人工复制了一个他们确定从未接触过酶的 RNA。“效果立竿见影，”切赫说，“它的反应与四膜虫 RNA 的反应完全相同。真是‘谢天谢地’，因为我们已经别无选择，这是我们唯一的解释。”RNA 像酶一样作用，它引发并加速了化学反应。

在研究结果发表后不久，切赫收到了加州大学洛杉矶分校生命起源俱乐部的演讲邀请。他回忆道：“我当时甚至不知道生命起源研究的是什么。”“我基本没有思考过它，”[10] 他告诉我，“我与生命起源的圈子完全脱节，以至于压根没弄懂。整个晚上我谈的都是反应的化学机制，而他们感兴趣的是 38 亿年前或 39 亿年前发生的事。”[11] 他惊讶地得知，他证实了生物学前辈乌斯、克里克和奥格尔很久以前就猜想会发现的东西。“我们不知道，”切赫发现，“外面有一大群人在等着这个发现。他们似乎知道，只要他们活得够久，这一天就会到来。”[12] 一年后，耶鲁大学生物化学家悉尼·奥尔特曼宣布，另一种 RNA 分子也有类似酶的功能。他和切赫共同获得了诺贝尔奖。

自那以后，研究人员发现了 10 多种 RNA 分子，它们在细胞中起着酶的作用。它们可能是 RNA 在我们祖先拥有蛋白质之前运营细胞生命的遗迹。在我们体内，维生素 B_1 和核黄素含有短小的 RNA 单位。此外，科学家无意中发现核糖体中心含有长段 RNA，而核糖体是制造蛋白质的细胞工厂。它们也许能阐明我们已消失的分子祖先的生命。正如分子生物学家沃特·吉尔伯特的名言，我们来自一个“RNA 世界”，在这个昔日世界中，第一批细胞由 RNA 运行。

我们的故事进展至此，也许应该拨云见日了。科学家终于可以开始解释生命的起源。他们只需解释第一个 RNA 或原初 RNA 是如何进化的，以及它是如何被膜捕获后形成第一个细胞的。他们还需要弄清楚，当 RNA 自我复制时，微小的复制错误如何逐渐创造出新的分子种类，最终包括蛋白质、DNA 和我们的细胞机器。

但化学之神并不会轻易放过科学家。人们依然很难解释第一个RNA分子是如何形成的，更不用说细胞如何以它为基础进行进化。斯坦利·米勒最初的开创性实验已经过去了四分之一个世纪，许多研究生命起源的人都觉得自己还在原地踏步。

但他们即将发现一个梦幻般的异域，以及诸般新的可能。

⊙

1977年2月，一支科学考察队穿过巴拿马运河，一路来到太平洋中的目的地，它位于加拉帕戈斯群岛（科隆群岛）东北250英里处。到达指定地点时，首席科学家杰克·科利斯满眼只有天空和漫漫无际的波光粼粼的水面。年轻且魁梧的科利斯是俄勒冈州立大学的地球化学家，有三艘研究船供他调配。第一艘是279英尺长的科考船“诺尔号”，宽敞的船舶配备了多个科学实验室、一间厨房、一个餐厅、一个图书馆和一个机械车间。第二艘是名为“露露号”的大型双体船，它是为第三艘水中机器准备的下水平台。第三艘是著名的“阿尔文号”潜水器，长23英尺，来自伍兹霍尔海洋研究所，可以承受深海碾碎骨头的水压。地质考察队的成员包括后来发现“泰坦尼克号”残骸的海底探险家鲍勃·巴拉德，还有20多名地质学家和地球物理学家，他们谁也没有预料到，他们将取得近代生物学领域最重大的突破之一。

美国国家科学基金会为这场旅程提供了可观的资金，以便他们能够探索深海，支持仍有争议的大陆漂移理论。如果这个理论是正确的，那我们可以预见，当庞大的构造板块在洋底扩张时，水会渗入新形成的裂缝。地质学家推测海水会一直下沉，直至触及下方的热岩浆，在此它会变得过热，并喷发回海床。如果发现海底温泉，这将支持板块构造理论，也有助于解释地球在冷却时如何释放热量。[13] 但是探索深海的人从未见过这些假定的温泉。它们真的存在吗？

科利斯航行至这片水域，是因为一年前，地质学家曾搭乘斯克里普斯海洋研究所的一艘船，沿海床拖行一个设备，并探测到一处暖水区。他们的相机展示了一片凄清的景象——只除了一处，相机捕捉到了一堆巨大的空蛤壳，这很古怪。那会不会是一处温泉口？那里还有一个啤酒罐，暗示这些蛤壳可能只是船上盛宴后被扔到海里的残骸。[14]他们把此处命名为“吃蛤会”，并用应答器标记。

一年后，科利斯的团队准备展开调查。2 月 17 日黎明时分，科利斯、地质学家特耶尔德·范安德尔和领航员杰克·唐纳利清空各自的膀胱，爬过狭窄的瞭望塔，进入“阿尔文号”。他们蜷缩在狭小的舷窗旁，准备乘坐这艘钛制潜水器下潜 1.7 英里，它能承受每平方英寸[①]9 000 磅的压力。透过厚厚的玻璃，他们看到周围汹涌的波涛突然变得静止。光线渐渐暗了下来，水的颜色从蓝绿暗至深蓝、墨蓝，最后漆黑一片。一个半小时里，他们什么也没看见，只偶尔有幽灵般的发光生物掠过时的一瞬流光。

终于，他们到达了洋底。

最初，探照灯只照亮了起伏的黑色枕状熔岩，这是熔融的岩石碰到冰冷的海水后形成的。但接着，在接近“吃蛤会”的位置时，他们看到了从未有人见过的东西。附近的海水只有 36 华氏度（约 2 摄氏度）——接近冰点，但他们在那里看到了烟云般的蓝色海水，它们闪烁着矿物质的光芒，从海床升起。他们将会了解到，有些位置的温度达到宜人的 63 华氏度（约 17 摄氏度），如果没有可怕的水压，不穿潜水服也能畅游其中。他们首次发现了深海热液喷口。

科利斯透过舷窗看到了一个他永志不忘的景象。他用水声通信呼叫他的研究生黛比·斯塔克斯，她在海面上的“露露号”中。

“黛布拉，深海不该像沙漠一样荒芜吗？”[15]

斯塔克斯花了一点时间咨询地质学家同事。“对啊。”她回答。

---

① 1 平方英寸 =6.451 6 平方厘米。——编者注

“哦，可这下面有这么多动物。”他说。

他盯着餐盘一样大的蛤蜊、巨型贻贝、白化龙虾、橙色和白色的螃蟹。[16]

这毫无道理。他在海下 8 000 多英尺，与上方一切阳光和食物隔绝。科利斯和范安德尔手忙脚乱地收集数据，还用“阿尔文号”的机械臂捕捉了一些标本。

在接下来的几次潜水中，他们发现了更多的热液喷口，以及更奇异的生物：像意大利面一样的蠕虫，粉红色的大鱼，7 英尺长的多毛虫——红色的羽状腕足像花朵一样慵懒地摇曳。回到“诺尔号”科考船上，科学家惊奇地检查自己的发现。探险队的领航员凯西·克兰用无线电联系伍兹霍尔的生物学家，请他们帮助鉴定这些奇怪的生物。但他们无法鉴别。

震惊的地质学家没有多少能用来保存它们的东西，只有一个研究生带来的一小罐甲醛，还有一些他们在巴拿马购买的伏特加。[17] 他们不得不用特百惠保鲜盒和保鲜膜储存这些生物。稍后，探险队的一名领队收到了伍兹霍尔发来的消息：“立即返回港口……生物学家来了。”[18] 自不必说，科利斯没有听从。他并不想被人捷足先登。

探险家意识到他们发现了一片未知生命体的绿洲，船上的气氛渐渐热烈起来。与地表的动植物不同，这些生物不依赖阳光和光合作用。相反，它们靠来自地球深处的矿物和热量维生。当研究人员在“诺尔号”科考船的实验室里打开一个收集瓶时，他们切实地闻到了这种生态的一缕机理。臭鸡蛋似的味道熏得他们跑向舷窗，而空调把这种臭气散播给了其他人员。那是硫化氢的气味。他们很快意识到，自己发现了一个独特的生态系统，它几乎和火星生命一样陌生。“我们全都开始上蹿下跳，”约翰·埃德蒙回忆道，“我们欣喜若狂，船上乱成一片。它太出人意料了，以至于每个人都抢着下潜。”[19]

几年后，哈佛大学的微生物学研究生科琳·卡瓦诺与史密森尼学会蠕虫馆馆长梅雷迪思·琼斯，以及伍兹霍尔的微生物学家霍尔格·扬纳施合作，证明了海底细菌通过类似于光合作用的过程产生能量和糖。它们并不从太阳那里窃取能量，而是破坏硫化氢的化学键以释放能量。它们利用这些能量，结合二氧化碳和水以产生糖，这一步和光合作用一样。简言之，海水与喷口下的热岩浆相互作用产生硫化氢，而细菌食用硫化氢以制造能量。在洋底这条怪诞的食物链中，其他一切生物的生存都依赖这些低级的化学品捕食者。

这令人难忘的景象对科利斯产生了深远的影响。他的研究领域从地球化学转到了生物学。他与研究生苏珊·霍夫曼和微生物学家约翰·鲍罗什一起提出了一个惊人的新理论：我们最古老的祖先——最早的生命是在热液喷口进化的。

这足以颠覆我们对生命起源的思考。人们一直认为生命是在地表诞生的。在斯坦利·米勒的构想中，闪电和紫外线触发了大气中有机分子的形成。这些分子落入海洋或水池中，形成了生命起源的“原始汤”。但科利斯及其同事认为生命的进化并不发生在地表，而是发生在漆黑深海的高压中。

他们的新理论有明显的优点。首先，在地球诞生数亿年后的晚期重轰击，大型小行星和彗星碾碎了地球表面。深海也许提供了一个防弹掩体，一个躲避上方毁灭性撞击的避难所。另一项发现戏剧性地巩固了他们的观点。10 多年前，生物学家震惊地发现有些微生物能在可怕的高温中繁荣生长，比如黄石公园高达 163 华氏度的温泉。同样有趣的是，自那以后，研究人员追溯到的最古老的基因属于一种叫作露卡（LUCA，意为最后的共同祖先）的有机体，这种生物生活在深海喷口附近的高温环境下。[20]

然而，当科利斯与合作者提交论文时，却遭到了著名杂志《自然》和《科学》的彻底拒绝。直到大约一年后，论文才在一本鲜为人知的期刊《海洋学报》上找到归宿。[21] 但它点燃了一根火柴。生命起源于热液喷口这个观点并没有仅仅慢燃，而是在整个科学界点燃了燎原大火。它为当时停滞不前的生命起源的相关思考提供了一种令人振奋的新出路。

1979 年，人们发现了一种新型深海喷口——“海底黑烟柱”，这使兴奋的火焰更加高涨。这些新型喷口比过去发现的要热得多：大约 650 华氏度。而且它们很大。其中一个名为“哥斯拉”的喷口，顶部宽 40 英尺，从海底拔起 15 层楼高。这些庞大多褶的烟柱混合着热水、矿物质和溶解的气体，不难想象它们可以成为大量炮制有机分子的生物反应器。当然，它们周围的生命丰沛得令人瞠目，其密度堪比富饶的珊瑚礁。

但对该领域的创始人斯坦利·米勒来说，生命可以在深海喷口的极端温度下进化的观点似乎很荒谬。他试图“阻止”异见者。[22] 他指出，如果有任何脆弱的有机分子在喷口形成，它们肯定会迅速被那里的高温撕碎。RNA、氨基酸和糖等分子会在高温下分解。米勒及其同事杰弗里·巴达写道：“在原始海洋中，喷口对有机化合物的重要性在于破坏，而非合成。”[23]“米勒派”和“喷口派”的争论就此开启。

当然，你可能还记得米勒的理论也存在一个潜在的致命缺陷。米勒认为是氢气、氨气和甲烷制造了第一批氨基酸，然而科学家已经发现，地球的早期大气中并不含有这些成分。不过米勒坚称在某些地方一定有这些成分。正是因为这一点，其他人才开始怀疑，有机分子最初由行星际尘埃或彗星陨石的撞击带到了地球。

对一部分科学家来说，深海喷口更像生命的诞生地。地球的热量使富含矿物质和气体的过热海水涌出海床。各种各样的化学物质可以在喷口周围的不同温度下混合，这为有机化合物的进化创造了富饶的环境。尽管如此，科学家仍然很难解释有机化合物和生命是如何产生的。

就在 20 世纪 80 年代末这个节点上，专利律师、生命起源爱好者金特·韦希特尔霍伊泽踏入这个领域，将生命起源于海底这个诱人的观点变成了一个令人难以忽视的详细理论。韦希特尔霍伊泽在慕尼黑律师事务所做全职工作。出于兴趣，他决定深入研究科学和进化的哲学。他解释说："想法四处传播，寻找大脑，它们通常会找到最忙碌的大脑。"[24]把专利律师说成是讲逻辑的，就好比称君主是庄严的一样，天经地义。同事们称韦希特尔霍伊泽善辩好斗，这些品质对律师而言很有用。他乐于在专利申请中找出漏洞。他还碰巧拥有有机化学博士学位，不过20多年前他就放弃了这个专业，转而攻读法律。在看到当前关于生命起源的理论时，他完全兴致索然。

韦希特尔霍伊泽在奥地利的一个科学暑期班交了一位朋友，并深受后者观点的影响。这位朋友是著名的科学哲学家卡尔·波普尔。波普尔有一个著名的论点：正确的科学理论必须是可证伪的。也就是说，理论上做出的预测，应该至少在原则上可以被证据推翻。按照这个标准，韦希特尔霍伊泽认为关于生命起源的一切流行理论都不正确。他不为那些混合多批化学物质并增加能量以观察结果的实验所动。"原始汤"很关键的成分看来一直在变化，这取决于科学家能在那一周酿出什么分子。[25]

在家里，以及他位于塔尔街（这条街通向慕尼黑的中世纪城门）的法律办公室里，这位细心的律师着手整理一套关于生命起源的可证伪理论。在解决抗生素专利诉讼和其他纠纷的间隙里，他试图找出最有可能创造生命分子的反应。他决心缜密研究海底有哪些化合物。

韦希特尔霍伊泽断定此处是一个完美的生命摇篮，因为它有一切合适的要素。首先，从地球深处渗出的热水含有有机分子的前体：硫化氢气、氨气、二氧化碳和氰化氢等气体。它们处于压力之下，这有助于催化反应。在研究加速细菌及人体细胞中反应的酶时，他又发现了其他东西。这些反应的核心处有铁、镍、锌和钼等金属。这些物质在海底的含量都很丰富，尤其是硫化亚铁（FeS）。有趣的是，我们许多最关键的酶的核心处，以及人体细胞产生能量的发电厂——线粒体的中心处都有铁和硫原子簇。事实上，有些基因缺陷会干扰我们制造铁硫簇的能力，从而导致心脏病和肌无力。海底发现的矿物质碰巧也对我们乃至所有生命至关重要，韦希特尔霍伊泽想知道这是否只是一种偶然。

那里产生的硫化亚铁矿物被称为"愚人金"，同样重要的是，它们表面带正电荷。这使它们具有化学黏性，因此那里产生的一切有机分子都会附着在这些矿物的表面。它们会四处闲逛并聚会，而不是渐渐漂移。

在韦希特尔霍伊泽看来，海底像是生命的诞生地。在适当的条件下，越来越复杂的分子出现在那里，创造了基本的新陈代谢：一种产生能量并处理化学物质以维持生命的途径。他甚至预测了氨基酸、蛋白质和 RNA 可能是如何形成的。最后，他认为，当我们在海底的分子祖先变得越来越高级时，它们就被膜捕获了。最终，在那里进化出的勇敢细胞离开了它们的家园。简言之，他提出，我们在如"愚人金"一类的海底矿物表面上进化。

但韦希特尔霍伊泽不太愿意发表理论，他担心自己身为业余爱好者会遭到奚落。"我是个外行，"他挖苦道，"人们甚至可能认为我就是个律师，这可不是一个非常积极的术语。"但在波普尔等人的鼓励下，他鼓起勇气写了一篇论文。他直言不讳地列举了他在其他理论中看到的不足。事实上，他一开始就发起了有力的抨击。他在开场白中写道："原始汤理论遭到毁灭性的批评，是因为它在逻辑上自相矛盾，与热力学不相容，在化学和地球化学上不可信，与生物学和化学不连续，并且在实验上可被驳倒。"

对于这种抨击，斯坦利·米勒和杰弗里·巴达自然既不高兴，也不服输。巴达在《科学》上发表了反驳，题为《有的喜欢热，但首批生物分子不喜欢》。他们质疑为什么有人斟酌这个理论。[26]"喷口假说才是真正的输家，"米勒向一位记者抱怨，"我不明白我们为什么还要讨论这个问题。"[27] 巴达说，韦希特尔霍伊泽的模型"与我们所知道的生命起源问题无关"[28]。这是"化学的纸上谈兵"的范例，某些研究人员就喜欢写下假设的化学反应，然后声称它们与最初的生命有关。[29]

但是韦希特尔霍伊泽有着律师面对证人时的镇定从容，知道如何坚持自己的立场。"在我看来，"他对一名记者说，"原始汤理论与其说是理论，不如说是神话，因为它什么也解释不了。"[30] 多年后我与他交谈时，他以超然的平静回忆起这些争论，他说："我就是你们所说的反击者。"[31]"科学是充满争议的领域。如果一个科学主题没有争议，那就不算科学。所以我不会说我遭受了恶劣的对待。我知道有人攻击我，但是，"他因为快活而提高了声调，"想想我对他们做的事！"

米勒和巴达非常努力，但他们无法阻止他们眼中的"对喷口假说的失控热情"[32]。韦希特尔霍伊泽的理论为我们搜寻分子祖先的行动注入了新的活力，而且它将引发另一种理论，后者似乎揭示了生命起源的关键。

地质学家迈克·拉塞尔很欣赏韦希特尔霍伊泽的体系，但认为自己可以帮他更进一步。2018 年我们通过网络电话交谈时，他正在喷气推进实验室的办公室里，协助 NASA 思考如何在其他星球上寻找生命。他说话时总是抬着头，摆出让人联想到莎士比亚戏剧演员的姿态。这种姿态似乎不是摆给观众（我）看的，而是能让他充分体验自己思想的强度。他肆意挥洒着观点和激情，他说话时充满激情，好像一个知道自己找到了生命奥秘的人。

拉塞尔多年里都是一名测量并勘探矿石的地质学家。20 世纪 80 年代，他被吸引而重返学术界，来探讨一个当时颇具争议的诱人观点——从铜、铀到黄金，我们开采大部分金属的地点，过去都是深海喷口和温泉。

当时拉塞尔还在格拉斯哥大学，为了调查，他正在研究一个铅矿中的有趣构造，他怀疑它们是由古代温泉形成的。他看到岩石上布满了小洞，这很奇特。在家中的某个夜晚，他 11 岁的儿子安迪正在鱼缸里玩化学科学工具包，并且兴奋地看到，当矿物质从溶液中沉淀出来时，空心的岩质细管就形成了。拉塞尔看着它们，突然意识到它们很像铅矿岩石上的洞，他一下子明白了这些古老的构造是如何形成的。

第二天，拉塞尔和一位同事在实验室里重现了这些构造的形成过程。他们预测，一些深海喷口应该会形成类似的构造，它们不同于黑烟柱。他们称这些新型喷口为“碱性喷口”，这里的岩石会充满微小的空腔。不到 10 年，人们就发现了碱性喷口。拉塞尔很激动，尤其是因为它们似乎让生命的起源更容易想象了。[33]

首先，它们比黑烟柱凉得多。其温度约为 60 华氏度，而不是灼热的 300 华氏度或更高，因此我们更容易想象在那里会形成脆弱的有机分子。新型喷口似乎解决了另一个令人烦恼的问题——可怕的浓度问题。所有生命起源的研究者都要面临这个棘手的问题。如果生命分子最初出现在一大片水体甚至一个池塘中，是什么使它们不会彼此分离和一无所成呢？韦希特尔霍伊泽断言，这些分子在带电的矿物表面周围形成，它们会附着在上面，因此会相互作用，而不是简单地漂移。但拉塞尔发现碱性喷口甚至更容易捕获有机分子。喷口由薄壁上布满小孔的腔室组成，这些小空腔就像细胞一样，是分子聚集的理想场所。

拉塞尔还发现了这种喷口的另一个优势。它们拥有韦希特尔霍伊泽认为可作为催化剂的金属，还有其他东西——大量氢气。拉塞尔和生物化学家威廉 · 马丁声称这种丰度为生命起源提供了关键的钥匙。

在膜那般薄的腔壁的相对两侧，质子（带电荷的氢离子）浓度有微小的差异，两人认为这种差异产生了电势，而这种能量可以用来形成有机化合物。令人惊讶的是，这看起来与我们自身细胞产生能量的方式极为相似。我们的细胞依赖于名为 ATP（腺苷三磷酸）的小型循环能量单元。你的每个细胞平均每秒消耗 1 000 万到 1 亿个 ATP。[34] 更重要的是，当带电氢离子穿过喷口薄壁的小孔时，科学家在其中辨识出了一种电流，它类似于我们的细胞用来产生 ATP 的电流。[35] 拉塞尔和马丁断定，这些喷口中的电流曾为化学循环的发展提供了能量。它们将二氧化碳和氢转化成有机分子。其副产物和偶然的组合诱发了新的循环，当这个过程变得越来越复杂时，整套组件便形成了：氨基酸、RNA 和完整的生命机制。正如拉塞尔和马丁所见，最初幽灵般的生命痕迹始于今天驱动我们的同类电流。

第一个细胞真的可能在这类喷口中孕育吗？地质学家认为，一旦碱性喷口在海底形成，它们只能存在大约 10 万年。在拉塞尔看来，这根本不成问题。他解释说，在我们的每个细胞中，每秒都有 100 万到 10 亿个电子在移动。如果我们降至电子的层级，会发现它们不以年、天、分或秒来衡量时间。它们移动的时间单位是微秒和皮秒——百万分之一秒和万亿分之一秒。在这个时间尺度上，只要有合适的原料，即使是一百年，对于一个要萌发生命的化学系统来说也是恒久的时光。

许多人发现拉塞尔和马丁的理论令人信服。认为生命源于至今仍驱动着一切生物活动的电流，无疑很有诗意。在从地底深处上升的矿物、气体和水的相互作用中，他们看到了无生命分子如何产生能量并引发一系列分子创造的最初痕迹。就像无数代人传递的奥运火炬一样，启动生命的能源依然在我们体内流动。简而言之，拉塞尔及其同事们相信，我们终于可以解释生命的奥秘了。

⊙

然而，你可能已经注意到了，当谈到生命起源时，总是有另一种观点。自 20 世纪 90 年代起，相互竞争的理论数量激增，其中许多理论认为，生命并非起源于海下数英里处，而是起源于地表。如果你在《新科学家》杂志上搜索最近关于生命起源的大字标题，你发现的是："生命的摇篮是池塘，而非海洋"，"俄罗斯温泉表明生命的岩石起源"，"火山闪电可能激发了地球的生命"，"第一个生命可能是在冷冻地球的冰海中缔造的”，还有“黏土的牵线搭桥可能诱发了生命”。

如果你和 10 个生物学家交谈，你可能会听到 11 种不同的观点。热液喷口、潮汐池、池塘、火山潟湖、放射性海滩、南极湖泊各有支持者。有些人认为生命的诞生地是一片黏土，而非一汪水潭，因为黏土中的结晶模式可能聚集了有机化合物，并帮助它们连接成更长的链条。黄石公园的那种温泉或间歇泉也有支持者，因为来自地球深处的热水携带着类似于深海喷口的矿物质。当泉水间歇性干涸时，那里产生的有机分子可能在水坑边缘聚集并混合。

其他研究人员关注的是 RNA 如何启动了生命。RNA 的形成一直是个难题。然而，英国化学家约翰·萨瑟兰发现了一个多步骤途径，可以使氰化氢（彗星上含量丰富）和硫化氢（地球上很常见）转化为核苷酸、RNA，甚至氨基酸和脂质的前体。[36] 他设想，在迥然不同的环境中形成了各种分子，它们在一处水体中相遇，生命由此诞生。

还有人认为我们需要结合几个场景。一些人认为，一颗彗星给地球带来了有机物的前体，其形成的陨石坑成为一个温暖的孵化环境，而在裂缝中喷发的间歇泉将其他分子送入这场聚会。“我们必须对所有可能持开放态度，”地球化学家乔治·科迪说，“这个领域有多少不同的人，就有多少不同的假说。[37] 这让人谦卑。你必须放弃成见。”

还有少数派的观点：生命根本不是在地球上诞生的。我是在杰伊·梅洛什那里第一次听到这个理论，他是一位受人尊敬的地球物理学家，但他说的话让我吃了一惊：“我的看法是，如果我们需要生命起源有一个场所，那它明显是火星。”[38] 我以为这是一个边缘理论，但事实证明它相当盛行，甚至是主流。这个理论获得关注的起始，是科学家在南极洲开雪地摩托搜寻陨石时发现了一块 4 磅重的岩石。发现它的地点是艾伦山，于是他们据此将它命名为 ALH 84001。1996 年，NASA 的一组科学家得出结论，这块陨石来自火星，并且似乎还有细菌化石的痕迹，以及类似于细菌产生的磁化矿物颗粒。比尔·克林顿总统甚至在白宫的一次简报会上大肆宣扬这一发现。火星生命的证据一直存在争议，现在仍然如此。大多数科学家并不接受这种说法，但它促使梅洛什去探索这样的太空旅行究竟是否可行。

梅洛什是研究陨石坑构成的专家，他曾计算过，对火星的大撞击确实可能不会使附近的所有岩石升华或熔化。相反，它会把大块物质抛入太空，扔向地球，就像掉落的肉丸把意大利面酱飞溅出去一样。这些岩石裂缝中隐藏的生命有可能存活下来吗？有可能。地质学家本·韦斯和约瑟夫·科什文克分析了火星陨石，磁性显示它从未体验过超出 104 华氏度的温度。[39] 这比亚利桑那州菲尼克斯的大热天还要凉快——远不足以扼杀生命。而穿越真空的旅行并不影响大局。[40] 国际空间站外的细菌在 553 天的兜风中幸存了下来。[41]

这个观点风靡得让人吃惊，它援引的最有力的证据是，我们的星球在形成后不久便出现了生命。地球诞生于 45 亿年前，一些人认为，生命在 3 亿年后就已经欣欣向荣，还有人怀疑生命是在 38 亿年前产生的，人们基本上赞同 35 亿年前肯定就有生命了。[42] 这速度快得风驰电掣，尤其在这个时期的大部分时间里，地球表面还在遭受大型小行星烦人的轰击（晚期重轰击）。“我们一直在将地球出现生命的时间往前推，直至早到令人吃惊的年代，”梅洛什说，“难题在于如此复杂的生命是怎样在如此有限的时间内启动的？”

梅洛什认为，在火星上，生命会有更多时间来进化。火星的表面有更长的平静期，因为它没有遭受形成月球的那种大撞击。“当时火星表面有很多水，也更暖和，”梅洛什说，“那里有热液系统，环境也很稳定，很久以后，地球才稳定到了有水和适宜环境的程度。”在当时的火星上，生命可以在地球拥有的一切环境中进化，包括火山潟湖和深海喷口。早期火星表面具有更有利于生命进化的化学环境——科什文克还有其他复杂的理由支持这个观点。[43]

梅洛什指出，有进一步的根据使我们相信，如果我们的细菌祖先躲藏在火星岩石的裂缝或孔隙中，它们有可能在危险的旅程中幸存下来。研究人员发现了许多可以使细菌孢子在太空真空中承受致命紫外线辐射和缺水的基因。“当它们进入恶劣环境时，”梅洛什说，“它们会把 DNA 藏在稳定 DNA 的蛋白质中。然后它们就休眠。这就是它们幸存的方式。”如果梅洛什和科什文克是对的，那我们都是火星人。

⊙

总而言之，证据过少，我们最古老的细胞祖先究竟是如何或在何处出现的问题仍然悬而未决。没有人能肯定地球生命是来自火星还是源于我们自己的星球，也没有人能肯定这是一次奇迹般的幸运突破，还是这一过程无可避免，因此生命在整个宇宙中十分常见。生命进化的速度是快还是慢？我们是生命 2.0 版吗？在我们的祖先殖民全球的数百万年前，是否有一种（或多种）早期生命形式被可怕的撞击抹杀了？我们不知道，不过我们可以确信，目前为止，地球每个角落中发现的每一种生命形式都源于一个单一的谱系。我们有相同的独特生化基础。我们的 DNA 和 RNA 中有相同的核苷酸，蛋白质中有相同的 20 种氨基酸，使用 ATP 分子产生能量的方式也相同。

在关注所有相互竞争的理论和频繁的争论时，我们很容易忽视科学已经取得了多大的进步。事实上，除非发明时间机器，否则没有人知道我们究竟能否对生命在地球上如何开始有一个明确的描述。尽管如此，许多研究者还是能强烈地感觉到，我们正在接近最有可能的情况。关于细胞膜、氨基酸、RNA 和 DNA 可能是如何形成的，以及第一次代谢和复制可能是如何开始的，我们现在有了详细的理论（诚然是不完善的）。生命的化学起源看起来不再那么不可思议或完全不可理解。

许多人认为，最有可能的情况是，一旦有机复杂性得以进化出来——在地球的某处或可能在火星上——膜将捕获少量分子。这些膜具有足够的可渗透性，其他分子可以进入，为复制和能量提供原料。当这些原始细胞长得太大以至于膜无法容纳时，它们就分裂成两个较小的细胞，后者同样能长大及繁殖。在这些生命的原始气泡中，RNA（或原始 RNA）组装中偶然的复制错误形成了更有效的结构，最终产生了蛋白质、DNA，以及日益复杂、花样翻新的细胞机制。

渐渐地，地球表面充满了生命。其中大多数不是完全陌生的。不管最初的生命形式是什么，科学家相信它进化成了两种单细胞生物：细菌，以及外观相似的名为古菌的生物。你当然很熟悉细菌，但你可能不知道古菌。它们生活在极端环境中，比如温泉、酸性湖、你的肠道——它们参与消化并且是部分胀气的罪魁祸首。我们正是这些微生物的后代。随着它们的蔓延，在数十亿年的时间里，它们几乎重塑了地球表面的一切。

Part 3

第三部分

从阳光到餐盘

在这一部分，我们将发现光合作用的魔力，了解宇宙能量的转化如何改造了我们的星球，并获知“聪明的”植物如何殖民各大洲，并开始生产构成我们的基本成分。

●●●

第 8 章

光的组件

光合作用的发现

食物只是冷藏的阳光。[1]

——约翰·哈维·凯洛格

1779 年夏天，49 岁的荷兰医生及自然哲学家扬·英根豪斯头发齐整，乘着马车从伦敦前往他于英国乡下租的一处庄园。起初，他计划利用夏天的“退隐”时间写一本关于天花接种的书，这是他在医学上的专业领域，但到了某个时刻，一个更令人兴奋的计划开始实施了。当英根豪斯和男仆多米尼克离开伦敦时，他们的马车载着 4 张桌子、6 把刀、一些叉子、亚麻布和 1 个扶手椅软垫，还有一些实验设备——包括一套测量空气质量的玻璃仪器。英根豪斯怀疑自己有所发现。但他不可能知道，他即将揭示科学家做梦也想不到的一个不可见过程，这有点出人意料，因为它可能是地球上最重要的生化过程：光合作用。

生命只用一项进步就使地球表面发生了最大的变化：细胞有了光合作用后，才开始能够利用太阳的能量。你摄入的水和盐来自地球表面，但你体内其他的几乎所有分子都由进行光合作用的植物（或食用这些植物的动物）制造或收集。光合作用是一系列非凡的化学反应，其影响超类绝伦。稍后我们将看到，它给我们的星球带来了巨大的变化。其中尤为重要的是植物将光合作用的初生产物——糖重新加工成丰富的物质，这些物质创造了我们身边的绿色植物，并使你我这样的陆生动物得以存在。光合作用是木材、橡胶、煤、天然气和石油的成因。而且，光合作用铺就关键的路段，使我们的分子终于得以形成我们。然而，我们不可能随意观察到这个深刻改变地球的艰巨过程。事实上，它没有一个步骤是明显可见的。那么，科学家如何才得知它的存在及其非凡的工作方式？

如果好医生英根豪斯进入森林寻找证据，想证明植物实施了某种神秘的操作，改变了我们的大气，他可能只会发现一些微妙的线索。植被呈现着无数种不同的鲜活绿色。如果恰好是秋天，树叶就会飘落到地上，这表明树木决定中止它们的隐形活动，开始季节性冬眠。在他周围，几乎再没有别的迹象可以揭示大自然正用它最惊人的戏法之一悄悄改变世界。

英根豪斯彬彬有礼、博学多才，有时略显自大，只是过于严肃，成不了聚会的焦点，但他相当聪明。16 岁到荷兰念大学时，他的希腊语和拉丁语已经足够熟练，让老师们大吃一惊。他在小城布雷达成立了一家成功的医疗诊所，可能为他的药剂师父亲巩固了财富。[2] 1764 年，在父亲去世后，英根豪斯立即前往伦敦，向当时技能最娴熟的医生学习。他很快就加入他们的行列，抗击当时最大的杀手之一天花，这种灾祸使每 100 个受害者中就有 20~30 人体无完肤地死去。英根豪斯协助开发了一种有争议的新疗法——接种，这需要勇敢的医生从结痂上刮下活的微生物，并将其注射入健康人体内。（我们在现代使用死亡或活性弱化的微生物。）大约有 1% 的接种者死亡，但比 20% ~ 30% 的死亡率要好得多。英根豪斯的技术为他赢得了玛丽亚 · 特利莎的邀请，这位奥地利女君主无视皇家医生的质疑，让英根豪斯为哈布斯堡王室接种疫苗。她曾在患天花后活了下来，但她的几个孩子和一个儿媳却没能幸存。她不顾一切地想要剩下的孩子们健康长寿。[3]英根豪斯获得的奖赏是皇家医生的终身职位和丰厚的收入。这使他拥有闲暇时光，致力于他的科学研究。

英根豪斯是启蒙运动科学家的典型代表。在本杰明·富兰克林的启发下，他用电来做实验。他搬到伦敦，富兰克林也居住在那里，两人从此建立的友谊一直延续到他们生命的尽头。英根豪斯支持富兰克林的避雷针，当时一些神职人员还在怒斥人类竟敢干涉上帝对恶人的惩罚。[4]在两人的通信中，英根豪斯和富兰克林还特别交流了各自在研究中遭受电击的严重意外事故。

英根豪斯因为其中一次电击晕倒了——这可能是电击疗法的起源。他在信中对富兰克林写道："我担心自己永远成了白痴。"[5]但次日早晨醒来时，他觉得自己更有活力了，思维也前所未有地敏锐。其变化之明显，致使他建议几位"疯狂的医生"也试试用电击来恢复病人的心智能力。不久后，伦敦的一些医生接受了建议。[6]

英根豪斯做过各种各样的研究，包括尝试用氢气和空气的爆炸性混合物代替手枪中的火药。1779 年，49 岁的他休了整个夏天的假，希望自己能有所突破。

他租了一座僻静的乡间庄园，从伦敦到那里要搭乘两个小时的马车。庄园里没有往常络绎不绝的访客的干扰，他准备以约瑟夫·普里斯特利的一项重大发现为基础做一些研究。普里斯特利是英国自然哲学家及化学家，因一项永远惠及所有人的神奇发明而闻名：苏打水。他是狂热的政治和宗教激进人士，是一位论派的创始人，同时是气体科学研究方面的发明天才。他发现，如果他用一个玻璃容器罩住蜡烛，它很快就会熄灭，就好像空气中的某种物质已被耗尽一样，这很奇怪。更令人意想不到的是，如果他在容器里放一"小枝薄荷"，它会使"坏空气"复原，使蜡烛继续燃烧。和火焰一样，老鼠也很难在有盖容器中长时间存活。但添加一小枝薄荷（一整株植物更好），就能让老鼠继续晃荡。普里斯特利似乎已经发现，植物把大气中的“坏空气”变成“好空气”，从而使我们呼吸的看不见的空气变得宜人。

不过普里斯特利很困惑。植物有时能使容器里的空气复原，有时则不然。他想不明白原因，而瑞典化学家卡尔·舍勒试图复制普里斯特利的实验，却完全失败了。[7] 舍勒把发芽豌豆的根浸在一罐水里，再用钟形玻璃罩罩住它们，但植物并没有改善空气。舍勒宣布，普里斯特利的说法完全没有根据。

英根豪斯对此很感兴趣。植物真的能“净化大气”吗？他在拥有一个大花园的乡间庄园里安顿下来，开始了自己的研究。他担心时间不够，工作十分狂热。起初，他用玻璃罐罩着地上的植物叶片，用一种被称为测气管的仪器来检测容器中“好空气”的量变。不久后，他发现如果罐子罩着的是浸在水中的植物剪枝，分析就会更容易。他有各种各样的植物备选：苹果树、酸橙树、梨树、桑树、柳树和榆树，还有菜豆、朝鲜蓟、土豆、鼠尾草、致命的龙葵。英根豪斯测试了这些以及更多的植物，用叶子、根和芽做实验，并且早中晚仔细监测他的植物。

开始实验后不久，他写道：“一个极其重要的图景在我眼前展开。”大自然为他揭示了一个秘密，他就好像学会了点石成金术一样激动。他发现，树叶可以在短短几个小时内将“腐败的空气”转化为“良好的空气”，但它们必须暴露在阳光下。他把一个罩着浸水剪枝的玻璃罐放在阳光下，便能真切地看到叶片下源源不断地冒出气泡。若用火焰给罐中的叶片加热，则不能产生同样的效果。这个过程需要阳光。

英根豪斯一周七天从早到晚地继续他详尽的实验，以了解更多信息，并确保他检测到的“有益”空气不是源于其他事物。在不到三个月时间里做了 500 次实验后，他满意了。那年秋天，他甚至还未离开乡间庄园便写完了一本书，它的书名很长：《蔬菜实验：发现它们在阳光下净化普通空气并在阴暗处和夜间损害空气的巨大力量，与之相关的一种精确检测大气有益健康程度的新方法》。

发现“植物的秘密活动”令英根豪斯非常兴奋。[8]他发现它们默默地呼吸，也就是说，它们吸入一种气体——“坏空气”（我们称为二氧化碳），呼出“好空气”（他的朋友、化学家安托万·拉瓦锡很快将其命名为氧气）。

公平地说，是普里斯特利率先察觉了这种现象。但他没能发现只有植物的绿色部分才能“净化”空气，并且这个过程依赖阳光。

然而，英根豪斯所期待的赞誉并没有随之而来。他迅速以英文、法文、荷兰文和德文出版了他的书。不幸的是，这并不足以阻止他曾经的朋友普里斯特利牧师、荷兰药剂师威廉·范巴内费尔特和瑞士植物学家让·谢尼伯各自宣称自己率先发现了光合作用。愤怒的英根豪斯向他的荷兰语翻译发泄道：“两只狗为一根骨头打架时，总有第三只狗等着偷走它。”[9]范巴内费尔特和谢尼伯都不太出名，所以他没有费心进行公开的书面辩驳。但是英根豪斯称赞为“发明天才”的普里斯特利却很出名，他的声明会引起极大的关注，而且更令人烦恼。

普里斯特利听说了英根豪斯的担忧，便写信告诉英根豪斯，在英根豪斯发现阳光作用的同时，自己已经发现了这一点，并同他人交流过。不过普里斯特利承诺，等他出版《对不同种类空气的实验和观察》的第二版时，他会认可英根豪斯的研究成果。[10]两年后，英根豪斯细读新版，却发现书中并没有肯定他的实验。[11]他火冒三丈地对某位朋友说，普里斯特利显然令人难堪且嫉妒，是“一个不能容忍竞争对手的苏丹”。[12]多年里，普里斯特利持续发行他那本权威书籍的新版本，却没有提及英根豪斯的突破，这让英根豪斯的沮丧不断累积。最终，英根豪斯激烈地质疑普里斯特利，要求他说明他在何处最先发表了成果。“如果你真的比我更早发表了这一学说，我就该公正地公开承认这一点……我会很乐意引用你的著作，你可以向我指出你在哪一页明确地阐述了你的学说。”[13]但普里斯特利始终没有提供过证据，并且始终没有公开承认英根豪斯的成果。

普里斯特利凭借自己的不作为占了上风。他因自己做的许多实验而出名，并且是一位多产的作家，愿意争取公众的认可。腼腆的英根豪斯却不喜欢聚光灯，并且很可能不愿意和这样一个炙手可热的人物结仇。他只在自己著作的法文第二版中反驳了普里斯特利的说法，又在实验的 17 年后发布的一份英国政府报告的附录中发表了反驳。[14] 因此，无怪乎大多数报道都赞美普里斯特利是光合作用的发现者。直到最近，英根豪斯基本上被遗忘了，他是你从未听说过的最重要的科学家之一。

然而，尽管英根豪斯发现了光合作用的存在，它的性质仍然是个谜。植物是如何将“坏空气”（二氧化碳）转化为“好空气”（氧气）的？

部分答案可能来自一个看似简单的问题，它长期误导科学家：植物吃什么。大家显然都知道，植物不像我们那样进食。它们不以其他生物为食（捕蝇草等一些物种除外）。那么，一棵重达数万磅的参天大树的质量从何而来？换句话说，树是由什么构成的？

150 年前，最早研究这一谜题的人里还包括另一个扬——佛拉芒人炼金术士扬·巴普蒂斯特·范海耳蒙特，他后来被西班牙宗教法庭以异端罪名判处软禁。范海耳蒙特是贵族的儿子，无论以何种标准衡量，他对真理和启蒙的追求都异常狂热。16 世纪 90 年代，他在天主教鲁汶大学学习逻辑、天文学和自然哲学，但他蔑视老师们对自然界的解释。亚里士多德等古人并没有仔细观察自然界，而是根据纯粹理性编撰理论，范海耳蒙特和伽利略一样不喜欢这些理论。他深信他所受的教育毫无价值，自己仍然茫无所知。他回忆说，他“追求真理和知识，而非它们的表象”。[15] 他拒绝接受学位，进入了一所耶稣会学院，在那里学习炼金术和魔法。[16] 他的教授教导，没有所谓好的“白魔法”，只有恶魔魔法。范海耳蒙特离开时并没有觉得自己变得更明智。[17]

遗憾的是，他的第一份出版物《论以磁力治疗伤口》引起了宗教法庭的注意。他认为圣物的疗愈能力可能源于自然因素，并称之为“磁效应”，教会对此很不满意。他没有为了讨好别人而诋毁耶稣会神学家对自然科学的研究能力。（注意，范海耳蒙特自己的科学研究也并非全都值得效仿。例如，他的老鼠自发繁殖秘方就有点不可靠：“把一条汗津津的内裤放进一个装着小麦的罐子里。等待。经过一段时间的发酵，罐中就会爬出成年老鼠。”[18]）1623 年，鲁汶大学医学院谴责他的出版物是一本“骇人的小册子”。[19] 他被宗教法庭逮捕了。一等他忏悔，他就被判处软禁，伽利略也于同年被囚禁在家中。也许正是那时，范海耳蒙特用一棵树做了一个实验，这个实验使他在 400 年后仍名留青史。

范海耳蒙特问，一棵树的质量从何而来？对大多数有科学才能的人来说，答案早已显而易见。植物吃土。它们的体积必然主要来自土壤。范海耳蒙特认为是时候验证这个理论了。[他可能受到了德国学者库萨的尼古拉的启发，后者在一个半世纪前提出了一个类似的实验。] 范海耳蒙特仔细地在一个大盆给干土称重，而后在里面种了一棵 5 磅重的柳树，并定时定量给它浇水。5 年后，他移出树木，重新称重。此时，树的重量达到了 169 磅 3 盎司，但土壤只损失了 2 盎司。[20] 对范海耳蒙特来说，结论也显而易见。这棵树的巨大质量一定来自它吸收的水。植物主要由水而非土壤形成。

150 多年后，化学已成为一门更先进的科学。到了 1796 年，也就是发现光合作用的 17 年后，英根豪斯知道植物吸收的“坏空气”由碳和氧构成。（我们称之为二氧化碳。）他还知道植物含有大量的碳。所以他很清楚，植物的主要营养并非来自水，而是来自空气。[21] 不久之后，尼古拉·德索叙尔表明，水是唯一一种对植物质量贡献良多的物质。另外，让·谢尼伯认为，植物呼出的“好空气”是氧气。因此，到了 19 世纪中期，开始学习分子式的科学家对光合作用有了基本的了解。很明显，植物赖以生存的东西确实很少。只需要二氧化碳（CO_2）、水（H_2O）和阳光，植物就能制造自己的食物：葡萄糖（$C_6H_{12}O_6$），它们将葡萄糖转化为我们渴求的氨基酸、脂肪和双糖分子，即蔗糖或食糖。并且，我们呼吸的氧气被植物当作废物抛弃。大自然的这个戏法令人印象深刻，近乎奇迹。

但当时人们还不知道这个过程是如何实现的。

⊙

在接下来的 80 多年里，对于这个制造了我们体内大多数分子的化学过程，我们的了解基本停留在上述层次——不是因为缺乏尝试，而仅仅是因为研究人员缺乏工具来更深入地了解它。

他们确实取得了些许进展。他们发现，植物利用光合作用产生的糖来创造和储存能量，并制造脂肪和蛋白质。他们还查明了光合作用的发生场所，它主要发生在叶片内部被称为叶绿体的绿色小结构中。在这些结构中，光合作用在两个不同的反应中心里进行，当叶绿素从阳光吸收能量时，这个过程就开始了。

然而，尽管我们的整个食物链都仰仗光合作用，科学家却像不知道父母如何谋生的孩子一样。糖为我们提供能量，塑造我们，但科学家对产生糖的化学反应基本说不出什么内容。他们知道植物从空气中吸收碳，从水中吸收氢，但糖中的氧来自何处？它是来自二氧化碳（CO_2）还是水（H_2O）？用显微镜是看不到化学反应的。所以光合作用是个黑匣子。科学家可以探测到进出它的东西，但其内部的运作仍然隐藏在黑暗中。

粒子物理学曾经拯救了那些对窥探原子内部感到绝望的物理学家，研究人员没有想到，粒子物理学也将拯救生物学家。突破性的进展源自两组科学家。前一组人员努力创造出一种异常强大的新工具，却被剥夺了使用它的机会。这个工具的继承者将抓住机会，最终弄清光合作用如何创造了我们存在的基础。

最初的巨大飞跃由马丁·卡门和萨姆·鲁本发起，这两位志趣相投、雄心勃勃的科学家渴望崭露头角。卡门是一位黑发的矮个子化学家，20 世纪 20 年代在芝加哥长大，语速飞快。他是音乐神童，能出色地演奏小提琴和大提琴，并与艾萨克·斯特恩和耶胡迪·梅纽因①结下了一生的友谊。但在芝加哥大学的头几年，他目睹家人因大萧条而失去了财产。他渐渐发现，音乐事业或英语学位可能是通往贫穷的快车道。与此同时，他父亲开始在《大众机械》等杂志的广告中寻找一夜暴富的办法。某天，他给卡门看了一则广告，上面写着："成为化学家，做百万富翁。"[22] 6 年后的 1936 年，卡门获得了核化学博士学位，但完全不知道下一步该做什么。

他在芝加哥南部表演爵士乐挣了几百美元，而后决定用这大部分积蓄冒险买一张去旧金山的火车票。他的计划是通过提供志愿者来初步进入伯克利的辐射实验室的大门。在二战前的几年里，这个实验室有当时最大最好的科学项目，也是今天人类基因组计划和哈勃太空望远镜等宏伟事业的先驱。卡门在正确的时间到达了正确的地点。

卡门参与的研究是物理学家欧内斯特·劳伦斯的心血，他在 10 年前发明了回旋加速器。这台机器十分巧妙，可以将亚原子粒子加速到前所未闻的速度和能量水平。劳伦斯已经在制造这台机器的第 4 版，每个新版本都比前一个大。[23] 他的环形粒子加速器是瑞士的欧洲核子研究中心的粒子加速器的老祖宗，后者是现存最大的粒子加速器。不过，不同于 CERN 的粒子加速器令人敬畏的 1.24 英里直径，劳伦斯的粒子加速器直径只从 5 英寸增至 37 英寸。它小到能轻易装进一座旧工程建筑里，这座老旧的木结构建筑有两层，被更名为辐射实验室。当卡门到达时，劳伦斯正在组建一个由研究生志愿者支持的团队，准备

① 艾萨克·斯特恩和耶胡迪·梅纽因都是 20 世纪著名的小提琴家。——译者注

用回旋加速器研究粒子物理学。他还希望制造出新的放射性同位素，它们可以成为新的医学工具。例如，他想尝试使用放射性磷来摧毁癌细胞。

在那个阴沉的雨天，卡门走进辐射实验室，他自愿合作研究，并协助维护高功率的回旋加速器，这是一项脏兮兮的任务，也是一次持续的奋斗。6个月后，卡门喜不自胜。劳伦斯得知他的博士研究方向是核化学和物理，便给了他一个带薪职位，让他负责监督放射性同位素的制造。卡门此时在一个前沿项目中拥有了一份重要的工作。

到达此处不久，他就遇到了萨姆·鲁本，这个精力充沛的年轻化学家将成为他的科研伙伴。上挑的眉毛使鲁本看上去始终充满好奇心，他的父亲是波兰移民，从制帽匠转行为木匠。鲁本在伯克利长大。他曾在一家青年拳击俱乐部成为杰克·登普西①的学生，高中时还是篮球明星。[24] 卡门回忆，鲁本聪明机敏，理智自信，甚至“坦率直言，令人恼火，也无惧对抗”[25]。鲁本需要这样的勇气才能在伯克利竞争激烈的化学系站稳脚跟，当时他正在那里攻读博士学位。在那个时候，鲁本的大多数同事都对生物学不屑一顾，认为那是二流人才的二流领域。然而，鲁本向卡门提议合作运用放射性同位素来研究生物进程。他们可能是最早使用一种新工具来研究生物化学的人，这个新工具是碳-11，由辐射实验室新造的一种同位素。卡门将在他的回旋加速器中制造碳-11，鲁本则主导使用它进行的生物研究。

碳-11不是我们体内的普通碳元素——碳-12，碳-12的原子核内质子和中子的数量相等，各为6个。在辐射实验室里，劳伦斯的科研人员发现，他们向硼（元素周期表中比碳小一个原子量的元素）发射一束亚原子粒子流时，便可以向硼的原子核混入1个额外的质子。硼有5个质子和5个中子，多添加1个质子，便可以实际上被转化为一

① 杰克·登普西是20世纪美国著名拳击手，曾多次获得世界重量级拳王的头衔。——译者注

种新元素——碳-11，它是碳的同位素，有6个质子，却只有5个中子。但是这样的质子和中子组合并不稳定。过了一段时间，它会失去1个质子，衰变回硼，并释放辐射。卡门和鲁本意识到，这种新元素前景广阔。他们的初始计划是利用碳-11解决一个与光合作用无关的问题。他们想了解实验室老鼠如何代谢糖分。其设想很简单：给它们喂以放射性碳制成的糖，之后，追踪碳在不同化合物间移动的轨迹。

在实践中，这意味着他们首先必须将放射性碳引入植物中，以制造放射性糖。接着，他们必须将“活跃的”糖喂给动物，并尽力对动物用该糖制造的新化合物进行定位，这一切都要在放射性碳衰变之前完成。他们很快意识到这个计划过于野心勃勃了。几周后，沮丧的鲁本告诉卡门，他们对技术上的困难力不从心。

“在滔滔不绝地讲述这些烦恼时，”卡门回忆道，“萨姆突然停了下来，他瞪大了眼，脱口而出：‘我们到底为什么要为老鼠操心？见鬼，有你我合作，很快就能解决光合作用的问题。’”[26]

他们忽然意识到，他们可以尝试解开生物学最大的谜团之一：植物如何制造我们赖以生存的糖。在英根豪斯发现光合作用一个半世纪后，科学家仍然完全不明白其化学途径是如何实现的。这时，卡门和鲁本意识到，他们拥有一个终于可以揭晓答案的工具。他们要做的就是制造放射性二氧化碳，将其引入植物，并在不同的时段截停反应，观察放射性碳渗入了哪些新的化合物。他们很兴奋。他们实际上垄断了碳-11的制造，因此，只要行动迅速，就不用担心竞争。另外，他们认为这项研究是如此直接，如此简单，应该只需几个月就能破解。[27]他们立即投入研究中，对即将面临的焦思苦虑茫然无知。

为了制造所需的放射性碳，卡门只能在实验室的物理学家回家后开始工作，因为那些人的研究被认为更重要。所以晚上9点后的某个时刻，卡门会把硼放入被80吨重的磁铁包围的回旋加速器中。接着，他坐在控制台后，用质子-中子对轰击硼几个小时。[28]等得到了放射性碳-11，他就会跑几百英尺，穿过巷道和楼梯的黑暗迷宫，到达鲁本的实验室，那是一座摇摇欲坠的木瓦建筑，名叫“老鼠屋”。他必须跑起来。碳-11 的半衰期只有 20 多分钟，也就是说，20 多分钟后，它失去了一半的放射性，1 小时后就剩下大约 10%。在卡门飞奔的凌晨，鲁本焦躁地等着，手边有预制化学药品、移液管、吸墨纸、热水烧杯等一切他需要的东西，用来把碳-11 引入植物并跟踪其进程。卡门回忆，任何人看到他们这样疯狂地做实验，都会觉得“有三个疯子在精神病院里跳来跳去”[29]。而在鲁本看来，一天不工作 18 小时的人全都是懒人。激发他们努力的是兴奋，而不是睡眠。

他们成功地开发了新的生化技术，并且也有一些零星的发现。然而，经过 3 年的睡眠不足和数百次的凌晨实验后，他们在“老鼠屋”碰头，回顾进展，最后闷闷不乐地一致同意，他们甚至在光合作用第一个化学步骤的认知上都毫无进展。问题在于，他们在追逐生命短暂的萤火虫。在实际操作中，碳-11 的寿命太短，不足以让他们追踪化学反应。

卡门怀疑另一种碳同位素碳-14 也可能存在，它的寿命可能更长。理论物理学家罗伯特 · 奥本海默告诉他，这种可能性约等于零。[30] 尽管如此，卡门还是梦想制造它，尤其是劳伦斯刚刚造出了第二个更强大的回旋加速器，它的直径有 60 英寸。但卡门就像一个溺水者望着一艘救援船从他身边掠过。他需要长时间地占用其中一台回旋加速器，可他们的项目并不被认为足够重要，因此无法获得许可。两人又一次走进了死胡同。

就在卡门满怀忧郁地结束谈话时，他接到了劳伦斯的召唤。他跑上物理楼三层宽阔的楼梯，发现这位大人物正坐在办公室里，一副心浮气躁的样子。劳伦斯告诉他，哈罗德 · 尤里（发现了自然存在的氘，后来激励斯坦利 · 米勒研究生命的起源）在收集碳、氧、氮、氢的稳定天然同位素方面取得了巨大进展，这些同位素可能对医学研究很有用。直至此时，辐射实验室为这些元素制造新的有用同位素的尝试都失败了，尤里大声宣告劳伦斯的回旋加速器永远不会成功。尤里声称，这些元素也许在物理层面上不可能存在寿命更长的新同位素。劳伦斯告诉卡门，如果尤里是对的，那将是一场灾难。劳伦斯想筹集资金建造更强大的回旋加速器，但在 20 世纪 30 年代，没有美国国家科学基金会或原子能委员会，也没有联邦机构向物理学家提供大笔拨款。（直到曼哈顿计划表明物理学可以带来实际的好处，在战争中尤其如此，之后事态才有所转变。）对劳伦斯来说，唯一可靠的资金来源是对生物医学研究感兴趣的各大基金会。是它们一直在资助他的研究，但此时尤里到处宣称回旋加速器永远无法制造生物学意义上的重要同位素。劳伦斯绝望了。他告诉卡门，除非他们能找到制造它们的方法，否则建造更大型回旋加速器的计划就止步于此。劳伦斯说，卡门可以无限制地使用回旋加速器，需要什么资源尽管用，只要卡门尽可能快地制造出碳、氮或氧的长寿命放射性同位素。

卡门茫然地离开了，简直不敢相信自己的运气，一位名叫劳伦斯的精灵刚刚实现了他最大的愿望。他立即开始起草清单，列出了他能想到的所有制造新同位素的实验方法。清单上的第一个同位素是碳-14。1939 年 9 月下旬，他开始进行实验，和往常一样穿着一件被油脂熏黑的实验服，对附着在裤子拉链和口袋里硬币上的辐射毫不在意。

身为炼金术士的扬·巴普蒂斯特·范海耳蒙特肯定会欣赏这项事业。卡门想把一种元素变成另一种。在与劳伦斯会面仅几天后，他坐在直径 37 英寸的回旋加速器的控制台后面，开始向硼发射 α 粒子（包含 2 个质子和 2 个中子）。[31] 硼的原子核中已有质子和中子 10 个，卡门希望再往其中增加 1 个质子和 3 个中子，从而将其转化为碳-14。但经过整整两天的努力后，他用一种名为电离室的设备测试他的样本，测试显示，没有任何重要的东西出现。他转而使用更强大的直径 60 英寸的回旋加速器，再次尝试，这次发射了氘核（中子-质子对）。但依然没有进展。

此时他尝试了一种不同的策略。他没有将亚原子粒子添加到较轻的元素中，而是试图从元素周期表上仅高一个原子量的氮里轰出 1 个质子和 1 个中子，以制造碳-14。

这个方法也让人失望了。

接着，更大的直径 60 英寸的回旋加速器开始接受维修。卡门此时已经做实验好几个月了。他渐渐感到绝望。他正面临一个令人发狂的现实：他们所有的努力都可能付诸东流。

他最后努力了一次，重新使用较小的直径 37 英寸的回旋加速器，并决定尝试轰击碳本身。他把石墨（一种软固体形式的碳）涂在一个探测器上，计划用氘核来轰击这个探测器，尝试再往石墨的原子核混入 2 个中子。为了最大限度地提高强度，他把石墨直接插入回旋加速器的一个端口，大胆提高功率，连续一个月每天晚上轰击石墨。为了这最后一搏，他连续三个晚上没睡。2 月 15 日凌晨，在 72 小时无眠之后，他困倦地把炙烤过的石墨刮进瓶子里，走到“老鼠屋”实验室，把样品放在鲁本的桌子上。

那天黎明时分，伯克利的街道上大雨倾盆，巡逻的警察看到卡门跌跌撞撞地走着。几小时前刚发生了一起大规模谋杀，嫌疑人仍然在逃。卡门眼睛通红，没刮胡子，衣着邋遢，看起来很像那个角色。他声称自己是一名化学家，刚花了很长时间操作一种叫作“回旋加速器”的东西。警察把他抓了起来。那场可怕的犯罪活动有一名情绪异常激动的幸存者，她审视了他，但并不认识他，所以他们放了他。一回到家，卡门立刻倒下，陷入了沉睡。

12 个小时后，他醒了过来，打电话给正在实验室的鲁本。看来终于出现了令人鼓舞的消息。鲁本认为他检测到了微弱的放射性信号，但他不确定。卡门兴高采烈地冲进了实验室，此刻他已完全清醒了，但在马拉松式的工作后，他的身体充满了放射性，因此鲁本禁止他接近或帮忙。几天后，鲁本和卡门证实，他们制造出了罗伯特·奥本海默曾告诉他们不可能存在的一种同位素——寿命非常长的放射性碳-14 原子。

劳伦斯听到这个消息时，正因感冒躺在家里养病。他跳起来，高兴得手舞足蹈。他们证明尤里错了，他们证明了自己可以为生物学研究创造有价值的同位素。一周后，劳伦斯因发明回旋加速器和创造人造放射性同位素而获得诺贝尔奖。此时他有了更有力的理由来建造更强大的回旋加速器。在颁奖典礼上，物理系主任从讲台上退下来，他举起手臂，戏剧性地宣布卡门和鲁本刚刚发现了一种新的同位素——碳-14。它的半衰期不像碳-11 那样只有 20 多分钟，而是几千年（我们现在知道是 5 730 年）①。

光合作用中有一系列非凡的化学反应，碳-14 是完全破解这个链条的关键。不过，此前在两位同事的协助下，卡门和鲁本已经解决了该谜题中很小但至关重要的一部分。他们利用放射性氧-18，最终发现了光合作用制造糖（$C_6H_{12}O_6$）时所用氧的来源。他们发现，这些氧来自二氧化碳，而非许多人以为的水。它如何实现这一点，当时仍然是个谜。但此时人们已经知道，植物分解水时，只对其中的氢感兴趣。至于我们呼吸的氧气？植物将它当废物抛弃。

卡门和鲁本发现了氧分子到达我们体内的必经之路的一部分。在这个过程中，他们发觉范海耳蒙特大错特错。植物的大部分干重既非来自水也非来自土壤，而是从空气中吸收的。如果你把一棵树烘干，它的质量中有 50% 是碳，44% 是氧。[32] 这意味着它几乎所有的质量——94% 都来自大气中的二氧化碳。你我与它没什么区别。我们身体干重的大约 83% 来自二氧化碳分子，这些分子曾在空气中飘荡，后

① 多年后，科学家发现了罕见的天然碳-14，它是宇宙射线撞击大气中的原子时产生的。大气中的碳-14 彻底改变了有机物质的年代测定，并成为考古学家、人类学家、地质学家等科学家的强大新工具。

来被植物捕获并嵌入了我们食用的有机分子中。[33]人体质量的另外10%是光合植物从水中盗来的氢。与此同时，我们呼吸的所有氧分子都曾经存在于水分子中，而后被植物排入大气。

卡门和鲁本都只有26岁，此时的他们意气风发。他们解开了光合作用的一个关键谜团。世界上唯一的碳-14资源掌握在他们手中，解决“大问题”的余下部分已近在咫尺。他们终于可以识别隐藏已久的化学反应——从水和稀薄的空气中制造糖。

至少他们希望如此。然而，1941年12月7日，就在他们准备收获成果时，他们的世界分崩离析。日本人偷袭了珍珠港。辐射实验室的所有非军事研究立即中止了。劳伦斯将计划为第一颗原子弹制造铀-235，并监督这种同位素的生产。卡门将协助他，而鲁本会被派去研究化学战。那将导致他死亡。

在整个战争期间，关于使用化学武器能否挽救盟军的生命的争论非常激烈。指挥官正考虑在派遣盟军士兵之前先用毒气消灭海滩上的敌军。光气是最佳选择，在一战中，超过80%的毒气死亡是由光气造成的，也就是75 000人。此时军方要知道光气需要多长时间才能消散，以便确定将其用于海滩登陆是否可行。鲁本被要求指导模拟实验以找出答案。

他急于尽快完成这些实验，好继续研究光合作用。1943年10月，在昼夜不停地工作了几天之后，鲁本太累了，在开车回家的漫长路途中睡着，发生了撞车事故。[34]他很幸运，只断了一只手臂。第二天早上，他吊着右臂回到实验室，正在处理一瓶光气时，突然玻璃裂了。也许是瓶子坏了，也许是因为他没有耐心用冰水冷却它，而是用液氮代替。[35]不管什么原因，一团稠密的光气泄漏了。鲁本和他的两个学生助手跑了出去，躺在草地上，这是他们防御上升气体的最好办法。他的助手活了下来。可是对鲁本来说太迟了。两天后，他去世了，享年29岁。

卡门悲痛不已，但他自己很快遭遇了更多麻烦。他的婚姻最近破裂了，所以他开始花更多时间和新朋友相处，其中许多人是左翼人士。他也是罗伯特·奥本海默的好朋友，奥本海默是曼哈顿计划的科研领导者，被怀疑是苏联的支持者。这足以使卡门受到美国联邦调查局和军方反间谍机构的监视。他们担心奥本海默或他的熟人会泄露原子弹的秘密。[36]1944 年，小提琴家艾萨克·斯特恩把卡门介绍给了苏联驻旧金山副领事，后者请卡门把他介绍给劳伦斯的兄弟，以便咨询白血病的治疗方法。作为感谢，他请卡门去吃了饭。对于正在监视卡门的军方反间谍机构和美国联邦调查局来说，这是火上浇油。[37]辐射实验室当时是曼哈顿计划的一个绝密部门，设有关卡、警卫，经常收到有关敌方间谍和泄密风险的警告。当局担心，热爱社交的卡门可能会将机密信息轻易泄露给他的左翼朋友。在莱斯利·格罗夫斯将军的命令下，劳伦斯立即将卡门踢出了军事研究及辐射实验室。

卡门心烦意乱。他被玷污了名声，还遭到排挤。他先是设法在奥克兰造船厂找到了一份检验员的工作。后来，他回到伯克利的另一个系做研究，接着又在其他大学从事放射性同位素的研究，职业生涯再创辉煌，但他失去了继续研究光合作用的机会，再也无法实现他和鲁本一直期望的突破①。

让我们回到伯克利的辐射实验室，另外两位化学家——梅尔文·卡尔文和安德鲁·本森突然继承了光合作用研究的主导权。34 岁的卡尔文是化学系冉冉升起的新星。和卡门一样，他也曾目睹在底特律当汽车修理工的父亲为生计苦苦挣扎。卡尔文四处寻找更有保障的职业，化学似乎符合他的要求。他因敏锐与才华而受人钦佩，不过他结识劳伦斯，是因为在教工俱乐部吃午饭时，他选择和物理学家而非化学家坐在一桌。[38]

1945 年 8 月中旬，就在天皇宣布日本投降的几天后，劳伦斯认为

① 卡门后来被迫面对众议院非美活动调查委员会，并花了数年时间否认 FBI 对他的间谍指控，最终总算洗清了罪名。

科学家已经做够了战争相关的研究。在教工俱乐部外，他走近卡尔文。“是时候停止了，该做点有用的事情，”他对卡尔文说，“现在来搞一搞放射性碳吧。”[39]

卡尔文发现自己忽然间有了足够的资金来组建两个团队。一个团队将研究如何把放射性元素用于医学，另一个则尝试运用卡门和鲁本开创的技术破解光合作用。为了寻求帮助，卡尔文聘请了年轻的有机化学家安德鲁·本森。作为熟练的实验人员，本森在战前曾协助鲁本和卡门，早已熟知他们的技术。劳伦斯允许卡尔文使用那栋旧建筑，里面有一台淘汰的直径 37 英寸的回旋加速器。卡尔文让本森在那里设计并建立了一个新实验室。卡尔文是船长的话，本森就是大副。

卡尔文怀疑，任何解开光合作用之谜的人都有机会获得诺贝尔奖。但他的憧憬甚至超出了奖项。他想，我们如果能发现植物如何制造食物，就有可能生产出无限的人造食物，为世界消除饥饿。[40] 此外，我们如果能够了解光合作用如何利用能源，就可以复制这个过程来解决世界的能源问题。[41] 卡尔文相信，一旦揭示光合作用的机制，这些进步就只是时间问题。

在新实验室里，包括本森和詹姆斯·巴沙姆在内，卡尔文的年轻雇员意识到，他们可以使用藻类代替植物以简化工作。用本森设计的精巧的扁圆玻璃容器，他们可以轻松种植并处理藻类，他们把这种容器称为“棒棒糖”。更重要的是，本森找到了方法来改进一种新发明的工具，它叫纸层析，卡门和鲁本没有这种工具。[42] 它将大大加快工作速度。一旦把放射性碳-14 引入藻类，他们就可以杀死藻类，研碎它们，然后把一小滴浆液滴在纸上。添加溶剂可以使其化合物迁移到纸张的不同区域，从而有助于其自我分类。本森意识到，为了使工作更轻松，如果在纸上曝光照相胶片，含有放射性碳的化合物就会呈现出黑点，使它们更容易定位，以便进一步识别。

侦探们已经有了嫌疑人的名单，但仍然缺少其化学身份。找出它们的身份并不容易。在尝试分离并识别这些化合物时，他们也在努力寻找技术漏洞。每天早上 8 点，西装革履的卡尔文总是四处询问“有什么新发现吗？”[43]，并和大家讨论各种想法。令人沮丧的是，很长一段时间里，他们列出的参与将二氧化碳转化为糖的含碳分子一直在变化。他们改进了技术后，一些分子消失了。接着，他们发现在将近一年中，附近一台回旋加速器的辐射一直在扰乱他们的读数。要厘清他们在检测的一长串分子难如登天。单单是识别分子，比如 $C_3H_6O_4$（乳酸）、$C_3H_8O_{10}P_2$（2, 3-二磷酸甘油酸）和 $C_5H_{12}O_{11}P_2$（核酮糖-1, 5-双磷酸），并不能让他们明白它们由什么反应产生，或它们形成的顺序。但实验室里仍然气氛热烈。卡尔文提供了监督和洞察力。他是代言人、意见领袖、决策者，他带来了资金、更多的工作人员和合作者。本森发展了实验室技术，并取得了许多关键的发现。

尽管如此，还是存在摩擦。一位同事回忆，卡尔文经常带着天才的想法走进办公室，他相信这些想法将是革命性的。“他会带着新想法冲进实验室，你不得不停下来倾听，他一边说一边攥着手指关节……然后他走了，而听完这一切的安迪（本森）说：‘哦，这是他的最新理论吗？好吧，都是胡扯，由于这样或那样的原因，它不会成功的……’安迪知道某些想法行不通的原因，也非常清楚，不出两天，卡尔文脑海中另一些想法又会喷涌而出……”[44]

而这种紧张关系会加剧。

1954 年，他们的团队发表了一篇具有里程碑意义的论文。它揭示了将二氧化碳转化为（构成我们并为我们提供能量的）糖的完整且极度复杂的反应摩天轮。他们的杰作被称为卡尔文循环，或今天更常用的卡尔文-本森循环。当光合作用从空气中抓取碳原子时，你体内的每个碳原子经历了怎样的过程，10 年前刚开始研究的他们绝对无法想象。这个过程的第一步可能在昨天于你的花园里发生，也可能在几百年前发生，一个二氧化碳分子（CO_2）被添加到一个五碳分子中，形成一个不稳定的六碳分子，这个六碳分子立即分裂成两个三碳分子。这仅仅是个开始。随着摩天轮继续旋转，这些碳迅速转化为四碳、五碳、六碳和七碳的中间链。经过许多轮的转化之后，葡萄糖 $C_6H_{12}O_6$ 才终于出现。

同年，卡尔文和本森之间的冲突终于爆发了。早期，卡尔文完全专注于本森的研究，但随着卡尔文-本森循环的细节逐渐变得清晰，卡尔文开始专注于解决另一个问题。他想研究出使光能够驱动光合作用的化学反应。卡尔文得意于自己能够做出有根据的猜测，甚至在未有足够的数据支持时就提出创新理论。一位同事回忆道："他能提出别人想都想不到的解释。"[45] 卡尔文从不因出错而尴尬，因为他知道自己终将取得另一个突破。此时，他建立了一个简明的化学模型，它看起来是如此正确，以至于一位杰出的生物化学家在听了他的阐述后，热泪盈眶地跳了起来。[46] 卡尔文乐于猜测的做法多次得到过丰厚的回报，但这一次没有。相反，他足足两年都徒劳无功。

在研究自己的理论时，卡尔文不再关注本森，而本森也没有费心告诉他，自己正和一位同事合作解决另一个关键问题。[47] 经过数月的工作，他们兴奋地识别出了光合作用中关键的大酶。谢天谢地，它那不太优雅的名字——核酮糖-1, 5-双磷酸羧化酶 / 加氧酶，后来缩写为 Rubisco。在大多数植物包括藻类中，它是第一个捕获二氧化碳以开始制造葡萄糖的分子。本森惊讶地发现，Rubisco 也是植物叶片中含量最丰富的蛋白质，包括我们的沙拉蔬菜。Rubisco 位于地球上一切植物的叶绿体的中心。我们体内的每一个碳原子都曾被这种大酶捕获，启动将二氧化碳转化为糖的进程。

卡尔文也许感到了威胁，没有安全感，当然也对本森没有告知这项研究感到愤怒，他再也不能忍受和本森一起工作了。他只是说："该走了。"[48] 本森就被解雇了。8 年后，卡尔文理所当然地获得了诺贝尔奖，但他的大多数同事认为，本森应该和他一起站在领奖台上。本森后来在生物化学领域取得了成功，但他从未摆脱失去科学家能获得的最高荣誉的痛苦。卡尔文在获奖感言中几乎没有提到本森。在 30 多年后出版的自传中，卡尔文述及自己的研究，而本森的名字一次也没有出现。

⊙

自那时起，研究人员已经破解了光合作用的许多方面。事实证明，它比卡尔文或本森想象的要复杂得多。而且，我们为什么要期望它不复杂呢？毕竟，它确实能将无味的空气和水转化为甜蜜的分子，这些分子可以储存能量，并被用以制造生命的基本要素。卡尔文-本森循环只是这个过程的一部分。生物化学家已经发现，整场疯狂行动就如一个应急配备的鲁布·戈德堡[①]体系，分两个不同的阶段运作。在这个过程的第一阶段，光束激发叶绿素中的电子（叶绿素被包裹在一层特殊的膜中）。这些电子沿着一列斗链式的分子行进，这些分子渐次利用电子的能量分解水（并释放出氢和多余的氧）。接着，在另一道光束的能量刺激下，它们产生名为 ATP 和 NADPH（还原型烟酰胺腺嘌呤二核苷酸磷酸）的分子。[49] 这些物质离开细胞膜，为第二阶段的反应提供能量，Rubisco 在卡尔文-本森循环中启动反应摩天轮，将二氧化碳和氢转化为糖。

整个过程需要发生数量繁杂的反应，用术语来说，它是“能量上困难”；换句话说，它在化学上非常艰难。第一阶段——分解水非常艰辛，因为氧和氢之间的化学键极其强。即使把水加热到 3 000 华氏度，也只能切断一小部分化学键。光合作用必须找到一系列复杂的化学反应来从水中窃取氢。第二阶段——迫使二氧化碳与其他分子结合也并

① 鲁布·戈德堡是美国著名漫画家、雕刻家，以鲁布·戈德堡机械系列漫画闻名，他画的机械有一连串复杂的联动装置，但目标只是完成一件简单的事，所以他的名字代表了“将简单的事情复杂化”。——译者注

非易事。

植物科学家斯蒂芬·朗说，光合作用已经设计出了实现这些戏法的路径，但这需要 160 多个步骤，具体取决于你如何计算它们。他分解这些步骤，以便在计算机上模拟进程。[50]

整套运作不仅笨拙，而且效率低下。率先捕获二氧化碳的 Rubisco 大酶在大约 30% 的时间里会失效，因为它经常错误地捕获形状相似的氧分子。而且它工作效率低，速度比大多数其他酶慢一百倍。[51] “Rubisco 是一种愚蠢的酶，一种糟糕的酶。为什么大自然发明了它，我毫无头绪，”生物化学家戈文吉说，“上帝一定没找对。”[52] 他接着解释说，Rubisco 的表现如此之差，是因为在它进化的过程中，我们的大气没有氧气，只有大量二氧化碳。它当时工作出色。但现在我们的大气中充满氧气，二氧化碳更少了，Rubisco 就变得磕磕绊绊了。但它的工作依然足够良好，是我们星球上最常见的蛋白质之一。地球上所有 Rubisco 总重约 7 亿吨，相当于 1.2 亿头非洲大象的重量，这么多大象足以绕地球一圈。[53]

顺便一提，卡尔文梦想模仿光合作用，以解决全球饥饿和世界能源危机，这个梦想尚未破灭。植物科学家并没有试图重新创造光合作用，但他们正在对其进行微调，以提高作物产量。他们还调整基因，使植物能吸收更多的光，并帮助 Rubisco 更可靠地工作。到了晚年，卡尔文还希望能发明一种人造光合装置，用阳光分解水，以制造无限的氢燃料。[54] 研究人员仍在研究这个设想。卡尔文的梦想要实现所花的时间会比他预想的长得多。[55]

⊙

一旦光合作用介入，地球生命便不再仅仅依赖于它们从地球表面搜刮到的任何化学能量。生命可以从 9 000 万英里外的太阳上氢聚变为氦的过程中吸取更多的能量。我们生存所消耗的一切能量都以光的形式从我们的恒星发射出来，再由植物储存在食物的化学键中。如果没有光合作用，我们的大陆就会像火星一样布满岩石和尘土。但如今它们是绿色的。你不必用新世纪的视角来欣赏这布局的奇迹。但如果你愿意，你可以细细品味弗拉基米尔·维尔纳茨基的话，这位富有远见的苏联地球化学家将光合作用视为“宇宙能量的转化域”。[56]

我们已经看到，一棵植物干重的大约 90% 和一只动物干重的大约 83% 来自二氧化碳。这意味着，最终，你吃的食物、穿的棉布、爬的树、拥抱的朋友基本上是从空气中提取的，并充满了来自太阳的能量。光合作用造就了你曾经交谈过、攀爬过、爱过或吃过的每个生物的大部分。

光合作用也是我们能量的来源。光合作用利用太阳的能量从二氧化碳和水中产生糖（同时排出氧气）。我们则颠倒这个过程，通过燃烧糖和氧气来产生能量（同时排出二氧化碳和水）。我们释放光合作用储存在分子中的能量，用以思考，吹奏大号，跳林迪舞①。光合作用驱动着你的每一次呼吸、每一步。

这种将宇宙能量转化为生命的过程何时首次出现在我们的星球上？你可能会认为光合作用首先在植物中进化而成，但并非如此。它出现在数十亿年前，当时细菌等微生物是我们星球上仅有的居民。这种疯狂的化学反应一旦爆发，便会改变一切。它将给我们的星球带来前所未有的巨大冲击。它将毁灭几乎一切生命，而后才使植物和我们的诞生成为可能。

① 林迪舞是 20 世纪 20 年代末在美国诞生的一种舞蹈，融合了多种舞蹈元素。——译者注

第 9 章

幸运的转机

从海洋浮沫到绿色星球

今天，光合作用支配着我们的星球。[1]

——斯捷普科·戈卢比奇

40 亿年前，地球的大陆看起来沉闷得可怕，上面只有贫瘠的黑色、棕色和灰色岩石。火山向无氧的大气喷吐有毒气体。如果你乘坐时光机去那里，你会立刻窒息。地球上唯有的生命是细菌和其他单细胞生物，它们比英文句号要小得多。然而，如果你快进几十亿年，到距今仅 3.5 亿年，那时的氧气含量就接近我们如今习以为常的 21% 的奢侈水平。海洋里到处是窜来窜去的大型生物。另外，植物已经侵入大陆，并发明了我们的分子抵达我们身体的途径。是什么如此戏剧性地把地球从废土改造成了绿洲？

在所有参与其中的力量里，有一种力量应得首功。直到 20 世纪 60 年代，我们才开始认识到，光合作用就像一种强大的地质力量，以许多奇异且惊人的方式重塑了我们的星球。这些方式一直很奇异。在整个过程中，光合作用可能引发了大规模的灭绝，其影响一度被认为如核浩劫一样严重。[2] 它把地球变成了一个巨大的雪球。它帮助并催生了“不可能”的进化捷径，从而逐步增加了生命的多样性，最终使植物和我们的出现成为可能。科学家如何得知这些发生在很久以前的剧变？光合作用又如何引发了如此大的灾难？

19世纪末，展示其古老的第一条线索出现了。当时，尚未有人发现任何证据能证明寒武纪之前存在生命——我们如今把寒武纪的最早年代定位到约5.5亿年前。[3] 但是1882年冬天，一位名叫查尔斯·沃尔科特的岩石爱好者在大峡谷深处改变了这一切。

沃尔科特在化石天堂长大，后来成为史密森尼学会的主任。在纽约州尤蒂卡，身形瘦长的少年于父母的农场及附近一个属于未来岳父的采石场中收集化石。18岁时，他离开学校，去一家五金店当店员，但他通过阅读教科书，撰写有关化石的科学论文，以及与著名地质学家通信，来滋养自己的热情。他还设法收集到一批古代海洋生物三叶虫的世界顶级化石，把它们卖给了哈佛大学。

沃尔科特拥有的勘探经验最终为他在新成立的美国地质勘探局赢得了一个职位。1882年11月，勘探局局长、探险家约翰·威斯利·鲍威尔要求沃尔科特勘测当时尚无法到达的大峡谷深处。此前，鲍威尔只能乘小木船在漂流而过时瞥见最底层的岩石。他偶尔在“冻人的浓雾和飞旋的雪中”露营，监督修建了一条陡峭的马道，从峡谷边缘直抵3 000英尺以下的温暖区域。[4] 之后，他派遣33岁的沃尔科特带着3个人、足够生存3个月的食物和9头驮物资并装了马鞍的骡子，沿着这条便道直下深谷。[5]

“会有很多雪落在上方的高原上，”鲍威尔告诉他，“你和赶牲口的人要到春天才能离开峡谷。[6] 其间，我希望你能厘清地层序列，并尽可能收集所有化石。祝你好运！”

沃尔科特认为这是一个千载难逢的机会。他早已发现了一些已知的最古老化石，也就是他的三叶虫，它们形似奇怪的甲壳类。而且他知道，由于缺乏远古动物、植物或细菌的化石，达尔文在出版《物种起源》时极其为难。达尔文的批评者以此为证据，声称所有物种都是神创造的。达尔文推测存在过更简单的生物，但若是怀疑论者向他索要证据，他只能嘟囔着说化石很难形成，那些有机体一定非常小，而他希望它们有朝一日会出现。

沃尔科特非常清楚达尔文的困境，当他走下陡峭的便道，进入几乎没有生命的大峡谷时，他一直睁大了眼睛在观察。沃尔科特喜欢这个满布深谷、悬崖，并且只有“岩石—岩石—岩石”的赤红色世界。[7] 他的同伴包括一位化石搜寻者、一位厨师和一位牲畜饲养员，他们并不总是像他那样兴奋。他们沿着 800 英尺高的悬崖缓慢前进。他们的部分路线——南科威普小道，如今被认为是大峡谷中最危险的地段。河流汹涌，河岸过于陡峭而无法行进，于是他们有时不得不自己开辟小路，才能到达最底部的岩石。一头骡子死了，还有两头受了重伤。至少有一次，沃尔科特钢笔里的墨水结冰了，他们被迫把冰块围在火堆边，融成水给他们的动物喝。[8] 最关键的是，那里寂静又孤独。三周后，诸般情况足以令收集化石的同伴沮丧不已，沃尔科特不得不离开了此地。但他本人很高兴来到这里。72 天后他将回来。

一天，他在攀登的过程中被一些岩石的层层线条吸引了。它们看起来就像被切成两半的卷心菜。这些图案看起来如此不同寻常，以至于他确信它们只能是由某种生命造成的，他后来称这些生物为蓝细菌（它们随后被归为藻类）。[9] 它们使他想起在纽约州看过的类似化石。那些化石被命名为隐生藻，意思是“隐藏的生命”，它们源于寒武纪。但大峡谷中这些显现的化石位于更古老的岩层中，因此它们比以往发现的任何化石都要古老得多。

沃尔科特接着在蒙大拿州等地发现了同样古老的隐生藻。其他古生物学家也在前寒武纪岩层中发现了像是化石的不寻常图案。[10] 看起来，人们可能在比寒武纪更古老的岩层中找到最原始生命形式的证据。然而，怀疑论者比比皆是，在一块饱受争议的化石被证明只不过是火山石灰岩中由压力和热量形成的独特矿床之后，人们的质疑更甚。[11]

20 世纪 30 年代，在沃尔科特去世 4 年后，剑桥大学的艾伯特·查尔斯·苏厄德决定加入论战，他是那个时代最具影响力的古植物学家。正如古生物学家威廉·舍普夫所言，苏厄德功败垂成。[12] 在后来被称为“隐生藻争议”的事件中，苏厄德仔细研究了前寒武纪化石的证据，并断定有关原始生物的想法都是一厢情愿。他指出，这些所谓的化石与现存物种没有明显的关系，也没有任何证据表明较大的结构体是由更小的细胞组成的。他认为，沃尔科特的隐生藻的环状图案也可能只是由海底富含钙的泥浆沉积而成。[13] 不仅如此，他还宣称，我们永远不能指望小如细菌的生物能被保存在化石中。[14] 苏厄德发出了一个严厉的警告，告诫科学家要警惕那些声称发现远古化石的过于热切的勘探者。

这样一位杰出人物的警告使地质学家甚至不敢费神在超过 5 亿年的岩层中寻找化石。看起来我们永远不可能找到它们。在许多人心里，生命迟迟才来到地球的想法变成了信念：在地球最初的 40 亿年里，也就是我们的星球存在的前 90% 时间里，根本没有生命存在。事实上，微生物学家斯捷普科·戈卢比奇回忆，许多科学家使用“前寒武纪”一词来表示生命出现之前的岁月。[15] 他们陷入了“现有工具未测出即不存在”的偏见。人们只是缺少一次发现，这却变成认为微小细菌从未存在过的确信。

接着，到了 20 世纪 50 年代中期，一位年轻的澳大利亚研究生布赖恩·洛根和他的地质学教授菲利普·普莱福德探索了偏远的沙克湾，这是澳大利亚西北海岸一个偏僻的咸水潟湖。站在退潮的海滩上，碧绿的浅水呈现出一幅梦境般的奇异景象。数百座高达三英尺的圆柱形石塔密密麻麻地分布着，就像一群坚硬如石的粗糙的巨型蘑菇。在研究这些托尔金式的构造时，他们发现自己找到了理解沃尔科特隐生藻的关键。[16] 他们正在研究的是一些活化石，也是一个谜题的答案：什么事物既死且活？有生命的部分是附着在每根石柱顶部的一层光合蓝细菌。当潮水起起落落时，这层蓝细菌会存贮沉积物。[17] 当蓝细菌死亡时，沉积物仍然困在原地，当新的细菌层在它们上面生长时，它们累积成了海绵状的塔。在原始海洋中，细菌以同样的方式创造了沃尔科特的隐生藻。我们现在称这些石塔为叠层石（stromatolite），这个词源于希腊语的 stroma（层）和 litho（岩石）。如今，叠层石只存在于沙克湾等少数地方，那里的海水太咸，大多数其他生物无法生存。不过，世界各地都发现了古老的叠层石化石。

当澳大利亚地质学家偶然发现活的叠层石时，两位美国地质学家斯坦利·泰勒和埃尔索·巴洪宣布，他们发现了苏厄德声称不可能存在的其他化石。它们是单细胞和多细胞微生物，包括头发状的蓝细菌，并且它们差不多有 20 亿岁。“这让很多人感到震惊，”戈卢比奇说，“我们曾假设生命在寒武纪爆发，之前什么生物都没有。寒武纪被假定为开始。”今天，公认最古老的化石是生活在惊人的 35 亿年前的叠层石和微生物，当时地球形成刚刚 10 亿年。达尔文和沃尔科特一定会对此大吃一惊。

哪种细菌形成了最古老的叠层石？没有人能确定是光合蓝细菌还是它们的祖先，不过蓝细菌至少在 24 亿年前就存在于海洋中了。

你可能早已对蓝细菌很熟悉了。它们是把我们的池塘变得绿油油的讨厌生物。但它们不仅仅是温和的刺激物，还是地球历史上最具颠覆性的生物。地质学家约瑟夫·科什文克曾说，它们是微生物中的布尔什维克，因为它们彻底推翻了当时的体系。[18] 它们的细菌祖先只生活在能找到矿物质食物的地方，但光合蓝细菌只需要水、空气和阳光。它们可以自由地到处扩散，以前所未有的方式在地球上殖民。一旦被释放，这些不起眼的革命者将引发无数变化，使植物和人类的崛起成为可能。

⊙

第一位认识到光合作用对我们星球的超量级影响的是普雷斯

顿·克劳德，这位精瘦的地质学家有一点拿破仑情结，他身高 160 厘米，行动如旋风一般。古生物学家威廉·舍普夫说：“他精力旺盛。”有些人叫他“小将军”。在美国地质勘探局领导一个部门时，克劳德曾把桌椅放在 4 英寸高的板上，以便俯视他的员工。[19] 他曾是美国海军太平洋舰队的次轻量级拳击冠军，在大萧条时期始终在做全职工作，以赚取在乔治·华盛顿大学上夜校的学费。[20] 在哈佛大学、美国地质勘探局等地方承担了一系列工作后，最终，他成为明尼苏达大学地质系的主任。克劳德当时已经 50 多岁，他开始热衷于为极少人思考过的一些事情寻找线索：生命和地球如何相互作用和相互影响。“他抢在别人之前把生命和环境放在一起考虑，”地理生物学家安迪·诺尔对我说，“他试图把不同事物作为一个整体来考虑，在这方面他才华超群。”

克劳德前往加拿大安大略省，寻找泰勒和巴洪发现古菌的秘密岩石位置。[21]（他们对此保密，因为他们仍然希望从那里获得更多发现。）克劳德在岩层上爬来爬去，试图想明白它们为什么看起来那么奇怪。黑色的岩带就像一个巨大的夹心蛋糕，间杂着富铁的红色岩层。他知道这些富含铁的条纹曾经是古老海床的沉积物。类似的构造很有名。明尼苏达州的“铁矿区”有极其厚的红色矿床，直到二战前，美国所有铁产量的 25% 都是从同一个矿坑中开采出来的。克劳德知道全球还有其他富铁岩层，包括南非、澳大利亚和格陵兰岛。他甚至估算了它们的年龄。最厚的富铁岩层有 18 亿到 23 亿的历史。但令他困惑的是：为什么这些庞大的铁矿床会突然出现在世界各地的海底，而后又突兀地结束？

当克劳德意识到这些红色条纹是铁锈时，他终于豁然开朗。什么会使铁生锈？氧气。

这似乎很奇怪。地质学家已经确定，早期地球的大气中没有氧气。然而，正如克劳德所看到的，这些红色岩石在诉说：大约 23 亿年前，地球经历了一次突然的转变。出现了如此多的氧气，以至于海洋中大多数铁颗粒都生锈了。这些铁锈沉到海底，随着时间的推移，在压力下形成了沉积岩。

对于如此多氧气戏剧性的出现，他只能想出一种解释：第一批产氧微生物诞生了。“还能是什么呢？”舍普夫问。他认识克劳德，自己也发现了一些地球上最古老的化石。“我的天啊，那些红色的岩层太厚了，”舍普夫说，他的意思是要形成它们需要大量的氧气，“而我们知道的唯一强劲的氧气来源是生物。”克劳德提出，在海洋中，我们称之为蓝细菌的微小光合作用系统形成了庞大的绿色团簇，令人难以置信地向大气中排放了如此多的氧气，以至于使整个地球表面生锈。首先，氧气使大陆上裸岩中的铁生锈，它们风化，又被雨水和河流冲刷进海洋中。接着，随着蓝细菌继续繁殖，氧气使海底火山和热液喷口沉积的大量铁生锈[①]。最后，等到地球上所有暴露在外的铁都变成了铁锈，大气中的氧含量就开始上升。

一些地质学家称这次氧气激增为大氧化事件。更不祥的称呼是氧化灾变，甚至氧气大屠杀，因为尽管我们认为氧气是生命之源，但它也是有毒的。氧的活性非常强——它拼命地想从其他原子那里窃取电子，因此它可以是一种致命的毒物。你可以看看通过扇风向火中添加氧气时会发生什么。当一个氧分子挣脱它的持有者进入细胞时，它会急切地附着于 DNA 或酶，或者其他什么东西上，然后把工作搞砸。

因此，我们进化出了抗氧化剂——这种分子唯一的作用就是在任性的氧气产生危害之前捕获它。（虽然铜、锌和硒等一些矿物质是抗氧化剂，不过大多数抗氧化剂是由生物体产生的，比如维生素 C。）蓝细菌也进化出了抵抗氧气的能力。但海洋中早已充满了无数其他微生物，对它们来说，氧气有毒。

当庞大的蓝细菌群急速提高大气中的氧气水平时，它们引发了

---

① 我们现在知道一些铁的地层出现得更早。它们很可能是由不能通过光合作用产生氧气的细菌产生的。相反，这些细菌以海洋中漂浮的铁为食，将其转化为另一种形式的铁，然后沉入海底。

地球上第一次大灭绝。在地球历史上最重要的事件之一中，蓝细菌毒死了大多数其他生命（此时，所有生命仍然全是单细胞生物）。“许多种类的微生物立即灭绝了。”[22]微生物学家林恩·马古利斯写道，她曾称之为一场“全球规模的灾难”、一场“氧气大屠杀”。然而到了现在，大多数人并不认为这种影响如此突然（并且他们厌恶使用“大屠杀”这个词）。许多物种可能有时间适应新环境。不过，舍普夫解释道：“规则是要么撤退，要么死亡。”大量细菌一定要么相继死去，要么逃到了海底的热液喷口，要么在远离氧气杀伤范围的地方找到了避难所，比如泥浆中，它们的后代在那里留存至今。

这使蓝细菌统治了地球表面。它们漂浮在海洋中，在浅海床的绿色细菌垫上繁衍生息，并建造了广阔的叠层石城市。我们的星球那时既不是人类的世界也不是植物的世界，甚至不是鱼类的世界，它是蓝细菌的世界。

⊙

通往绿色星球的下一步则是另一场灾难，它是如此古怪，以至于地质学家很难想象还有什么比它更不可能出现。蓝细菌导致了数英里高的冰川出现，许多人认为这些冰川罩住了地球的整个表面，把一切都埋葬在了冰冷的怀抱中。

如果不是远古磁力留下了惊人的证据，科学家可能还对地球历史的这一篇章一无所知。关于这冰天雪地的事件转变，最早的暗示之一出现在1986年，当时，加州理工学院的地质学家约瑟夫·科什文克应要求审阅一篇关于澳大利亚古岩石的论文。科什文克是一位杰出的地质学家，他总是随口说出一些讽刺的评论，也有本事构思出一些富有想象力的大胆理论，其中许多都与他的激情所在——磁力有关。他在帕萨迪纳的“磁实验室”中有定制的设备，能够测量磁力是手持磁铁十亿分之一的磁场。科什文克研究了鸟类大脑中协助它们导航的磁性铁晶体、细菌内协助它们定位的相似颗粒，以及岩石中的铁颗粒。不过，微弱的磁场信号能告诉我们多少关于远古地球生命的信息呢？答案令人吃惊：很多。

科什文克正在审阅的论文的作者提出了一个惊人的说法：他们在澳大利亚岩石中检测到的磁场表明，那些岩石是在赤道形成的。他们的理论是正确的。一些岩石在形成时，内部微小的铁晶体会像即将冻结的细小指南针一样，会指向地球局部磁场的方向。在地球两极处，它们会指向地球中心，而在赤道处，它们的指向是水平的。在澳大利亚的岩石中，晶体的方向是水平的，但这就像在撒哈拉沙漠中找到冰屋一样不可能。这些岩石类型独特，显然是由冰川沉积而成的，但地质学家非常肯定，热带的气候自古以来都温和宜人，适合游泳。

科什文克确实听过一些异议。少数地质学家报告称发现了一些独特的岩石（格格不入的巨石和混杂的岩石碎片），证据表明它们被冰川搬运过。但这些人的说法早就被驳回了。20 世纪 60 年代，新的板块构造理论为冰川岩石如何出现在热带提供了一个简单的解释：它们在寒冷的纬度上形成，而后被漂移的大陆带到赤道。

科什文克还有一个理由对作者的说法表示怀疑。他知道，如果岩石形成后被埋到地下很深的地方，然后再次升温，岩石中微小铁晶体的指向可能就会发生变化。然而，赤道究竟是否曾有过冰川，这个问题继续困扰着科什文克，因为他意识到自己可以执行更明确的测试。他决定分析来自澳大利亚同一地点的另一块岩石。如果压力曾折叠并加热了它的岩层，其微小的重新磁化的晶体将全都指向同一个方向。然而，如果岩石没有被重新加热，晶体的方向就会随着岩层的弯曲而改变。

科什文克很确定，他将发现岩石已被重新磁化。

但他错了。磁场信号随着褶皱的变化而改变。这一迹象很可能在告诉他，这些岩石是在赤道形成的，也就意味着赤道可能曾经有过冰川。

这是挑衅性的，但很难说是结论。之后，科什文克吃惊地发现了一个有趣的联系。他在加拿大见过同样年龄的冰川岩石，大约有7亿年的历史，和澳大利亚的岩石一样，它们都伴生有厚厚的红色岩层。它们很像24亿年前到18亿年前形成的铁带，那时的氧气使海洋中的铁生锈。

为什么这些红色岩层突然又出现了？就在那时，科什文克意识到整个地球一定都曾被冰覆盖。“这意味着你必须冻结整颗星球，遮盖海洋。”他说。就算光合作用真的停止了，也不能阻止深海喷口继续将铁喷入水中。等到光合作用恢复时，大量喷发的新氧气会使铁生锈，形成一片红色岩层。

不过，科什文克有质疑的理由。20世纪60年代初恰好是大气层原子弹试验的鼎盛时期，科学家担心核武器会破坏我们整个星球的气候稳定。苏联地球科学家米哈伊尔·布德科甚至为此建立了一个模型。[23]令人担忧的是，这个模型表明，的确有可能发生整个地球被冰覆盖的情况。如果地球降温太多，并且冰川过于接近赤道，地球就会陷入失控的冷却循环。白色的冰会反射过多的太阳热量，致使冷却急骤加速。冰川会挪动着更加靠近赤道，在一个反馈回路中反射更多的热量，不知不觉间，整个地球就被冻结。一切都被冻结，不仅有大陆，还有海洋。布德科称之为“冰灾”，因为他的计算表明，如果这种情况真的发生，那将回天乏术：我们的星球将永远被冰包裹。

科什文克意识到，永恒的冰期自然从未发生过，但他无法摆脱各种烦人的问题。他想知道，我们是否有可能应该从外表来判断这些岩石？如果赤道曾经被冰覆盖，我们的星球是如何逃离那致命寒冬的？一天晚上，他梦见自己被困在一个冰封世界的海中。“我在水下，”他说，“担心着：‘天啊，我们怎么才能逃出去？’”

早上醒来时，答案就来敲门了。他意识到，即使冰川包裹了整个地球，也无法阻止炽热的岩浆驱动火山爆发。“火山根本不在乎那些冰。它们立在那里喷吐，不关心冰块是包围了格陵兰岛还是冰岛。”火山会喷出二氧化碳，这种温室气体会聚集在大气中。最终，在一个可以被视为全球变暖的极端情况下，大气变得极其炎热，迫使热带冰川迅速滚到高纬度地区。因此，科什文克认识到，地球终究还是有可能逃脱深度冻结的。

但是，最初究竟是什么让我们的星球处于冻结状态呢？令人惊讶的是，科什文克获悉的证据表明，全球范围的冻结发生过不止 1 次，而是至少 3 次。最后两次分别发生在大约 7 亿年前和 6.4 亿年前。但第一次冻结要久远得多，发生在大约 24 亿年前，关于它发生的原因，科什文克只能想到一种可能的解释。就像普雷斯顿 · 克劳德发现的那样，在蓝细菌往大气中释放氧气后不久，这次冻结就可疑地发生了。光合作用会让地球陷入全球冻结的深渊吗？

科什文克深入思考，察觉到地球早期的大气中含有大量甲烷，这种温室气体比二氧化碳能更有效地捕获热量。当蓝细菌开始势不可当地大量生长并释放氧气时，它们不仅使地球生锈，并杀死或驱逐大多数其他细菌，并且这些氧气也会将甲烷转化为二氧化碳和水，从而去除地球的隔热层。氧气可以让地球的气候陷入冻结的混乱状态。

这看似疯狂的理论却与事实相符，科什文克满意之余，给它起了一个朗朗上口的名字——雪球地球。他似乎已经确定光合作用引发了地球史上最极端的事件之一。但不幸的是，他关于该主题的第一篇文章一开始就像沉积岩一样被埋没了。他把它提交给了一本关于早期地球的论文集，这本 1 400 页的书 4 年后才出版。

然而到了 1989 年，在华盛顿特区举行的国际地质大会的晚宴上，科什文克碰巧向哈佛大学地质学家保罗 · 霍夫曼提到了自己的理论。几年后，霍夫曼在纳米比亚进行实地考察时，开始认真思考这个问题。他恍然大悟，原来他在曾经靠近赤道的陆地上看到了具有冰川沉积物特征的岩石——钟乳石和岩石碎片的堆积物。并且，在它们上方的另一种岩层令他大为吃惊，那是厚厚的白色碳酸钙岩层。回到哈佛大学后，霍夫曼和同事丹尼尔·施拉格在深夜进行头脑风暴，他们绞尽脑汁，差不多把自己扭成了椒盐卷饼，试图弄清楚碳酸钙岩层可能是如何形成的。[24] 最后，他们认为他们那些古怪的想法中，有一个实际上与科什文克的理论相吻合。

他们觉察到，在雪球地球的末期，冰层的消融将会造成地球有史以来最恶劣的天气。高耸的冰川在富含隔热 CO_2 的极高温大气下迅速退缩，这种冲突会引发狂暴的超级飓风。海洋会陷入疯狂状态。高达 300 英尺的海浪会搅动空气中大量的二氧化碳和水，形成酸雨。这将使岩石迅速风化，在海洋中沉积出厚厚的碳酸钙岩层。

霍夫曼坚信其证据确凿，便开始在大学里反复演讲，试图说服他的同事们，如果他们在“雪球地球”连续剧的某一集里走在赤道上，他们将面临零下 50 华氏度的低温，冷到足以冻结裸露的皮肤，而他们如果想触及坚硬的岩石，就必须凿穿一英里厚的冰层。你可以猜到他们的反应：肆无忌惮的怀疑。非凡的主张需要非凡的证据。同行尚未被这些证据说服。不过，他们也在与“太离奇以至于不可能为真”的偏见做斗争（当爱因斯坦拒绝宇宙膨胀的可能时，他也深受同种偏见之害）。一个完全被冰覆盖的星球实在太难以想象。但是到了今天，“雪球地球”的概念已被广泛接受。唯一的问题是，冰川是否覆盖了地球的每一个角落，将它裹成了一整颗冰雪球，还是说地球只是一个雪泥球，在赤道区域仍有裸露的斑块。不管怎样，现在生物体内的大多数分子都曾经被埋在被冰层覆盖的海洋和岩石中。

事实上，科什文克认为蓝细菌几乎把我们送进了永恒的深度冻结。“我们非常幸运，地球没有离太阳更远一点点，”他说，“因为我们如果离火星再近一点，就无法摆脱永久冻结的命运。”[25] 相反，在数千万年中，火山喷出了足够多的二氧化碳，重新温暖了星球，打破了冰的魔咒。

这场灾难是如何影响进化进程的？这很难说。雪球地球仅仅是放缓了进化吗？还是促进了它？两种观点都有人提过。当然，当地球被冻结时，大多数细菌和其他微生物都被抹杀了，但有一些微生物在火山温泉、深海喷口和其他偏远区域幸存了下来。而且，它们的孤绝以及必须适应的恶劣环境有可能刺激了基因创新。没有人能断言……暂时没有。

我们确切知道的是，当雪球地球结束时，蓝细菌再次自由地到处传播。不久之后，至少在大约 21 亿年前，化石记录中突然出现了一种不同寻常的新型细胞，它将再次改变世界。

⊙

这位新成员被称为真核细胞，它体现了复杂性的惊人飞跃，比从三轮车到航天飞机的飞跃还要大。从炮弹树到多棘的龙蜥蜴，所有的多细胞生物都是由真核细胞构成的。它们的体积通常比细菌大 1.5 万倍，几乎所有成员都比细菌拥有多得多的基因。另外，细菌将基因排列在同一个环中，这个环在细胞质中与其他物质相互碰撞，而真核生物与细菌不同，它们将自己的基因隔离在细胞核中加以保护（因此细胞核被命名为“karyon”，在希腊语中是“坚果”的意思）。不过真核生物还充满了许多其他革命性的特征。比如细胞器，它们是专业工厂，在工作效率和规模方面都超出细菌，它们的工作包括燃烧糖和氧以产生能量、处理废物，藻类和植物的细胞器还能进行光合作用。真核生物还有复杂的货物运输系统，就像高速公路上的卡车一样穿梭着运送分子。这些细胞如何实现了如此巨大的进化飞跃？

这个奇异的答案来自一位思想自由的微生物学家——林恩·马古利斯，她喜欢扮演革命者的角色。她在很长时间里被奚落为疯子，被鄙视为怪人。然而，就像一个曾经被蔑视的预言者一样，她将来会得到认可，因为她发现蓝细菌及其释放的氧气以一些令人吃惊的方式帮助了植物祖先，以及你我这样的生物诞生。

马古利斯充满热情，心直口快，并且超越了自己的时代。她有能力与生物学界最杰出的人辩论并胜过他们。一些同事（主要是男性）还认为她傲慢又急躁。[26]“林恩很擅长激怒别人，”她的朋友、微生物学家弗雷德·施皮格尔告诉我，“她总是跳出思维定式，永远都在推进。她会挑别人的毛病。而他们就要证明她错了，但往往做不到。”[27]她的冰箱上贴着乔治·巴顿将军的一句话：“如果每个人的想法都一样，那一定有人没在思考。”“她喜欢惹麻烦，”她的儿子、作家多里昂·萨根写道，“但这种麻烦并非没有目的。”[28]

林恩也许是因为早熟才走上通往麻烦的道路。她原名叫林恩·亚历山大。她的母亲在芝加哥经营一家旅行社，父亲是律师及商人。她的父母酗酒，经常吵架。林恩逃向书本，学习自然知识，成长为知识分子。

1952年，14岁的她没有告诉父母，就参加了芝加哥大学的入学考试。[29]她被录取了。两年后，她在数学楼的楼梯上结实地撞上了一位英俊的校园“大人物”，他名叫卡尔·萨根。[30]他20岁，是一名能言善辩的物理学研究生，他对科学无法抗拒的热情鼓舞了她，并巩固了她自己的热情。她毕业一周后，他们结婚了。

在威斯康星大学麦迪逊分校攻读遗传学硕士学位时，她偶然有了一个想法，而它将伴随她一生。她被两种细胞器迷住了：进行光合作用的叶绿体，在动植物细胞中燃烧糖来产生能量的线粒体。令她着迷的是，她的一位教授声称，这些细胞器与自由生活的细菌非常相似，以至于他怀疑它们曾经也是细菌。[31]他认为它们甚至可能有自己的DNA，这将证明它们的祖先曾独立生活。

1960年，林恩和萨根从威斯康星州搬到加州大学伯克利分校，她在那里攻读博士学位。尽管论文导师持怀疑态度，但林恩坚持寻找证据，要证明单细胞光合微生物裸藻的叶绿体中含有自己的 DNA。[32] 大多数遗传学家都不明白为什么会有人为此费心思。一位教授对她说，这就像寻找圣诞老人一样。[33] 遗传学长期以来都有一个核心信条：如果一个细胞有一个细胞核，那么它的所有基因都被隔绝在细胞核内——只有这些基因决定生物体的遗传。如果一个叶绿体竟然侥幸含有 DNA，那这些基因一定是从细胞核中逃逸出来的，不再有任何重要性。

然而，林恩读到，从 19 世纪 80 年代到 20 世纪 20 年代，有些早期科学家声称线粒体或叶绿体起源于细菌。他们包括德国人安德烈亚斯·申佩尔、法国人保罗·波尔捷、俄国人康斯坦丁·梅列什科夫斯基，还有美国人伊万·沃林。沃林甚至声称他可以从细胞中去除线粒体，并将这些线粒体培养成自由生物。（他做不到。）

大多数科学家否定了线粒体和叶绿体曾是独立细菌的推测。这看起来太令人难以置信了。它们当然是在细胞内从无到有进化而来的，就像其中所有其他结构一样。研究者还有另一个怀疑的理由。直到 20 世纪 60 年代，细菌都以传播炭疽、鼠疫、肺结核和梅毒等恶性病著称。怎么会有人认为我们细胞中的线粒体源于细菌呢？这听起来实在令人讨厌。“太离奇以至于不可能为真”的偏见又一次动摇了科学家的思想。

某天，林恩坐在图书馆里看书时，突然有了顿悟。[34] 沃林 1922 年出版了《共生论与物种起源》，这本书的书名能说明这一切吗？共生即生物体之间的互利合作，它是进化中许多伟大飞跃的原因吗？也许共生解释了线粒体、叶绿体等进化飞跃的起源。她回忆，这个想法像闪电一样击中了她。[35] 但她能找到证据吗？

可悲的是，此时她的另一种激情正在消退。她和卡尔·萨根都从事科学事业，他非常支持她的工作，只要不占用他自己的工作时间。像大多数 20 世纪 50 年代的丈夫一样，萨根“从未换过一片尿布”，他指望她做饭、打扫、照顾两个孩子、付账单。[36] 而且，尽管萨根才华横溢、魅力非凡，但他始终招蜂引蝶的状态令林恩不堪重负，这进一步增添了婚姻的困难。（她后来写道，她的婚姻是“一间刑讯室”[37]。）她离开了他，而后在 1963 年她去哈佛大学时与他重聚，但不到一年又离开了他。她很快嫁给了波士顿的一位晶体学家，并采用了新伴侣的姓氏：马古利斯。

马古利斯此时还没有获得博士学位，但她渴望捍卫她的观点：线粒体、叶绿体以及纤毛（驱动精子等细胞的微小毛发状结构）是从以前自立自强的细菌进化而来的。至此为止，她在威斯康星大学的教授汉斯·里斯和沃尔特·普劳特已经强化了这个观点。他们从电子显微镜中瞥见了叶绿体内的 DNA 链，它们形似细菌的 DNA。此外，瑞典的两位科学家也在线粒体内看见了 DNA。[38] 然而，两组研究人员都没有花太多精力去说服同事，让他们相信这些细胞器曾独立生活，而马古利斯将要这么做。

她在布兰迪斯大学教书，兼做其他工作，还要照顾孩子，但与此同时，她设法挤出时间写了一篇详尽的论文，将来自许多不同领域的相关证据汇编在一起。这件事本身就很不寻常。在伯克利，她一直震惊于所谓“学术上的种族隔离”。她很少看到科学家偏离他们狭窄的研究赛道。细胞生物学家不与遗传学家交谈，更不用说地质学家或古生物学家了。

马古利斯跟每个人交谈。她创造了一种远古进化的叙事，用微生物学、生物化学、地质学和古生物学的证据来支持它。

那是 20 世纪 60 年代中期，普雷斯顿·克劳德刚刚提出他的观点：大约 23 亿年前，光合细菌突然向大气中注入了氧气。马古利斯认为，之后不久，一种古老的细菌在利用氧气制造能量方面变得绝顶高效。犹如命中注定，其中一个细胞不知何故被另一个细胞摄入了，奇怪的是，被包裹的细胞并没有被踢出去或当作晚餐消化。相反，它活了下来，细胞及其俘虏出人意料地快乐同居了。这个吞噬细胞为它的天才新同伴提供了食物，后者可以用氧气燃烧糖，从而更有效地为双方产生能量。这是双赢的。马古利斯认为，俘虏进化成了能量生产工厂——线粒体。而联合体的后代成了第一批真核细胞，是包括我们在内的所有动植物的祖先。“本质上，”微生物学家约翰·阿奇博尔德说，“她是在声称就连人类的单个细胞也是一个联合体。”①

马古利斯进一步声称，过了一段时间，一种非常擅长光合作用的蓝细菌以同样的方式进入了一种真核细胞。该蓝细菌的后代变成了叶绿体，它们合并而成的细胞是所有植物的祖先。

她接连数年向各个期刊提交她 49 页的论文，但都没有成功发表。她的经费申请也没有好到哪里去。“你的研究是垃圾，不要再费心申请了。”[39] 一位审查者写道。但她固执地不肯放弃。1967 年，被拒绝了 15 次之后，她的论文《论有丝分裂细胞的起源》终于发表了。

它引起了很多关注，不过大多数同行都对她的研究不屑一顾，甚至加以嘲笑。它被认为是边缘科学。原因之一是，当马古利斯自信、热烈、充满激情时，一些同事就认为她是个脾气暴躁的粗鲁女人。但冲突的关键在于，许多科学家无法接受进化会采取这样一条捷径，这几乎像作弊。生物学家长久以来一致认为，进化的唯一驱动力是基因的逐步突变。一位批评者指责马古利斯的理论是“倒退的”，因为“要了解线粒体和叶绿体如何通过微小的步骤进化而来，必须经过艰难的思考，该理论回避了这种思考”[40]。它声称进化中一些最重要的飞跃之所以会发生，是因为一种单细胞生物被另一种生物吞噬或奴役了，这似乎很可笑。

马古利斯巧妙地反问：你如何解释线粒体和叶绿体为何有自己的 DNA？生物学家早就知道，这两种细胞器能独立于它们的细胞进行复制，这又是为什么？她坚持认为，进化可以通过协作来促进，而不仅

① 现在大多数科学家认为，这种合并发生在两大类微生物之间。一种被称为古菌的单细胞生物吞下了一种古老的细菌，双方都给它们创造的新细胞带来了不同的东西。

仅是通过血淋淋的竞争。在撰写这篇开创性的论文时，她咨询过古生物学家威廉·舍普夫，他告诉我："坦率地说，它看起来是一个轻率的想法，因为它不是人们认为进化应该采用的方式。她很有勇气。反对者真的很多。"多年来，她始终在反抗，并且孤立无援。

到了1975年，就在这个问题看似将没完没了地争论下去时，一种新的工具——基因测序出现了。研究人员可以切实地比对叶绿体和蓝细菌的RNA。结果证明它们非常相似。1977年，人们对线粒体和细菌的RNA进行了比对，发现它们也是相关的。马古利斯兴高采烈。这是胜利的时刻。

不过，她在一个主要问题上错了。为了找到更多共生的例子，她还声称纤毛——一些真核细胞中摆动的附器，是由于与可以游动的细菌结合而产生的。这一理论并不成立，但是她关于叶绿体和线粒体起源的观点却惊人地正确①。她认为共生解释了所有进化过程中两个最重要的飞跃，这一观点经受住了时间的考验。

这一观点影响深远。马古利斯说，细菌是"地球历史上最伟大的化学发明家"[41]。它们创造了叶绿体，使植物得以出现。细菌和它们的微生物亲戚古菌，在我们的细胞中发明了基本的化学过程：它们学会了制造糖、核酸、氨基酸、蛋白质、脂肪和细胞膜。被称为线粒体的前细菌的巨大菌落甚至为我们提供能量。"这可能是对我们集体自尊的打击，"马古利斯写道，"但我们并不是进化阶梯顶端的生命之主。"[42] 相反，"在表面的差异之下，我们全都是行走的细菌群落"。有些人喜欢用另一种方式来总结我们与微生物的关系："细菌就是我们。"

像爱因斯坦和天体物理学家弗雷德·霍伊尔一样，马古利斯在直面激烈质疑做出重大突破后，到了晚年更加依赖于直觉。微生物学家约翰·阿奇博尔德说："随着事业的发展，她越来越少接触一线研究人

① 今天我们知道，我们的线粒体只从母亲的卵子中遗传。这使线粒体DNA在追踪母系血统方面特别有用。

员得出的数据。她更喜欢从基本原理出发，形成自己的观点。”[43] 再加上她的无畏精神，这些特质使她支持了一些有问题的科学理论，比如盖亚假说，这个假说认为地球是一个自我调控的有机体。马古利斯还提出了更可疑的观点，比如声称是梅毒细菌导致了艾滋病。但不可否认的是，她激发了海量卓有成效的研究，并且让我们大开眼界，看到复杂细胞的进化是如何突然向前飞跃的。

在澳大利亚、中国等地出土的化石支持了她的说法。它们揭示，在 17 亿年前，甚至可能更早——在我们的大气中有了氧气，我们的星球不再被冰包裹之后，真核细胞首次出现在了化石记录中。[44]

尽管并非所有人都认同，但生物化学家尼克·莱恩和微生物学家威廉·马丁认为，如果不是一个细胞吞噬了另一个细胞，真核细胞就永远不会进化出复杂特征。这是整个进化过程中最重要的一步，他们认为这只发生过一次。被摄入的细菌能比宿主产生多得多的能量。正如莱恩和马丁所理解的，细菌的后代——线粒体维护起来成本很低。一个人类线粒体只需维持大约 38 个基因，而其远古祖先可能拥有 3 000 个基因。[45] 如今的细胞核拥有我们的线粒体所需的所有其他基因。所以，如果一个细胞需要更多的能量，制造新的线粒体并不需要消耗太多。[46] 这使得我们的细胞能够在没有太多能量的情况下维持庞大的线粒体群。莱恩和马丁认为，一旦线粒体给细胞注入超级能量，它们最终就有条件创造出更多的基因，并利用这些基因来发明精细的新结构和过程。

你每天大约要呼吸 20 000 次，只是为了给这些前细菌提供氧气，以便它们燃烧糖为你生产能量。如果你把自己所有的线粒体挨个儿并排展开，它们可以覆盖两个篮球场。总共大约有 1 000 万亿个线粒体支持你的行动能力。[47]

如果线粒体的祖先——一个自由生活的细菌，没能在另一个细胞中找到安家之处，进化会停滞吗？我们会全都还是单细胞生物吗？

莱恩和马丁是这么认为的，因为在过去的30亿年里，细菌和它们的单细胞亲戚古菌看起来基本没有变化。莱恩和马丁以及行星科学家戴维·卡特林认为，如果我们在宇宙其他地方发现生命，它很可能是乏味的。它将会看起来像微生物——除非其他地方的进化也以同样大胆的共生飞跃创造了细胞的复杂性。[48]

古代藻类化石（比如1990年在加拿大北极地区萨默塞特岛发现的那些）表明，马古利斯关于下一次飞跃的预测也是正确的。它们的年龄表明，在大约12.5亿年前或更早的时候，一个真核细胞吞下了一个擅长光合作用的蓝细菌。[49]用尼克·莱恩的话说，这一罕见的"相当怪诞"的事件影响深远。蓝细菌进化成叶绿体，这种合并的后代进化成藻类，即植物的祖先。如果没有这种共生结合，植物（和人类）很可能不会在地球上存在。

⊙

这种新的认识又给科学家留下了一个令人摸不着头脑的新问题。至少在17.5亿年前，真核细胞——植物、动物和人类的祖先，就快乐地漂浮在海洋中了。到了大约12.5亿年前，藻类，即植物更晚近的祖先，出现了。此外，我们知道进化可以推进得非常迅速，我们和我们那些在恐龙脚下胆怯奔逃的小型哺乳动物祖先只相隔了7 000万年。然而，直到大约5.4亿年前，行动快速的大型海洋动物才出现。[50]直到更晚的时候，大约5亿年前，植物才出现在大陆上。它们为什么花了这么长时间？为什么在如此漫长的一段时间里，看起来几乎没有发生什么事情，以至于有人称之为"无聊的10亿年"？

20世纪90年代，进化看似怠惰的一个原因变得显而易见。没有氧气，你就走不快。当地质学家想出新技术，从古岩石中分离出氧含量相关的线索时，他们有了一个惊人的发现：直到大约7亿年前，我们大气中的氧气含量还远低于1%，而不是我们今天享受的21%。[51]直到大约 5.4 亿年前，大气中的氧气含量才在 5% ~ 10%，海洋氧气含量才终于高到足以支持大型活跃生物的生存。在那之前，它们根本无法呼吸。

为什么地球上的氧含量在如此长时间内始终处于如此低的水平？研究者仍在应对无数相互矛盾的理论。要了解目前最受欢迎的一种理论，你只需要看看堵塞池塘和湖泊的烦人的绿色浮沫——藻类和蓝细菌的水华。当富含磷和氮的肥料排入水中时，这些生物会迅速繁殖。所有生物体都需要这两种元素来制造细胞膜、蛋白质和 DNA。磷在小分子能量单元的生产中也起着重要作用，这些能量单元为我们细胞的活动提供燃料。没有磷和氮，什么都不能生长。

好了，在 10 亿年前的海洋中找到氮可能不是什么大问题。蓝细菌很早以前就知道如何把氮从大气中提取出来。

然而，研究人员意识到，磷可能更难找到。这是因为，数十亿年前，当地球从熔融的球体状态冷却下来时，磷上升，并硬化成一块块非常轻的岩石，它们只存在于大陆上。进入生命最初进化的地方——海洋的磷都只是碎屑，是上述稀有岩石风化后的径流。2016 年，一组来自佐治亚理工学院、耶鲁大学和加州大学河滨分校的科学家决心研究古代的磷的水平。他们煞费苦心地分析了来自全球各地的 1.5 万多个古代海洋岩石样本，发现直到 8 亿年前，磷的水平还一直很低。[52] 没有更多的磷，于是更多光合生物的存在、大气和海洋中更高的氧气水平，以及更大、更活跃动物的进化都被搁置了。可能正是由于缺少一种关键成分，行动快速的大型生物的出现才推迟了数亿年。它们必须耐心等待锁在地壳中的磷出现[①]。

那么，这种至关重要的矿物质最终是被什么从陆地上解放出来的

① 许多科学家警告，在某个时候，可能在几百年后，我们也将面临磷危机。我们肥料中的大部分磷来自沉积物，而我们正在迅速消耗它们。在未来的某个时刻，我们可能要四处搜寻足够的磷，来为世界上急速增长的人口提供食物。

呢？很可能是一次对大陆的研磨。熔岩流可能把一些磷带到地表，再由风化过程释放出来。同样做出贡献的还有7.7亿年前雪球地球反复出现的插曲，以及大约6.35亿年前的最后一次研磨。当1英里高的冰川移向又离开赤道时，冰川底部的岩石碎片像砂纸一样研磨下方可怜的山脉，粉碎了大量的磷和其他矿物质，并把它们卷入海洋。就像营养丰富的肥料一样，这些沉积物促进了海洋表面绿藻和蓝细菌的大量繁殖，它们的数量如此之大，以至于可能提高了大气中的氧气含量，最终使活跃的大型耗氧动物的进化成为可能①。

顺便提一句，行星科学家戴维·卡特林认为，如果宇宙其他地方存在智慧生物，它们也会呼吸氧气。这是因为除了氧之外，能产生这么多能量的分子只有氟和氯，前者能使有机物爆炸，后者会破坏有机物。因此，他认为太空他处的任何同时代生物也必须以氧为燃料，这些氧由光合作用分解水而产生。这意味着科幻老电影可能是对的。外星人如果走出宇宙飞船，会觉得宾至如归。

在地球上，经过相对较少发生意外的10亿年后，无聊的10亿年突然结束了。我们的含氧海洋中出现了第一批动物，比大陆上进化出植物还要早几亿年。它们出现在七八亿年前——大约在雪球地球时，此时磷和氧变得更加丰富——不过，动物的出现和这些是否直接相关，人们还在激烈争论。

谁是我们最早的动物祖先？这个有趣的问题存在分歧。我们知道，它们是一种无法自行制造食物的生物（光合生物可以从空气、水和阳光中制造食物），但它们很乐意吃那些能制造食物的生物。许多科学家认为我们起源于栉水母，这是一种类似于水母的生物。但我喜欢被普

① 地质学家会想让你知道，氧气的增加不仅仅来自更多的光合作用。这是因为，在全球范围内，光合作用、呼吸作用与降解作用完全平衡。光合作用每从空气中吸收一个二氧化碳分子，就会释放一个氧分子。在呼吸和降解的过程中，情况正好相反：消耗氧气，释放二氧化碳。因此，只有蓝细菌等吸收二氧化碳的生物被阻止降解并将氧气释放到空气中，大气中的氧气水平才能上升。幸运的是，这发生了。数百万年前，大量有机物沉入海底，被掩埋成石油和天然气的矿床。不幸的是，当我们燃烧这些化石燃料时，二氧化碳被还给了大气，使地球变暖——这是我们今天面临的一个麻烦的事实。

遍接受的理论，即我们的第一个动物祖先是海绵。每次洗澡时，我都会停一会儿，细细体会我们已走过的路程。

海绵不需要追逐猎物，所以它们不需要大量的氧气。但是四处漫游的动物需要。所以，在雪球地球的最后一段寒冷时期之后，当海洋有了更多氧气时，进化的速度风驰电掣。大约 5.75 亿年前，大型动物出现了。“此时，第一批真正的动物出现了，”地质学家蒂姆·莱昂斯解释道，“巨大的身体和强的运动性是高氧水平带来的奢侈品。”氧气也使它们能够制造胶原蛋白，这是一种强大而灵活的蛋白质，可以将甲壳、骨骼和组织结合在一起。我们在很大程度上归功于这一创新，我们体内大约 30% 的蛋白质是胶原蛋白（它的英文“collagen”源于希腊语中的“glue”，意为胶水）。[53] 大部分胶原蛋白存在于我们的软骨、肌腱、骨骼、皮肤和肌肉中。氧气给动物注入能量，也让它们成为一个整体。终于，到了大约 5.1 亿年前，古鱼开始摆动鱼鳍偷偷靠近其他鱼。肉食性鱼类以较小的游泳动物为食，后者又以光合藻类和蓝细菌为食。为我们提供大量食物的海洋食物链终于建立起来了。

但是光合作用还没有改造完我们的星球。接下来登场的是植物。光合作用已经用一种深刻的方式改变了地球，这个事实使植物的露面不那么惊人。20 多亿年前，光合作用将氧气引入空气，此时，高空大气中的 O_2 吸收紫外线后形成薄薄的臭氧层（O_3）[①]。非常幸运的是，臭氧为地球撑起了一层屏障，为地表屏蔽了 98% 的紫外线，否则紫外线会像剃刀一样切碎有机分子。这使任何有进取心的生命能更安全地离开海洋。7 亿年前至 5 亿年前的某个时候，藻类接受了这一挑战，开始入侵岩石大陆。它们最终将进化成藓类和苔类等原始植物，接着进化成陆生植物。

一旦植物遍布大陆，它们就会使氧气含量飙升。在三四亿年前，

① 19 世纪，科学家通过分析来自太阳的连续光谱，推测出臭氧层的存在。有一小段波长不见了，而它正好对应于臭氧反射的波长，于是他们意识到地球必须被臭氧层包围，臭氧层吸收致命的紫外线。

这最后一次非同寻常的氧气倾注使鱼类得以从海洋中蠕动出来，使它们行动迅速且急需氧气的后代，比如我们，得以在陆地上生活。氧气含量从大约 10% 上升到惊人的 30%～35%，而后下降到 21%，这是我们今天习惯的水平。[54] 每年，光合作用向我们的大气层中泵入数千亿吨的氧气，你消耗了其中的大约 36 000 加仑①。[55] 你呼吸的氧气大约有一半是由各种藻类包括蓝细菌产生的。至于另外一半，你可以给陆生植物寄一封情书。

⊙

在 20 多亿年的时间里，光合作用改造了我们的星球，使它从一个大陆形似火星且海洋中只有单细胞生物的世界，变成了一个充满各种旺盛生命的蓝绿色星球。我们很难不对光合作用造成的巨大变化赋以狂热的赞颂。蓝细菌释放的有毒氧气使地球生锈，杀死或赶走了蓝细菌的竞争对手。它们广泛传播，向大气中注入大量火箭燃料——氧气。突然间，充满线粒体的活力满满的新细胞出现了。它们可以产生更多的能量，构建更多的基因和蛋白质，有了这些，生命的复杂性爆发了。其中一些细胞在光合作用工厂或叶绿体的帮助下，竟然将氧气浓度提升到了更高水平。此后，海洋中出现了凶猛的食肉动物和令人眼花缭乱的生态系统，而光合植物开始把大陆变为绿色。

与此同时，由于我们的大气充满了氧，生物体内的主要原子就被卷入了一台巨大的搅拌机中。碳、氮、磷、硫和氧在大气和水中流动，组装成生物，沉入海底，在板块构造作用下被推入地球深处，又在火山爆发和板块推来挤去的过程中被再度排出，而后又一次出现在植物

① 加仑是英美两国使用的容积单位，1 英制加仑≈ 4.546 升，1 美制加仑≈ 3.785 升。——编者注

和其他生命形式中[①]。

当然，横扫各大陆的古老绿色植物最后以一种终极方式使我们得以存在。虽然人类体内约 15% 的蛋白质源自鱼类，但建构我们大多数人的食物主要来自陆生植物。它们制造了我们身体的基本单元。如果没有植物所积累的营养物质，你就不会存在。

但是，在植物有能力制造这些营养物质之前，它们必须完成一项不可能完成的任务：征服大陆上坚硬的裸露岩石。这个挑战听起来就像用混凝土做面包一样容易，植物是如何应对的？尝试解开这个谜题的科学家会发现，部分答案是，事实证明，植物比它们表现出来的样子更聪明，也许有人会说，更有智慧。

① 正是对生命与地球表面化学和地质之间这种非凡平衡行为的领会，激发了英国科学家詹姆斯·拉夫洛克和林恩·马古利斯提出有争议的盖亚假说。很少有科学家接受拉夫洛克的说法，即地球本身是一个活的超有机体。不过，几乎所有人都同意，包括光合作用、呼吸作用、矿物循环和板块构造在内的自校正反馈循环在地球上创造了独特的条件，使它成为宜居的星球。

第 10 章

播种

绿色植物及其盟友如何使我们得以存在

难道我不会分享大地的智慧？

难道我不曾赋有绿叶与草木的秉性？[1]

——亨利 · 戴维 · 梭罗，《瓦尔登湖》①

1867 年 9 月 10 日，瑞士自然历史学会年会在瑞士莱茵费尔登召开，这个宁静的小镇有盐浴和如画的高塔。在会议上，一位名叫西蒙 · 施文德纳的温文尔雅的植物学家公布了一个爆炸性的消息。38 岁的施文德纳心地善良，是个蓄着络腮胡子的单身汉，他写诗，有一个敏感的灵魂。然而，他并不回避为自己的信念进行激烈的辩护。[2] 在卡尔 · 马克思发表《资本论》的同年，施文德纳提出了一个在地衣学家看来同样具有革命性的理论。它引发了愤怒和愤慨的冲击波。但我们现在已经知道，他那关于地衣并不像它们看起来的那样的激进观点，有助于解释植物如何完成了一项真正惊人的壮举。

可以说，植物统治着世界。虽然我们通常不怎么注意它们，但它

① 此处引用的译文出自译林出版社 2018 年出版的《瓦尔登湖》（纪念版），仲泽译。后文中出现的《瓦尔登湖》引文均选自上述版本。——译者注

们占地球生物量的80%左右，而陆生动物只占不到千分之一。[3]（单细胞生物和真菌构成了剩下的大部分。）植物覆盖了地球上所有不结冰或不过于干燥的表面。然而，直到5亿年前，地球上还一棵植物都没有。真的没有。我们广袤大陆上的山脉、山谷和平原上全是冰冷坚硬的岩石：荒凉空旷、狂风肆虐、死气沉沉。但植物用某种方法，从这石头、空气和水里变出了一幅生机勃勃的生命织锦。它们是怎样完成了如此难如登天的壮举，从而彻底改变了整个大陆？

西蒙·施文德纳将帮助回答这个问题，不过他很应景地打算先以种植植物为生。他父亲是个不太富足的农民，鼓励他在行政部门找一份舒适的工作，但施文德纳却被科学吸引。他追随了自己的激情，不过后来他惆怅地向一位同事吐露，这位研究员多年来微薄的薪水使他无法结婚。[4]获得博士学位后，他开始与瑞士的一位显微镜大师共事。显微镜打开了未知的视野，施文德纳想用它来探索生物学更深层的奥秘。从那时起，他开始研究名为地衣的不起眼的生物。

地衣的生长速度极其缓慢，地衣形似小而干的海藻叶子。它们快乐地生存在裸岩、墓碑等非常贫瘠的地方。植物学家认为它们是古老的植物，称之为“原始植被”，然而，当施文德纳把镜头对准它们时，他看到的只有混乱。

在他好奇的眼中，它们看起来是某种迥然不同的东西。它们似乎是两种不同类型的生物，以奇异的姿态紧紧锁在一起。他看到纤细的白色真菌丝环绕着丰满的绿藻群落，而绿藻像蜘蛛的猎物一样被困住了。“主宰者是一种真菌，”他总结道，“……不劳而获者，惯于靠别人的劳动为生。它的奴隶是绿藻，它把它们聚集在自己周围，总之牢牢抓住，强迫它们服务。”[5]

施文德纳的说法在充满激情的地衣学家群体中引起了轩然大波。根据确立已久的林奈分类法，一种生物只能属于一个物种，而不是两个。真菌和藻类看起来也不像是一对意气相投的伴侣。“破坏性是真菌的特征，”《西康沃尔真菌》的作者抗议道，“不管它们吃什么，它们都会使之生病或损坏……然而，有悖于所有的经验，当藻类被‘形成地衣的真菌’喂养时，它们应该会繁荣生长。”[6]对于《巴黎郊区地衣》的作者来说，施文德纳的建言是“一种纯粹幻想的主张，或一种诽谤”[7]。《英国地衣专著》的作者嘲笑施文德纳的《地衣学罗曼史》耸人听闻，称书中讲述了“一个被囚禁的藻类少女和一个残暴真菌主人之间的不自然结合”[8]。自然作家爱德华·斯特普写道，施文德纳的理论“遭到了它应得的嘲笑”[9]。

“太离奇以至于不可能为真”的偏见再一次施加了强大的影响。即使到了20世纪50年代，至少有一位著名的地衣学家仍然对施文德纳的说法不以为然。[10]然而，事实证明，施文德纳在所有方面都是正确的，可能只除了一点。地衣的真菌和藻类是被锁定在一种剥削性的主仆关系中，还是享受一种更舒适的互利伙伴关系，这一点仍有争议。藻类放弃了一些甜蜜的光合糖，作为回报，真菌给了藻类一些它们从岩石中竭力获取的矿物质。

真菌之所以能做到这一点，是因为它们拥有一种略微令人难以置信的天赋：它们能吃石头。真菌已经存在了约10亿年，与细菌、植物和动物截然不同，是一种独特的生命形式。它们配备了两种强大的工具。它们分泌能溶解岩石的酸，并且它们可以把细丝塞进小裂缝里，牢固黏合，而后产生高压使岩石碎裂。这就是它们获取矿物质的方式。其余营养来自它们设法找到的一切有机物，无论死活。真菌和藻类之间的古老联盟交换了营养物质，将地衣变成了极为强健的生物。它们集光合作用器、排酸器、超级胶水和加压撬棍于一体。

大约5亿年前，苔类和藓类这样的低矮无叶原始植物从单细胞藻类进化而来。然而，它们面临着巨大的挑战。它们的藻类祖先可以懒洋洋地躺在水里，等待水流勤快地把重要的矿物质运送给它们。在陆地上生活就没那么轻松了。一些细菌、藻类和真菌四处散布着，逐渐形成一层薄薄的原始土壤——有机物及矿物质构成的薄土层。但施文德纳的革命性发现解释了植物竟有可能入侵大陆的一个原因。地衣能传播得如此广，是因为它们既能进行光合作用，又能找到矿物质。它们协助将岩石制成土壤，为植物入侵铺平了道路①。

即便如此，最早的植物也面临着严峻的逆境，无论何处的土壤都是稀疏的土层。然而，植物需要源源不断的矿物质供应，比如用来制造 DNA、RNA 和蛋白质的磷，制造叶绿素的镁和锰，增强细胞壁的钙，制造酶的钾、铁和硫。第一批植物没有根，也不太可能扛着鹤嘴锄。那么，这些未来的拓荒者要如何从岩石中夺取自身所需的大量矿物质呢？

1880 年，来自柏林的著名植物病理学家阿尔伯特·弗兰克开始在树底的土壤中翻找，此时的他对上述问题不感兴趣。事实上，他根本不是在研究古植物。他在寻找一种名为松露的美味真菌。普鲁士农业、土地和林业部长委派他判断农民能否种植松露。当弗兰克挖掘肥沃的森林土壤时，他惊讶地发现有细丝从松露一直延伸到附近树根的尖端。这些丝线编织成了一层稠密的覆盖物，像精致的手套一样覆盖在根尖上，甚至阻止根的末端接触土壤。[11]

真菌在做什么？有人曾见过它们，并断定它们不过是寄生者，但弗兰克更仔细地观察了它们。他只观察活树上的真菌丝，而不是死树上的。他在年轻的和年老的树上都发现了它们。[12] 当然，如果真菌是寄生生物，老树就会受害，但老树没有表现出明显的创伤。相反，他认为自己看到了一种极其特别的关系，这让人觉得熟悉。弗兰克是一位普通的植物学家，他和许多地衣学家不同，施文德纳把地衣从植物界降级并没有让他不悦。事实上，为了描述它们的关系，弗兰克创造

① 最近的一项遗传学研究表明，现代地衣的进化晚于植物。不过，古植物学家保罗·肯里克解释说，很可能存在更古老的、现已灭绝的地衣谱系，它们协助形成了第一层薄薄的土壤。其中一些远古地衣可能是藻类和真菌的结合，另一些则是蓝细菌和真菌的联盟。

了“symbiotismus”一词，它意为“共同生活”。[13] 此时，在弗兰克看来，他无意中发现了又一个惊人的联盟，由真菌和树木结合。他声称，这种真菌是“奶妈”，为树木提供矿物质和水，树木则用糖报答。[14]

弗兰克有众多批评者，其中一位抱怨说，他的理论是“打算考验我们的耐心和轻信”[15]。但是，和施文德纳一样，弗兰克是对的。他将真菌丝命名为菌根，源于希腊语中“真菌”和“根”两个词。[16] 单条菌丝的直径是丝线的三十一分之一，但它们的网是强大的力量倍增器。它们大大提高了树木吸收矿物质的能力。今天，一立方英尺的土壤中可能含有数百英里长的菌根真菌。大约 90% 的植物物种与它们建立关系。

1912 年，一个化石发现揭示了这种关系的古老根源——当时在苏格兰莱尼发现了 4.07 亿年前的化石，化石中含有异常清晰的原始无根植物的图案，并且它们下方扩展出的结构看起来很像菌根真菌。第一批植物之所以能够在大陆上殖民，除了得到地衣的帮助外，只能是因为它们与食矿真菌网创建了一个相互欣赏的社会。你体内的许多矿物质来自坚硬的岩石，而率先从岩石中撬取它们的，是菌根，是那些真菌细丝。

⊙

不过，即便在那时，任何考虑占领土地的原始植物可能仍会犹豫不决。凭借化学上的一个怪癖，真菌无法帮助植物找到一种至关重要的矿物质，没有它，植物就无法成功。它们需要氮来制造 DNA、RNA 和蛋白质，但是氮在岩石中极为罕见。

雪上加霜的是，它们周围的空气中充满了氮气。我们的大气有 78% 是氮气，5 亿年前，肯定有足够多的氮四处飘浮。但是一个氮气分子由两个氮原子组成。它们之间的三键①非常强，就像紧紧抱在一起的恋人一样，它们的原子眼里只有彼此。它们没兴趣和其他原子结合。氮气实际上是惰性的。也正因为如此，你每次呼吸时吸入的大量氮气会被再次呼出。这是一件好事。破坏氮原子间的化学键会释放很多能量：想想硝化甘油或 TNT（梯恩梯）。但对于科学家来说，这造就了一个令人发狂的谜团。植物究竟如何找到了它们所需的氮？用《自然》杂志的话说，经过机敏的调查和相隔 40 年的两次发现，“革命性的宣告”才揭示了令人惊讶的答案。[17]

请注意，这个问题不仅仅是学术性的。它是彼时最紧迫的科学问题，因为 19 世纪初的欧洲无法养活自己。收成不佳时，其迅速增长的人口遭受了毁灭性的粮食短缺。法国化学家让-巴蒂斯特·布森戈对此深有感触。布森戈是一名店主的儿子，在巴黎一个黑暗、悲惨的贫民区长大。他的许多邻居都衣衫褴褛，只能找到拾荒者的工作。“他们的孩子挨饿受冻，”他回忆道，“他们会来乞讨面包和剩菜，但我们家也很少有这些东西，然后那些父亲或母亲就会生病，贫困紧随而来。”[18]孩子经常变成孤儿。

所以多年后，在访问秘鲁的沿海平原时，一个特别的景象给他留下了深刻的印象。农民们只添加了一种成分，就把他们的沙质黏土变成肥沃的土地，那就是鸟粪石，即鸟类和蝙蝠的粪便。

这引起了布森戈的兴趣。他知道鸟粪石中含有大量富含氮的氨（NH_3）。此时他开始思考，氮之于植物是否像氧之于火一样重要？

布森戈一生都在专门从事一些他从未接受过训练的工作。的确，他的人生初始似乎并不光明。他回忆，上小学时，“我们就像轧钢机里的铁棒一样，从一个班转到另一个班”[19]。老师把他当傻瓜看待。他什么也不懂。由于感到绝望，他 10 岁时便辍学了，找了一份帮助朋友打

① 三键指的是在化合物分子中，两个原子之间以三对共用电子构成的共价键。——译者注

扫一位著名化学教授实验室的工作，直到他因年龄太小而被解雇。幸运的是，他的父母放弃了要他成为糕点师或药剂师的期望，允许他追求自己的兴趣，这通常意味着阅读科学书籍，比如他母亲给他买的四卷化学课本。14 岁时，他开始参加大学的科学讲座，当时这些讲座对所有愿意站在拥挤大厅里的来访者开放。

16 岁时，布森戈被一所矿业学校录取。在两年的时间里，他学习了地质学、化学和其他相关学科。他在阿尔萨斯的一个矿井短暂工作过。接着，他得到了一个不同寻常的机会：秘鲁一所矿业学校的教职。这是至此发生在他身上最好的事。著名博物学家亚历山大 · 冯 · 洪堡男爵敦促他走自己的路，利用这个机会进行广泛的探索和研究。在洪堡的鼓励下，布森戈在拉丁美洲四处旅行，尽管没有受过什么正规教育，但他写了许多关于该大陆地质、地理、气象和原住民习俗的信件及科学论文。10 年后，他乘船回到法国，娶了阿尔萨斯一位富裕农场主的女儿，掌管了一大片庄园。

此时，他已经能够开启另一项他从未接受过训练的事业。他把自己变成了一名农业化学家，并把岳父的农场变成了第一个农业研究站。

在他的露天实验室里，布森戈热切地想要回到关于鸟粪石的问题，他在秘鲁时非常感兴趣。氮对植物的生长至关重要吗？如果是这样，它们通过什么隐秘过程获得它？为了找到答案，他开始进行细致的农业实验。他在庄园里建了一个小实验室，他在那里测量了许多肥料的氮含量，比如粪肥和稻草。他证明了最有效的肥料是含氮量最高的。一旦这一点通过布森戈等人的研究得到广泛认可，农场主就开始寻找他们能找到的最便宜的氮源。他们开始从南美进口大量鸟粪石，推动了一场收益颇丰的鸟粪石热潮。

1836 年，布森戈开始研究一个相关的问题：他想知道，为什么那些坚持旧方法并且只种植谷物的农民最终会耗尽土地肥力，而那些用豌豆、苜蓿等豆科作物与谷物轮种的农民却能让土地保持高产。在一项为期 5 年的大规模实验中，布森戈一边轮种作物，一边准确记录了他施用的肥料中氮的含量。在一次引人瞩目的实验中，他生产的甜菜、小麦、苜蓿和燕麦所含的氮，比他向枯竭的土壤中添加的氮多出 105 磅。[20] 这太令人吃惊了。此外，他还发现了一条关于具体原因的线索。他发现小麦长大后，茎秆所含的氮并不比种子多，但豆科作物苜蓿却神奇地增加了三分之一的氮含量。[21] 这就好像豆科作物从魔术帽里抽出了氮气，或者更确切地说，从稀薄的空气中抽出了氮气。然而氮的来源仍是一个令人沮丧的谜。

到了 19 世纪 80 年代，两位耐心的赫尔曼——农业化学家赫尔曼·黑尔里格尔和赫尔曼·维尔法斯——重新探索了这个谜团。他们想知道土壤中是否有什么东西帮助植物获得了氮。[22] 在位于普鲁士的资金充足的农业研究站，他们决定在缺氮的沙质土壤中种植两组豌豆。两组植物完全相同，只除了一个方面：其中一组的土壤用蒸汽消过毒。

他们发现，豌豆在未消毒的土壤中长得很茂盛，而且根部有肿块。他们认为这些肿块和其他豌豆的肿块一样，储存了多余的氮。然而，由于某种原因，在消过毒的土壤中生长的豌豆很弱小。

他们困惑了。是什么秘密成分能让未消毒的土壤如此丰饶？他们寻求稻草的帮助，将一些稻草和水混合成浆液，向种豌豆种子的无菌土壤中加入了少量——略多于一汤匙。

结果出乎他们的预料。这里的豌豆此时茁壮成长。研究人员发现，他们和其他人在豆科作物根部看到的肿块中挤满了有益的客人——细菌。

黑尔里格尔和维尔法斯意外发现了另一个合作体系。植物无法从大气中吸收几乎惰性的氮，但它们可以利用氨（NH_3）中的氮。事实证明，细菌是唯一一种能用氮气制造氨的生命形式。因此，细菌给它们的豆科作物宿主提供氨，作为回报，它们获得糖，用于从空气中吸收氮的强耗能操作①。

1886 年，黑尔里格尔在柏林的一次会议上介绍了他们的发现。房间里充满了“太好了！”的欢呼声。[23] 突然之间，他和维尔法斯成了农业界的明星。这对各地农民来说都是福音，人们终于明白苜蓿、豌豆和菜豆等“天赋异禀”的豆科作物如何大幅提高了农业产量。[24] 不久之后，科学家发现，自由生活的蓝细菌也能向土壤中添加氮。如果不是最终从细菌处获得了氮，植物将无法生存。

细菌完成的这个过程不仅对生命至关重要，而且极端困难。1908 年，德国化学家弗里茨·哈伯试图在工厂里发明一种制造氨肥（NH_3）的方法。（没错，就是那个后来指挥首次使用化学武器的哈伯。）在南美鸟粪石热潮开始几十年后，鸟粪石已所剩无几。科学家警告说，欧洲将再次面临大规模饥荒的阴霾，除非他们能学会如何制造肥料。作为一个犹太裔德国人，哈伯还注意到了德皇的将军们的警告，他们担心，如果没有可靠的氮气供应，德国将没有足够的炸药来赢得下一场战争。他在一个罐子里混合氮气和氢气，罐中还有一块金属，金属是促进两者发生反应的催化剂。然而，他发现氮原子并不松开彼此的束缚，除非他也把它们置于地狱般的温度和压力下：临近 800 华氏度和 250 倍标准大气压。1918 年，哈伯被授予诺贝尔奖，因为他发现的过程可以说比雷达、个人电脑和切片面包加起来还要重要。你体内大部分氮很可能先是被从空气中提取出来，然后在热加压罐里嵌入氨中。今天，用工厂制造的肥料种植的作物养活了数十亿人。如果没有人造氨，地球上的人口将减少近 50%，你和我可能就不会在这里了。[25]

每个人的身体里都含有大约 4 磅的氮，其中大部分存在于我们的 DNA 和蛋白质中。有些是从工厂的氮气中提取的，其余的由细菌从空气中吸收，正如黑尔里格尔和维尔法斯发现的那样。

① 我们现在知道，豆科作物的根部甚至可以发起地下交流。它们释放出一种化学物质，吸引附近的细菌，这些细菌转而回应一种化学信号，请求进入根部。

数亿年前，自然进化出了苔类和藓类这样的小型贴地原始植物，它们能够开始在大陆上传播，是因为它们有盟友，就像古代部落驯养猎犬一样。它们有细菌和真菌的亲密陪伴。大家通力合作，将我们体内的原子从岩石和空气中解放出来。

⊙

至少从理论上讲，一旦植物有办法找到营养物质，它们就可以自由地占领大陆，但前提是植物能长得更大更直。一株柔软且低矮的苔藓要如何实现这个目标？只能想出许多巧妙的发明。

其中之一是，想要站立起来，它们必须发展出骨架——或者更确切地说，茎。为此，它们需要更强健的构造材料。幸运的是，它们的藻类祖先已经制造出一种叫作纤维素的纤维，可以用来增强细胞壁。在同等重量下，一股纤维素的强度是钢的许多倍。一棵树含有40%～50%的纤维素，它现在是我们这个星球上最丰富的有机化合物。然而，纤维素有一个缺点，它潮湿时就会变弱。因此，植物用另一种物质——木质素来防水，并将细胞壁中的纤维素黏合在一起。木质素是地球上第二丰富的有机分子。[26]

有了这些极为强健的构造材料，植物长出了茎，开始了它们向天空攀升的不可思议的进程。为了产生更多能量，它们开始将水和营养物质通过长长的脉管输送给它们的太阳能电池板：叶片上排列着的捕捉太阳光的叶绿体。

但如果植物的重量有可能压倒它们，那它们仍然无法长得很高。而且，它们需要更多水和矿物质来滋养高处的叶子。所以，它们使用了它们最神奇的发明之一：根。一条根中最粗壮的部分可能令人印象深刻，但它基本上只是导管、钻头和锚。大多数关键的动作只发生在根尖表层，那里有微小的丝状附器寻觅营养。它们是根毛。据估计，一株黑麦可能有140亿条根毛。[27]植物学家西蒙·吉尔罗伊说：“它们吸收所有的营养。[28]它们是采矿机器。”除了吸收水以及溶解在水中的矿物质外，它们还有其他秘而不宣的妙招。被称为质子泵的微型纳米机器能将氢离子排到泥土中。土壤颗粒紧紧抓住这些氢时，就会松开对其他矿物质的束缚，植物的其他泵和通道会迅速将这些矿物质拖进体内。（顺便说一句，我们在排出汗液和尿液时会丧失矿物质，而植物从不释放矿物质。正如植物学家吉姆·莫塞斯解释的，这意味着，“植物的体系是从土壤中吸收矿物质并将它们困住，而我们就是这样获取矿物质的。我们并不出去吃土”。）

根系不停歇地寻找矿物质和水，在这个过程中，它们也学会了四处冒险。开创性的生态学家约翰·韦弗写过许多书籍和文章，如《奇妙的草原草皮》（The Wonderful Prairie Sod）和《大草原上的草类名录》（Who's Who Among the Prairie Grasses），他是最早发现植物能挖掘多深的人之一。从 1918 年开始的 4 年多里，韦弗和他强壮的学生们挥舞着铁锹、冰镐和小刀，揭开了 1 150 多种草原植物根系的复杂结构。[29]他们发现的挖得最深的植物是紫花苜蓿，它往地下挖了 31 英尺，比一栋两层楼的房子还要深。[30]有些植物比它更强。一棵南非无花果树的根被列入《吉尼斯世界纪录大全》，它利用一处洞穴系统深入地下 400 英尺。

数亿年前，植物配备着茎、叶、根等杰出的创新，遍布各大洲。在这个过程中，它们完成了一项类似于制作“石头汤”的壮举。它们的叶子从上方的空气中吸收碳和氧，它们的根从下方的地里挖掘矿物质和水，有了这些，植物开始创造一个介于两者之间的生命层。

⊙

即使在那时，植物也面临着令人不安的挑战。事实上，如果停下来想一想，你可能会好奇它们究竟是如何幸存下来的。为了在这个世界上站稳脚跟，它们必须表明立场以开启自己的生活。它们必须承诺在一个位置上长久度日，没有改变主意的选择，更不用说逃离了。它们被迫适应不断变化的光线和季节。风雨冰霜抽打着它们，水结了冰，可它们无法躲避。它们必须面对干旱、洪水以及对矿物和光照的争夺。接着，贪婪的生物来了。但植物就像斯巴达勇士一样，仍然扎根于它们所占领的土地上。它们要幸存下来，只能借助狡猾的防御，以及自身从够得着的地方辛苦获取营养的非凡能力。换句话说，为了创造出我们终将从中诞生的世界，植物需要发展出一种极其重要的品质，一种对它们的成功而言必不可少的品质：它们必须疯狂地适应命运抛来的一切。

它们学会了这样做，首先是变成生化天才。与动物不同，植物产生数十万种复杂分子，但这些分子并不供自身内部使用。它们利用这些分子抵御竞争对手、吸引传粉者、交流，并吓唬那些想吃掉它们的生物。在生存之战里，化学物质是植物选择的武器。（它们特别擅长给动物下毒。）因此，我们的许多药物都是用植物制造的，比如水杨苷（发现于柳树皮中），效果和阿司匹林类似；抗癌药物紫杉醇（发现于紫杉树皮中）；治疗疟疾的药物奎宁（发现于安第斯山脉金鸡纳树皮中）。为了扰乱捕食性昆虫的大脑，植物产生多巴胺、乙酰胆碱、γ-氨基丁酸（GABA）和5-羟色胺（血清素）的前体5-羟色氨酸：所有这些神经递质也存在于我们的大脑中。为了赶走昆虫和其他动物，植物合成了尼古丁、咖啡因、吗啡和鸦片。“为什么植物会产生可卡因？”[31] 生物化学家托尼·特里瓦弗斯反问道，“你能想象昆虫咀嚼这些叶子时是什么感觉吗？你会发现，很自然的是，大多数昆虫倾向于不去咀嚼这些叶子。”那我们用来给食物调味的香料呢？植物也生产大部分香料，以阻挡动物和微生物的入侵。

植物是如何学会制造这么多化合物的？21世纪初，科学家找到了部分答案。研究人员对生物基因进行测序和计数，首次解码了生物体的基因组。许多人预计，由于人类如此复杂且聪明，我们至少会有10

万个基因。[32]但他们震惊地发现，我们的基因要少得多，只有约2.4万个（最新的统计数字更低）。当20个国际机构进行相似的努力，首次解码了一种植物的基因组时，遗传学家以为会发现“简单”植物的基因比人类少得多。但就在被解码的第一种植物的基因组中，他们发现了25 498个基因，它们属于一种名为拟南芥的小型速生杂草。一棵银杏树有4万个基因。一个金冠苹果有5.7万个基因，是我们的两倍多。

顺便说一句，科学家同时惊讶地发现，人与植物竟然拥有如此多共同的基因。人体约有1/3的基因在香蕉中有对应的基因。[33]也就是说，这些基因具有相似的功能，它们编码的蛋白质有相似特征，所有这些都有力地证明，我们拥有共同的祖先。

植物之所以能够成为如此杰出的化学创新者，是因为繁殖过程中出现的错误使它们的染色体增加了一倍。这种情况通常是致命的，但所有罕见的幸存者都留下了丰富的额外基因。这些重复基因中的大多数失去了功能，但有时植物的后代能使其中一些重复基因适应于新的用途。

事实上，植物进化出了许多复杂的适应性，以至于一些研究人员认为它们十分聪明。这种说法在当代生物学界引发了最激烈的一场争论。植物——制造我们体内所有基本要素的生物之所以如此成功，可能是因为它们实际上是聪明的吗？

这个观点有其发人深省的渊源。在查尔斯·达尔文的著作《植物的运动本领》的最后一段中，他写道：“毫不夸张地说，胚根（幼苗的根）的尖端……具有指导邻接部分运动的能力，就像某种低等动物的大脑一样……”在达尔文之后，其他科学家也偶尔观察到植物有一些看似聪明的行为。

然而，20世纪70年代，《植物的秘密生活》一书的出版，使植物生理学领域蒙上了伪科学的污点。这本书概述了一位中情局前审讯专家的实验，他将植物连接到测谎仪上，声称它们对人类的情绪有反应。

没有人复制过他的实验，这本书吓坏了大多数可敬的生物学家。它使关于植物可能有智慧的任何深入提议都显得有点像通灵学。

到了 1981 年，达特茅斯的两位科学家杰克·舒尔茨和伊恩·鲍德温参加了美国化学学会在拉斯维加斯举行的一次会议，听了一场精彩的演讲。他们的同事戴维·罗兹和戈登·奥里恩斯报告称，当毛虫攻击柳树的叶子时，邻近的树木会开始产生有毒物质来驱赶昆虫，就像它们得到了警告一样。

树木真的能交流吗？罗兹和奥里恩斯的想法当时是异端邪说，很容易被驳回。他们在室外进行实验，因此对实验结果的解释很难排除许多其他可能。

但舒尔茨告诉我，刚听完那次演讲，他和鲍德温就对视，说："好吧，我们实际上可以用一种可控得多的方式回答这个问题。"[34] 他们意识到自己可以在实验室里进行类似的实验，这样就有可能排除其他原因。在温室里，他们把杨树和枫树罩在有机玻璃盒子里，撕裂它们的树叶以模拟毛虫的侵袭。研究者发现：受伤的树木会向空气中释放化学物质（可防止皮革腐烂的单宁）；邻近的树木与前者只连接着一根通风管道，检测到这些化学物质后，这些树木也开始制造化合物来阻止捕食者。

媒体热爱这个消息。舒尔茨和鲍德温登上了《人物》杂志和《纽约时报》的头版。《波士顿环球报》热情地写道："受伤的树木敲响了警钟。"

但他们的许多同僚对此不屑一顾。《国家询问报》① 是第一家报道他们故事的报纸，这对他们没有帮助。"标题大概是'科学家发现树木会说话'之类的，"舒尔茨回忆道，话语中透着幽默和遗憾，"几个月后，他们又发表了一篇后续报道，并附上头版大字标题：'你先在这里

---

① 《国家询问报》是美国的一家八卦小报。——译者注

读吧。'”两人的同事们甚至对植物会交流的暗示都不感兴趣。一位植物学家评论说：“这看起来太迷信了。”[35]

“我树敌无数。科学家讨厌这个观点，”舒尔茨回忆道，“有几篇文章指责我们是胡说八道，幸亏它们大都发表在不太热门的地方。那时我在温哥华的国际词源学大会上发言。听众里有人站起来说：‘你知道，这绝对不可能是真的。植物做不到这一点。’在科学界，有人这样站起来指责是很罕见的。听众很多，大约有 1 000 人，如果有人指责你编故事什么的，这真的很不寻常，这对一个年轻科学家来说相当可怕。”

直到 20 年后，才有著名的植物生物化学家安东尼·特里瓦弗斯决定打破现代生物学的这个禁忌。特里瓦弗斯是英国皇家学会的成员，这是英国最重要的科学组织。他个子高，脸长，浓密的眉毛是灰白色的。他有一种居高临下的气势，讲话时爱用优雅的长句子。2003 年，他发表了题为《植物智慧的方方面面》的长篇论文，它声称植物是有智慧的。“主要的问题在于，”他写道，“植物科学家普遍存在一种思维定式，认为植物基本上就是自动机器。”他意图改变这一点。

特里瓦弗斯对智慧的定义很简单。他在一封电子邮件中写道：“当一个生物体被置于充满威胁或高度竞争的环境中，并改变自己的行为以增加生存机会，它表现的就是智慧行为。”“植物改变自身结构来响应某些信号，”他解释道，“这是它们提高生存概率的一种方式。它们是怎么做到的？它们在评估什么？好吧，如果动物做出这样的行为被称为智慧，那么植物也应该如此，因为生物学上的行为特征是相同的。”

“你的论文收到了什么回应？”我问。

“我想很多人都认为我可能已经疯了。”他回答。

这并不是特里瓦弗斯第一次提出一个非正统的观点。1961 年，他开始在研究生院研究植物激素。几年后，他提出，这些激素的作用方式比同事们所理解的要复杂得多，这可捅了马蜂窝。他一直在广泛阅读科学书籍，1972 年，他读了理论生物学家路德维希 · 冯 · 贝塔朗菲的《一般系统论》，这本书深刻影响了他的思想。它使特里瓦弗斯深信，在单个细胞、生态系统甚至植物中发现的复杂系统中，多层网络的相互作用和功能要比大多数科学家所认识到的复杂得多。复杂的结果和涌现的特性不能简单理解为各部分的总和。然而，大多数科学家坚持简化论的信念，认为他们只要能识别出植物中的每一个简单成分，就能理解植物作为一个整体是如何运作的。对特里瓦弗斯来说，这就像是指望自己研究了一个国家政府各部门的结构，就能预测该国领导人将如何应对下周的事件一样。

1991 年，特里瓦弗斯在这个框架的影响下做了一些实验，它们更彻底地改变了他对植物的看法。在爱丁堡大学的植物学大楼一间光线昏暗的小房间里，他和博士后马克 · 奈特把一株植物幼苗放在一个光度计里。这个微波炉大小的盒子里有一根管子，可以探测到极低水平的光线。特里瓦弗斯和奈特知道，在动物体内，矿物质钙在细胞间信号传递和神经传导中起着许多作用。他们想知道，它是否也在植物细胞间的信号传递方面发挥作用。但是，追踪微小细胞中钙的实时微小运动似乎是不可能的，但最后，特里瓦弗斯意识到他可以用一种特殊的方式来实现这个目标。一位同事告诉他，水母体内有一种不寻常的蛋白质，被戏称为防盗报警蛋白，它检测到非常低的钙含量变化时，就会发光。特里瓦弗斯和奈特决定试着将制造这种蛋白质的基因嵌入植物中。他们花了一年时间攻克各种技术难题，最终培育出了一种转基因植物。这时他们把它放在光度计里。如果他们碰触一片叶子上的一个小点，会触发钙信号传到更远的细胞吗？他们将一根金属丝从一个小孔穿进去，轻轻戳了戳叶子。

那株植物发光了。

我们都知道植物行动缓慢。它们只是站在那里，无所事事。通常情况下，如果你施加刺激，几天甚至几周内你都不会看到植物有所反应。所以，当看到他的幼苗一经触碰就立刻亮起来时，特里瓦弗斯惊呆了。这些细胞在几毫秒内向相邻细胞发送了钙信号。在他看来，冷光曲线显示的尖峰就像动作电位，即电荷沿着我们神经传导时的快速变化。而且，这些信号在整株幼苗而非仅仅一些细胞中传递。“我对当前现象的看法因此受到了巨大的影响，”特里瓦弗斯说，“在这里，我们得到的结果看起来像神经细胞信号，但这些不是神经细胞，这些是植物。”

在短短几周内，他们发现钙信号极其敏感，而且植物对野生环境中几乎一切事物的反应都会触发钙信号：碰触、风、冷、热、不同波长的光，甚至入侵的真菌。这向特里瓦弗斯表明，植物可能会不断监测并传递有关其环境的一切信息。于是，他想知道植物和动物是否比科学家想象的更相似。他开始更广泛地思考植物如何利用这些信息，以及这个过程如何影响它们的行为。尽管听起来像是穿凿附会，特里瓦弗斯却毫不畏惧。“看到问题时，我是那种尝试找到解决方案的人。”

植物学家常常哀叹，研究动物的同行得到了最多的宣传和关注。植物没有得到足够的尊重。我们被悬念、跟踪、狩猎和杀戮迷惑，一天长一英寸的生物就没有那么大吸引力了。研究人员谈及“植物盲”：我们倾向于忽视景观中的植物。如果我们是鱼，它们就是水。换句话说，它们是我们舞台上低调的绿色背景。

就在特里瓦弗斯做这些实验的同时，还有其他研究在挑战“植物行为简单”这个假设。对植物感官、遗传、激素、信号和根系行为的研究以及延时相机揭示了未被认识到的复杂性，所有这些都成为特里瓦弗斯的精神食粮，令他开始深思：植物是否比我们认为的更聪明？他认识到，在野外，仅仅是生存就让它们面临巨大的挑战。“植物和动物存在的时间一样长，”他总结道，“绝对没有理由认为它们不应该发展出同样优秀、同样巧妙的生存方法。”

2003 年，特里瓦弗斯发表了一篇关于植物有智慧的长篇论文。它挑起了争端，打开了闸门。许多化学家、生物物理学家和植物学家一直怀有类似的想法。此时，他们找到了鼓励自己发声的同盟。在佛罗伦萨大学的斯特凡诺·曼库索和波恩大学的弗兰蒂泽克·鲍卢什考的带领下，众人成立了植物神经生物学学会，以讨论对植物的新看法。2005 年，在意大利佛罗伦萨举行的第一次会议上，他们讨论了植物间通信、植物信息处理、植物感官和记忆。曼库索和鲍卢什考等人还谈到了植物神经递质和类神经元细胞的行为。

对于植物有神经元、突触或任何类似于动物神经系统的结构的说法，另一群人数更多的植物学家反应激烈。36 位植物生物学家发起了一次尖刻的联合反驳："植物科学研究界将从'植物神经生物学'的概念中获得什么长期的科学利益？[36] 我们建议限制这些研究，除非植物神经生物学不再建立在粗浅的类比和可疑的推断之上。"事实上，植物神经生物学学会于 2009 年把名字改得更容易让人接受了：植物信号与行为学会。

这个改变没能让其中一些成员收敛想法。他们指出，植物有超过 15 种感官，囊括了我们除听觉外的所有感官。[37] 但是植物能对振动做出反应，比如毛虫咀嚼时的振动，所以在某种有限的意义上，你可以说它们也有听觉。植物能闻到空气中的化学物质，也能尝到地下的化学物质。它们能感知重力和触觉。它们用对红外光敏感的光感受器探测邻近的植物。[38] 它们不断地整合大量关于环境的信息，并使用钙、蛋白质和激素来发送相关的内部信号。一些细胞也发送动作电位——特里瓦弗斯观察到的类神经电活动尖峰是由钙等化学物质传导的。人们已经发现了其中一些信号的功能，比如告诉树叶制造杀虫剂，或通知捕蝇草关闭陷阱。其他的信号功能仍然未知。植物甚至会发出一种不同的电信号（称为慢波电位），人们对这种信号还知之甚少。

植物学家还注意到植物行为的显著灵活性。每当昆虫或微生物袭击植物时，植物就会向空气释放出一种针对这种威胁的混合化学物质。

（舒尔茨怀疑，这些警告信号可能是发送给植物本身其他部分的，但正在窃听的邻居也会收到。）植物还保留了对干旱等有害事件的“记忆”，这使它们能更好地应对未来的灾害。它们还调整生长状态以适应环境。在多风条件下，植物会长得更短，茎更粗，叶更小。“如果你在非常宜人的环境下种植植物——没有风，没有恶劣的温度，没有动物爬过它们——然后你把它们放到室外，它们就不会长得很好，”植物遗传学家珍妮特·布拉姆说，“因为它们不会想办法变得强壮。”[39] 因此，园丁会把温室幼苗逐渐移向户外，使它们变强，而日本农民会在田地里踩踏小麦和大麦的幼苗。

科学家还发现，森林中的树是由一个“树木万维网”连接起来的，这个极为宽广的地下网络由根、细菌和菌根真菌组成。树木通过这个网络交流并分享营养。山毛榉树叶中产生的糖，最终会出现在邻近高高的云杉上。[40]

当然，植物没有我们这样集中式的大脑，这对它们来说是个聪明的策略。如果失去了头或四肢，我们就有麻烦了。但如果植物失去了一些部分，它们只需要长出新的。植物拥有一种不同的智慧，能更广泛、更民主地分配其“决策”。例如，它们没有固定的生长方案。相反，它们选择最好的角度和高度来生长新的茎枝叶。做出这些关键决策的是形成层，其是植物嫩芽的内层。特里瓦弗斯认为，植物的形成层不断地监测其枝条的生产力，并决定哪些枝条应该接受生长激素和养分，哪些应该受限制甚至切断。[41] 总的来说，他怀疑植物处理的内部信号“可能和大脑中的信号一样复杂”。

在植物的所有部分中，根显得尤其聪明。植物和我们都需要矿物质，而它们在寻找矿物质方面非常出色。鲍卢什考和曼库索（他在佛罗伦萨附近建立了一个实验室，毫无悔意地命名为“国际植物神经生物学实验室”）对这个论点的理解最为深入。靠近根尖的一个区域被称为根尖过渡区，两人认为这个区域更像指挥中心或大脑。他们喜欢引用 19 世纪著名生物化学家尤斯图斯·冯·李比希的评论:“植物寻找食物时就像拥有眼睛一样。”植物在探查水和矿物质时可以轻松绕过石头。缺水时,它们会更积极地寻找水源。它们还极其擅长探测如磷和氮之类的营养物质,并像追踪面包屑一样追踪其分布梯度。一旦它们感知到一片营养丰富的地方,它们就会以“爆炸性生长”的方式向那里移动。[42]然后它们停下来,长出密密麻麻的支根,挖掘这片矿区后再继续前进。植物也可以很恶毒,它们的根有时会释放化学物质,使竞争对手的种子无法发芽。

根和芽通过双向热线交流,分享水分和养分是否可得的信息,并决定如何响应感官信息。曼库索和鲍卢什考认为,这种交流包括某种快速电信号,根系也利用这种信号来决定它们将如何生长。这种观点很有挑衅性。

更有争议的是,他们声称植物不仅能察觉它们的环境和“目的驱动”,而且可能有意识并感觉到自我。[43]出于这个原因,他们认为,也许是时候重新思考我们在世界上的地位了。“因此,我们应该警醒,”他们写道,“任何配备复杂感觉系统和器官的生命单位都在‘构建’自己的世界观,这种世界观可能与我们人类特有的世界观截然不同,但基本上没有好坏之分。”[44]

特里瓦弗斯感叹道:“15年前我们还不知道的东西太多了。有一件事一直让我感到震惊,那就是如此多科学家的态度建立在我们对事物不了解这个事实上。我们假设,如果我们不知道某件事物,它就不存在。”特里瓦弗斯不会落入“专家眼中没有未知”的偏见。尽管如此,他在植物意识的问题上仍然很慎重:“你无法询问植物任何问题,所以得不到答案。如果你观察它的行为,你也只能据此推断。它可能有意识,并不是说它就是有意识。你目前只能到此为止。但这仍然是认识上的一个重要改变。”

不过,大多数研究人员仍然不愿意声称植物可能有意识,更不用说有智慧了。“我觉得,树根行为的复杂性和动态性令人印象深刻,人们很难想象它们没有与我们类似的综合系统，”舒尔茨说，“但你也可以基于对环境信号的简单反应来描述根系所做的一切。”他和大多数植物学家一样，相信植物对环境极其敏感，并以我们刚开始了解的非凡方式做出反应。“如果植物头脑简单，”布拉姆对我说，“如果它们没有这些复杂的特质，我们就能把它们弄明白了。我是植物生物学家，而它们总是让我困惑。”

⊙

有了它们的细菌和真菌兄弟，有了枝叶根芽等杰出的创新，有了非凡的适应性（如果不是智慧的话），植物开始了对大陆的统治。它们开始创造让原子到达我们体内的纠缠复杂的最终路径。大约 5 亿年前，当原始鱼类在海洋中游动时，植物开始征服大陆上所有不太干旱、不太咸或不太结冰的地方。动物们紧随其后。以前在海洋中，最早的动物（可能是海绵）不需要费心给自己制造食物，因为它们可以食用蓝细菌等光合生物，后者会制造食物。小动物很快就成为大动物的诱人目标，而大动物对更凶猛的动物来说也像是美味小点心。海洋中的光合生物不知不觉间便支撑起了整个动物生态系统。这个故事会被重复。之后植物出现在大陆上，它们为所有能离开海洋的动物提供了可以填饱肚子的食物。来自海洋的生物包括一种像鱼的四鳍海洋爬行生物，它的后代进化出了肺，以从空气中吸收氧气，这些后代繁衍出了两栖动物、爬行动物、鸟类、哺乳动物包括人类。我们对植物的依赖之深，就如同海洋中鱼类对光合生物的依赖之深。

值得一提的是，植物与其不可或缺的真菌和细菌伙伴共同营造了自己的栖息之地。它们创造了自己的土壤、生态系统，以及越来越丰富的营养储备。尽管植物会死去，但它们的原子却永不消失。它们被循环利用，重新进入土壤、海洋、沉积岩、大气层，乃至其他生命形式。因此，即便你的灵魂可能未曾转世，但你体内的原子却在许多其他大小各异的生物体内历经前生。你右手指甲上的某些氮原子曾经飘浮在空气中，后被吸收进了三叶草的根部，被细菌转化为氨，最终被用于制造一片叶子上的蛋白质，而这片叶子又被一只飞蛾食用，最后在你三周前在沙拉中吃掉的一只蘑菇旁边分解。

尽管像狮子这样的顶级掠食动物对蔬菜嗤之以鼻，但它们猎杀的猎物仍然以植物为食。这意味着，植物最终制造或收集了几乎构成你全身（除水和少许盐外）的所有基本要素。

另外，如果你曾经想过为什么我们不能自己制造食物，亦即进行光合作用，你只需观察一棵高大的树木就知道答案了。如果所有能量都由进行光合作用的叶绿体产生，它们所需的空间将与整个树冠相当。仅仅在我们的皮肤上覆盖叶绿体是远远不够的，无法为我们提供足够的能量来行走，更不用说奔跑、跟踪或捕猎了。[45] 食用植物或其他动物为我们提供了能够迅速摄入的浓缩的能量源泉。这使得我们狩猎采集的祖先能够远涉数里寻找下一餐。但是，尽管我们可能感到自由自在，但请切记，我们仍然依赖于植物。换句话说，如果我们消失，植物照样能很好地生存；但如果植物消失，我们将在几周或几个月内从这个地球上消失无踪。

正是通过植物，那些源自大爆炸和恒星的原子最终抵达我们的家门，或者说，我们的嘴边。除了水和少许盐外，我们体内每一个原子几乎都是通过植物抵达的。但这些不过是原子，它们究竟是如何在我们体内重新组合，从而创造出生命的呢？这个问题长期以来一直困扰着科学家。

Part 4

第四部分

从原子到你

在这个部分，我们会惊讶地了解到人类为了生存而必须食用的东西，最权威的指导将被颠覆，这部分内容揭示了细胞内许多惊人的秘密机制，这些机制将餐盘上的食物变成了我们的身体。

第 11 章

浩瀚依赖于微眇

你活着需要吃什么？

想象你一生吃过的所有食物，并将你视为

其中一部分，只是经过了重组。[1]

——马克斯 · 泰格马克

想象一个餐盘，但不要把比萨、鸡肉沙拉、豆焖肉或点心当成食物，而是把它们当作结合成分子的原子。我们现在知道这些原子来自哪里，如何形成，如何出现在我们的餐桌上。但是被吃掉之后，这些分子如何形成一个活生生的人呢？它们是如何组织起来，在我们的细胞中创造出总蓝图，并构建为我们注入活力的惊人分子机制的？科学家终将解开这些谜团，但在此之前，他们需要回答一个更基本的问题：我们必须吃下一些由植物制造和收集的物质以构建我们自己，这些物质是什么？关于科学家如何发现它们的故事，始于一位“充满激情且冲动”的研究者——尤斯图斯 · 冯 · 李比希。[2]

在德国科学革命家李比希大胆走上舞台之前，化学家对我们细胞或身体的工作机制几乎一无所知，更不用说组成我们的物质了。19 世纪，这种无知意味着数百万人因营养不良而受苦甚至死亡。在肖像画中，李比希坚定的目光和面容与拿破仑 · 波拿巴有某种相似之处，和这位法国将军一样，他野心勃勃，才华横溢，并且很有自知之明。他从不羞于提出激进的想法，也不回避与竞争对手激烈争吵。正如一位崇拜者所言，李比希“在被颠覆的帝国废墟上建立了新的王国”[3]。

1840 年，他觉得是时候把自己丰富的知识和智慧应用到一个问题上了，大多数科学家都确信这个问题永远超出我们的理解范畴。他想了解我们的食物是如何被重新塑造成我们的。第一步，自然是弄明白构建我们身体的分子的身份。在李比希的时代，这个问题也具有明确的实际意义。他在问的是，我们需要吃什么才能活下去。李比希满怀信心地一头扎进他的研究中，而罕见的是，如此多的伟大进步由一个如此错误的理论激发了出来。

李比希对化学的兴趣始于父亲的作坊，他父亲是达姆施塔特的商人，专门制作染料、油漆、清漆和鞋油出售。李比希觉得上学很痛苦，尤其痛苦的是必须识记希腊语和拉丁语。他的同学们都效仿副校长，管他叫“蠢人”（schafskopf，拉丁语，字面意思是“羊脑袋”）。[4]校长告诉他，他是“老师的祸害、父母的悲哀”。他 14 岁便辍学了。他父亲把他送到一个药剂师那里当学徒。但李比希决定要成为一名化学家，所以他离开药剂师，转而把时间花在两项他最喜欢的活动上：阅读化学书籍，在车间里做实验。两年后，他进入一所大学。他心想事成了。一年后，他获得奖学金，到巴黎跟随著名化学家约瑟夫·盖-吕萨克学习。李比希深情地回忆起那段时光，尤其是每当他们有了新发现，盖-吕萨克就坚持他们要一起在房间里欢天喜地地跳舞。[5]

21 岁时，李比希在中世纪小镇吉森的一所小型大学获得了一份教职。在科学层面上，这是一个“穷乡僻壤”。[6]解剖学教授不相信血液循环，大学只有一栋楼，另一位化学老师拒绝分享他在植物园的小实验室。但李比希始终大胆且雄心勃勃，他说服黑森-达姆施塔特伯爵领地把附近一座废弃军营的警卫室改造成了一个实验室。他宣称这是一所培养药物化学家的学校，但他很快又有了更宏伟的计划。他注意到，在德国，化学仅仅被视为一门附属学科，这让他如鲠在喉。化学通常由药学或医学教授教学，或者更糟糕的是，化学被当作一门手艺，简化为“有助于制造苏打水和肥皂，或制造更好的钢铁的规则”[7]。李比希的愿景要崇高得多。在他看来，“Alles ist Chemie”（万般皆化学）。“我突然意识到，”他在自传中回忆道，“矿物、植物和动物王国都由相同的化学规律统一和联系在一起。所以按理说，化学的地位应该与其他科学平等，如果不是高于它们的话。”[8]

他终将把他的警卫室变成一个奇迹，当时最先进的实验室之一。有一幅关于这传奇实验室的插图，在图中，许多年轻人穿着礼服，戴着礼帽，在一个设备齐全的房间里挤在实验室工作台上工作，房间里有宽敞的窗户和现代化的汽灯。参观者欣赏着橱柜，柜中装满了烧瓶、冷凝器和其他随手可取的器具。还有一个中央熔炉从通风柜中排出有害气体，这也是罕见的。[9]

更重要的是，他的一个灵感深刻改变了世界各地的大学。他突然想到，比起独自研究，在学生的帮助下，他能完成更多的研究。因此，他开始给学生们分配具有挑战性的研究项目，他仅负责监督——这项创新将得到今天每一位深夜于实验室里痛饮咖啡的研究生或博士后的认可。

在宁静的吉森，李比希取得了许多进步。他发明了一种工具，使化学家能够比以前更精确地测定有机分子的碳含量。它把烦人又棘手的长达一天的过程变成更简单的可能只需要 1 小时的过程。有了他的仪器，化学家现在可以在识别有机分子的成分上取得快速进展。他还在新兴的有机化学（关于生物体的化学）领域做出了其他基础贡献。因此，在 1830—1850 年间，来自世界各地的 700 多名学生涌入他的实验室，其中许多人将成为学界的领军人物。

在创办了第一本有机化学杂志后，李比希的影响力增强了。作为杂志编辑，他利用他的舆论讲坛谴责并侮辱那些不同意他观点的人。一位不幸的目标哀叹道："他的笔在纸上怒火冲天地飞舞，对每一个敢于稍稍评点他观点的人都大发雷霆。"[10] 在一篇典型的珠玑妙语中，李比希认为一位同事的理论"源于对真正的科学研究原理的完全无知"[11]。此外，在提及这一理论时，他补充道："这是藏在一个错误观点中的诅咒，这一观点本身携带着新错误的种子，这些种子被带到这个世界上……就像些可怜的生物，暴露在健康环境中就会死亡。"

李比希的名声随着一本书的出版而上涨，该书因其大胆的想象力而受到称赞，它解释了化学可以如何应用于农业。他是同辈人让-巴蒂斯特·布森戈的竞争对手，当时的欧洲正努力养活自己的人口。李比希最小因子定律是一个令人大开眼界的启示，他声称任何关键矿物质的缺乏都可能限制植物的生长，农民在施肥时应考虑这一点。到了 19 世纪 40 年代，他被誉为那一代首屈一指的化学家。

但李比希仍然很沮丧。尽管有机化学取得了许多进步，但我们对自身的化学几乎一无所知。两千年来，医学一直由希腊医生盖仑的理论主导。他相信是血液、黑胆汁、黄胆汁和黏液这 4 种体液的失衡导致了疾病。因此，放血以恢复体液平衡的做法很常见，而且英国最早的医学杂志之一被命名为《柳叶刀》也是出于这个原因。在李比希的时代，也就是蒸汽机的时代，生理学家也开始从新的角度思考身体：把它当作一台机器。例如，心脏显然是一个泵。直到相对晚近的时代，生理学家才相信是胃搅动或揉动了食物以消化它们。不过，人们似乎难以想象化学有望解释生物体内的神奇变化，比如地下的种子或子宫里的婴儿。还有一些正在发生的事也无法解释。我们身体里的原子会结合成分子，岩石中的原子也一样，但两者的相似之处也就到此为止了。"在活的自然中，"伟大的化学家约恩斯·贝采利乌斯评论道，"元素遵循的规律似乎截然不同于它们在死的自然中遵循的规律。"[12] 同样，坚决反对将化学引入医学课程的美国医生查尔斯·考德威尔认为："化学原理和生命力原理被公认为彼此不同。"[13] 生命的奥秘似乎只能用一种费解的“生命力”来解释。

李比希并不认输。凭借他在有机化学领域无与伦比的知识和他目前无限的自信，他决定迎战一个令人困惑的问题：我们如何利用吃下去的化学物质。我们的食物中有哪些分子？其中哪些转化为肉体和能量？

以伦敦内科医生威廉·普劳特几十年前的研究为基础，李比希开始了自己的研究，心中充满希望。普劳特和李比希一样，相信化学将揭示我们身体的很多奥秘，他因此在尿液中寻找可以诊断疾病的化学迹象。无限的研究热情激发了他对动物分泌物更广泛的兴趣，因此他花了大量时间分析蟒蛇等动物的粪便，以及它们胃里的东西。[14]他的重大突破之一是发现它们和我们的胃都会产生盐酸来帮助消化食物。（我们一天产生约6汤匙盐酸。[15]）普劳特也是提出我们的食物含有三种基本物质的第一人，他称之为“糖质、脂质和蛋白质”。我们知道它们是碳水化合物、脂肪和蛋白质。作为证据，普劳特观察到这三种物质都存在于母乳中。对他来说，这道理很清楚，如果我们不需要它们，上帝就不会把它们放在那里。[16]

李比希认同普劳特的观点，即我们的食物是由碳水化合物、脂肪和蛋白质组成的。到此一切顺利。但是，接着，在过往成功的鼓舞下，他毅然决然地涉入了浑浊的水域。一位同事的重大进展给他留下了深刻的印象。就在两年前，忙于分析有机物质组成的荷兰化学家格哈德·约翰·米尔德认为，他已经发现，植物中的蛋白质和我们血液中的蛋白质基本上完全相同。事实上，是他将之命名为蛋白质，其英文protein源自希腊语protos，意为“第一”。

从这个明显的突破中，李比希得出了一个过于笼统的结论。如果这些蛋白质相同，并且最终我们吃的是植物性饮食，那我们必须从植物中获得所有的蛋白质。“蔬菜在其机体中生产所有动物的血液。”[17]他写道。简而言之，动物不会自己制造蛋白质。事实上，这一结论与当时的一切知识一致，但是激情所致，他错误地接受了一个未经证实的实验发现。这是他的第一个谬误。

李比希的下一个飞跃甚至更有问题。他知道碳水化合物和脂肪只含有碳、氢和氧，而蛋白质还含有氮和硫，于是他分析了野生动物的成分。他观察到它们总是很瘦，他也没能在它们的肌肉和器官中找到碳水化合物或脂肪。[18] 于是他总结说，它们和我们的身体都是完全由蛋白质组成的。他认为，在我们所吃的食物中，蛋白质是唯一一种用于构建细胞和身体组织的原材料。

他知道还有一项观察似乎支持了他的观点。我们的尿液中含有大量尿素分子，和蛋白质一样，尿素也富含氮。所以在李比希看来，很明显，我们的肌肉在工作时，必须分解一些蛋白质来产生能量，他认为这一定是我们排出的尿素中氮的来源。[19]

在这个规整的提案中，脂肪和碳水化合物只起到辅助作用。他认为，我们消耗它们只为一个原因：像烧煤一样燃烧它们，为自己取暖。亨利·戴维·梭罗在《瓦尔登湖》中写道："依照德国化学家李比希的说法，人体好比火炉，食物便是让肺中的火焰持续不熄的燃料。"

1842 年，李比希在他的《动物化学：或有机化学在生理学和病理学中的应用》一书中提出了这一突破性的理论。他揭示了我们需要的营养物质只有蛋白质、碳水化合物、脂肪和一些矿物质。他宣称，归根结底，它们都来自植物，并且蛋白质为王。我们的肌肉和组织仅由这种材料构成。（毫无疑问，他的巴伐利亚同胞对此极为失望，他们当时认为自己需要喝啤酒来形成强壮的肌肉。[20]）

起初，李比希的观点被广泛接受。在他的书的前言中，一位苏格兰化学家写道，他"对作者深刻的睿智抱以最高的钦佩，正是这种睿智使作者能够在事实的基础上建立起如此美丽的体系，而其他人却让这些事实在如此长的时间里毫无用处……"[21]。一位英国医生滔滔不绝地说，与李比希的一次谈话"让我深感钦佩，仿佛有一束新的光芒，照亮了过往所有的困惑和不解”[22]。尽管有人质疑他的结论，但许多人对这位“在世的科学先驱”满怀崇敬，促使他的理论被奉为圭臬。[23]换句话说，许多人受到“世界一流的专家必然正确”的偏见的影响。

此时，为了进一步推动化学科学，李比希开始将他的知识应用到营养问题上。在这个过程中，他将使自己变得相当富有。他的发明之一——李式可溶性婴儿辅食，是第一种科学设计的婴儿配方奶粉。他还发明了一种用煮熟的肉制成的浓汤酱，李比希肉制品公司后来以OXO的商标销售这种产品。尽管李比希声称浓汤可以使身体兴奋起来，但它几乎没有营养价值。不管怎样，它至今仍是一种久经考验的美味。

就在李比希的产品开始为他生财时，对其理论的有力批评开始涌来。1866年，瑞士科学家阿道夫·菲克和约翰内斯·维斯利策努斯突然想到，他们很容易就能验证李比希的理论，只需要简单的物理方程式和一次令人振奋的远足。[24]在一个薄雾笼罩的清凉早晨，他们5点出发，踏上了攀登瑞士山峰的8小时路程。他们在前一天停止摄入蛋白质，并在攀登过程中以及攀登后6小时内如实收集尿液。[25]接着，他们分析了这些尿液的氮含量。据此，他们可以确定肌肉要消耗多少蛋白质来产生能量。又做了几次计算后，他们得到了答案。已知自己的体重和爬过的高度，他们很容易就算出身体做了多少工作。他们的身体大约分解的蛋白质所释放的能量，是否足以为攀爬提供动力？

远远不够。计算的总数只相当于他们所需能量的一半。很明显，他们必须以另一种方式产生能量——不是通过分解蛋白质，而是通过燃烧碳水化合物和脂肪。

卡尔·冯·福伊特和马克斯·约瑟夫·佩滕科费尔曾是李比希的学生，两人进行了一项实验，实验结果对李比希的理论同样具有破坏性。[26]他们建造了一个密闭房间，“一个呼吸室”，它的大小足够一个人在里面住上几天，他们在房间里布置了桌子、床和椅子。但他们并不要求实验对象只是闲散度日。实验对象要在9个小时内将一个沉重的手摇曲柄转动 7 500 圈。为了验证李比希的理论，冯·福伊特和佩滕科费尔始终在精确追踪每一种进出实验对象身体的物质。他们准备了不含蛋白质的食物，并测量实验对象尿液和粪便中的氮含量。与此同时，他们分析从室内排出的空气，获知实验对象呼出了多少二氧化碳，用以衡量他们燃烧的碳水化合物或脂肪量。实验结果令人失望。当实验对象转动手摇曲柄时，他们的氮产量维持不变。他们似乎没有像李比希所说的那样消耗蛋白质以产生能量。倒是二氧化碳产量的激增表明情况正好相反——他们靠燃烧碳水化合物或脂肪来产生能量。李比希深受伤害。为了挽救他的理论，他和学生们提出了一些晦涩的论点，但不祥之兆已经出现了。[27] 李比希错得离谱。

不过，你还是要赞美他。他的挫折促使科学家思考他们从未预想可以探索的问题。科学家终于开始了解人类是由什么组成的。我们不仅仅是蛋白质，包括我们的肌肉、组织和骨骼，所有活细胞中的一些结构也由碳水化合物和脂肪组成。

李比希认为我们自身无法制造蛋白质，这个结论也是错误的。蛋白质是由 20 种氨基酸（每种氨基酸由大约 20 个原子组成）组成的折叠长链。事实上，你吃的任何蛋白质都会被分解成氨基酸，而后你的细胞将这些氨基酸重新连接起来，就像把珠子串成项链一样，形成新的蛋白质。

李比希也搞错了我们的燃料来源。通常，我们的能量来自碳水化合物和脂肪的燃烧。如李比希所怀疑的那样，在饥荒之类的艰难条件下，我们确实会从肌肉中消耗一些蛋白质，但我们的身体只会在别无选择的情况下才会诉诸这种绝望的措施。

这并不是说李比希的所有思想都已消亡。其中一个仍然生机勃勃。如果你发现，你认为自己需要高蛋白饮食来增强肌肉，那你要感谢李比希。在流行文化中，这种想法从未消失。不过，一旦摄入足够的蛋白质，再加量也不会帮助你增肌，只会增加脂肪。可悲的是，形成更多肌肉的唯一方法就是消耗更多的能量。

尽管犯了许多错，李比希仍然备受尊敬，因为他有许多无愧于此的创新。他的核心教义之一开始被广泛接受——我们需要四类分子来构建身体。

李比希正确地推断出前三种是由植物产生的，称为“营养三位一体”。植物把二氧化碳和水转化为糖。接着，它们把糖转化为三种物质，也就是蛋白质、脂肪和碳水化合物（糖链），如果不把水计算在内，这三种物质约占我们身体质量的 90%。李比希还发现了构建我们身体所需的第四种成分——一些矿物质，如钠和钾。李式可溶性婴儿辅食被称为“母乳最完美的替代品”，这四类分子构成了其配料表的科学基础。[28] 不幸的是，没有人怀疑过他的清单不完整，这解释了为什么只用他的配方奶粉喂养的婴儿无法茁壮成长。[29] 事实证明，我们必须再吃一类分子才能组装自己。

⊙

不幸的是，这最后一类物质的缺乏导致了四种异常可怕的疾病。在 1500 年至 1800 年的航海时代，坏血病（学名维生素 C 缺乏症）夺去了大约 200 万水手的生命，这个数字远远超过了战争的死亡人数。[30] 在整个亚洲，一种叫脚气病的恶性病会不时导致数百万人瘫痪甚至死亡。糙皮病以四种症状——痴呆、皮炎、腹泻和死亡闻名于世，它折磨着欧洲和美国的穷人，尤其是美国南部的许多人，他们主要吃培根、玉米面包和糖浆。佝偻病会使富人和穷人的孩子骨骼变形。我在大萧条时期的阿肯色州长大，我岳母的姐妹们深受佝偻病的影响。在科学家发现这些令人费解的疾病的成因之前，无数受害者将遭受痛苦乃至面目可憎地死去。

然而，一些线索早已显现，其中有一条初显端倪的线索在李比希出生的半个世纪前就出现了。1747 年的一天，31 岁的英国海军医生詹姆斯·林德站在“索尔兹伯里号”皇家海军舰船的甲板上，这是一艘配备了50门大炮的三桅战舰。他们正在法国海岸外的比斯开湾巡逻，林德呼吸着新鲜的空气，这让他暂时摆脱了下方沉滞的气氛和他在那里要面对的糟心谜团。

他们离开港口才8周，船上300名水手中就有40人得了坏血病。他们一瘸一拐地来到林德的医务室，牙龈腐烂，皮肤上有瘀伤般青紫红黑的斑点。他们无精打采，连走路的力气都没有。他知道，如果病情发展得太严重，他将不得不切除他们严重肿胀的牙龈，这样他们才能吞咽食物。

在英国海军中，这种情况并不罕见。坏血病在长途航行中很常见。林德十分了解其最严重的事件，因为它就发生在7年前。英国海军派出了一支8艘船组成的舰队，由乔治·安森爵士指挥，去攻击南美的西班牙大帆船。三年半后，安森带回了一笔巨大的财富，需要32辆马车才能运到伦敦塔。[31] 但1 900名士兵中只有400人跟随他返回，大多数人死于坏血病。[32]

并不是说海军完全忽视了这种疾病，问题在于，人们对如何治疗尚无共识。

然而，这些知识曾经是已知的，至少有一些人知道。200年前，许多船长可能会告诉你，如果在长途航行中不让水手们吃到新鲜的水果和蔬菜，坏血病就会暴发。作家斯蒂芬·鲍恩观察到，在17世纪，船长们从一个港口冲向另一个港口，就是为了在时间上跑赢这种疾病。[33] 人们还知道柠檬汁可以预防或治疗它。[34] 约翰·伍德尔在他1617年出版的教科书《外科医生的伙伴》中建议每天喝柠檬汁。荷兰东印度公司甚至在好望角和毛里求斯建立了种植园，为船员提供柠檬。

不幸的是，关于柠檬汁益处的知识不知何故丢失在时间的长河里。[35] 原因有很多，包括单纯的自满。当坏血病的发病率再次升高时，人们开始抵制柠檬。柠檬汁很贵，一些船主怀疑商人吹嘘柠檬的想象中的药效只是为了哄抬价格。与此同时，医生们也在兜售各种令人困惑的所谓疗法。正如作家大卫·哈维所观察到的，甚至还有“反水果主义者”，他们声称，柠檬在一些探险中会伤害而不是帮助水手。[36]

林德本人较少见到坏血病，直到前一年夏天为期 10 周的航行中，他的 80 名船员被这种疾病击倒。[37] 在四处寻找原因时，他注意到，他们遭遇的阴雨天气使船员们很难晾干身体，并在底舱形成了污浊的空气。林德不知道这糟糕的空气是不是罪魁祸首。他也考虑到是否要归因于缺乏适宜的饮食，但这似乎不太可能。“他们都得了坏血病，”他写道，“哪怕船长给船员们提供羊汤炖飞禽和他自己餐食里的肉。”[38] 林德注意到，尽管他认为安森爵士的船队有充足的供应，膳食适宜且水质良好，但坏血病还是暴发了。

尽管安森损失惨重，英国海军部的高层却表现得缺乏紧迫感，这是灾难性的。人们对它的病因意见不一。是过度拥挤吗？盐吃多了？空气糟糕？还有些人认为，只有行动迟缓和懒散的水手才会患上这种病。[39] 此外，即便他们同意柠檬竟有助于预防这种疾病，在长途航行中携带大箱柠檬也耗资不菲，而且不切实际，因为柠檬和柠檬汁会变质。也许最重要的是，坏血病往往对军官和高级水手无效。因此，比起承担预防疾病的责任和开销，强迫更多不知情的人参军（通常经由欺骗或绑架）来接替伤亡者似乎更为方便。[40]

刚被提升为随船医生的林德被坏血病吓坏了。他有健全的科学头脑，便请求船长允许他做一项试验来寻找治疗方法，这被一些人认为是医学史上第一次临床试验。林德把 12 名患坏血病的水手分成 6 组，让他们睡在前舱的吊床上。他给每个人开出不同的药方：苹果酒、硫酸、醋、海水，或者柑橘和柠檬。不幸的第 6 组患者接受了林德的一位同事推荐的药方：用大蒜、芥菜籽、干萝卜根、某种被称为秘鲁香胶的树脂、没药制成的一种令人生厌的糊糊，还偶尔添加少量的罗望子煮大麦水以及塔塔粉[①]以净化身体系统。

一个星期后，他用完了水果，不得不结束试验。至此，显然只有两种疗法有效果。苹果酒似乎起了一点作用，而令人难以置信的是，柑橘类水果在很大程度上治愈了这种疾病，使这一组的一名水手回到了岗位上，另一名被林德派去照顾同伴。

你可能以为，林德刚刚证明了柑橘类水果中必然有某种物质可以治愈坏血病，所以他会立刻跳上跳下地大喊“我找到了”。这是不可能的。不幸的林德泥足深陷于智力的流沙中——那是当代令人困惑的医学理论。

林德花了一些时间来梳理自己的研究。他从海军退役，在爱丁堡获得医学学位，并开始行医。然后，他开始认真研究其他人对坏血病的许多描述，最后才对它做出了最终的解释。

1753 年，在他里程碑式试验的 6 年后，林德发表了一部 456 页的著作。他的试验结果可能看起来很明确，但是他的结论本来可以更确定。我们的故事到了这里，读者可能想说：“等一下！你看不出来吗？”林德先是颇具洞察力地审视了其他 54 部关于坏血病的著作，而后只在书的 1/3 处谈及自己的试验，并且只写了 5 段。他坚信自己已经证明了柑橘类水果可以治疗坏血病，却很难解释这种疾病的成因。当时的疾病概念完全是一团糟。人们被盖仑的观点支配，认为疾病源于身体体液的失衡。因此，林德得出结论，在船上，糟糕的饮食和潮湿的冷空气共同阻碍了排汗，从而将腐败有害的体液困在体内。他解释说，柑橘类水果可以打开皮肤的毛孔，但在后来的版本中承认其他药物也可以有同样的疗效。“我并不是说，”他说明道，“只有柠檬汁和酒能治疗坏血病。这种病和许多其他疾病一样，可以用性质截然不同乃至相反的药物来治疗，包括柠檬。”正如作家弗朗西丝 · 弗兰肯堡的评论：“如果曾有一个研究人员怀疑自己的发现，那就是詹姆斯 · 林德。”[41]

① 塔塔粉是一种食品添加剂，呈白色粉末状。——译者注

从好的方面来看，林德确实建议水手用柠檬汁来预防这种疾病。但是在提出这个明智的建议之后，他犯了一个异常草率的错误。为了防止果汁腐烂，他建议将其加热制成糖浆——很少有人怀疑加热会破坏果汁的疗效。更令人困惑的是，许多杰出的医生支持其他完全无效的疗法。一位海上医生尖刻地写道："林德医生认为，缺乏新鲜蔬菜是坏血病的一个非常重要的病因，他可能会出于同样的理由，添上新鲜的动物性食品、葡萄酒、潘趣酒、云杉啤酒，或者任何能够预防这种疾病的东西。"[42] 林德的批评者继续推荐用大米来治疗，或者 1/4 白兰地和 3/4 水的混合物。坏血病肆虐，有增无减。

1756 年，也就是林德发表专著三年后，英法之间爆发了七年战争。在 184 899 名应征或被迫加入皇家海军的水兵中，只有 1 512 人在战争中阵亡。另有 133 708 人死于疾病，主要是坏血病。在不久后的美国独立战争中，坏血病继续重创英国海军。[43] 一些人认为，如果英国海军部给船员提供柠檬，英国人也许已战胜美洲殖民地，或者至少能拖住法国海军，并通过谈判达成更有利的协议。

直到 1795 年，也就是林德去世一年后，英国皇家海军才开始给水手分发柠檬汁。有一段时间，坏血病实际上已不成问题。但是，在迈出富有成效的一步之后，英国海军又猛地后退了两步。80 年后，他们改用酸橙，因为他们可以从英属西印度群岛的种植园买到更便宜的酸橙。从此，英国水手自然被称为"limey"①。但遗憾的是，酸橙预防坏血病的效果要差得多，这让人怀疑任何柑橘汁都没有治疗效果。即使到了 20 世纪初，医生们已一致认为新鲜水果和蔬菜可以治疗坏血病，却仍然无法就病因达成一致。因此，在 1912 年，坏血病困扰着英国探险家罗伯特·斯科特精心策划的南极探险。他坚信细菌性食物中毒是罪魁祸首，这可能加速了他自己的死亡。几百年过去了，坏血病的病

① limey 直译为"酸橙佬"，在现代用法中译为"英国佬"。——译者注

因仍然是个谜。

⊙

是一场荷兰的征服战揭露了通往坏血病本质的决定性线索。19 世纪后期，荷兰将苏门答腊岛东北部的一个伊斯兰苏丹国并入了荷属东印度群岛，即现在的印度尼西亚。他们的入侵引发了一场激烈的游击战，一种名为脚气病的可怕疾病加剧了伤亡。1885 年，它影响了 7% 的荷兰军队和更多的本土士兵。[44] 在荷属东印度群岛的其他地方，许多医院的病人也死于这种疾病。

政府委派一位卓越的病理学家去找出脚气病的病因，他有一个很适当的荷兰名字，叫科内利斯 · 佩克尔哈林。科内利斯又聘请了一位神经学家科内利斯 · 温克勒来帮忙。

两位医生完全有理由相信自己能很快成功。10 多年前，路易 · 巴斯德证实有几乎看不见的敌人——细菌在传播疾病，从而成为法国的民族英雄。巴斯德已证明细菌传播了致命的炭疽，这种疾病周期性地残害欧洲的牲畜。仅仅几年后，德国医生罗伯特 · 科赫发现了导致结核病和霍乱的细菌。此时，寻找许多其他致病菌的竞赛开始了。

1886 年，佩克尔哈林和温克勒前往柏林拜访科赫，并获得了一些指点。据说，在优雅的鲍尔咖啡馆，他们在喝咖啡时要了一份荷兰报纸。他们被引到一位胡髭浓密的年轻人面前，他正在读这份报纸。[45] 走近他的桌子时，他们很高兴地发现对方也是一位荷兰医生，名为克里斯蒂安 · 艾克曼。这位眼神忧伤的 29 岁年轻人曾在东印度群岛服役，见识过脚气病的影响，也同样渴望找到病因。一次疟疾夺走了他年轻妻子的生命，迫使他返回家乡。然而，他并不畏惧回到热带地区。他是来科赫的实验室研究细菌性疾病的，所以他急切地签约成为佩克尔哈林和温克勒的助手。

1887 年 2 月，三位医生到达了战场，即苏门答腊岛北端的亚齐，脚气病是那里的地方病。他们可以自行支配一个医院实验室，便开始了调查。很快，他们确定脚气病会影响神经系统。它会引发五花八门的症状，如腿肿、行走困难、瘫痪、心脏问题，以及骇人的感觉缺失。“我发现我的腿脚完全麻木肿胀，还有嘴巴周围，几乎一直到我的眼睛，都感觉麻木。”[46]一位患者回忆道。艾克曼震惊地发现，军队染病的速度飞快。一名士兵早上在打靶训练时命中靶心，却可能当晚就会死去。

还有一些情况让脚气病显得特别奇怪。它很少出现在农村，却在军队、医院和监狱里肆虐。将一名囚犯监禁数月等待审判，可能相当于将他判处死刑。[47]

在新实验室里，佩克尔哈林、温克勒和艾克曼立即着手寻找致病菌，但其难度超出预期。起初，他们未能在生病士兵的血液中发现任何细菌；接着，他们确实检测到了细菌，但它们也存在于健康士兵的血液中，他们推断，这意味着细菌必然几乎不费时间就能传遍军营。然而，当他们从脚气病患者身上提取细菌并培养，又将它们注射到狗、兔子和猴子身上时，这些动物似乎不受影响，除非被多次注射。这看起来很古怪。

尽管如此，8 个月后，佩克尔哈林和温克勒认为他们的任务基本完成了。他们的结论是，致病菌很可能是被吸入的，它们一定是热带地区特有的，高温和潮湿有利于它们的生长，而且它们传播得极其快。因此，医生们建议受感染的建筑物要从顶到底进行消毒，不过他们承认，如果外面的土壤也被污染了，也许更容易的做法是把居民转移到新地点以防再次感染。[48]佩克尔哈林和温克勒满意地回到了荷兰，留下 30 岁的艾克曼做扫尾工作，找出致病菌的身份。

因此，1887 年，在荷属东印度群岛的首府巴达维亚（现雅加达），艾克曼在一家满是脚气病患者的军医院里主管了一个实验室。他的空间由两个相当大的房间构成，入口是一处带顶棚的游廊，他在里面布置了一张沙发来招待客人。巴达维亚本身也在迅速变化。汽灯闪烁的金光照亮了前不久昏黑的街道。蒸汽动力的有轨电车以每小时 10 英里的惊人速度行驶，取代了马车。[49] 甚至饮食也在改变。新引进的蒸汽碾米机搅打出的光润的白米，看起来比手工碾磨的暗色糙米更美味。[50] 但脚气病仍然致命。

然而，当艾克曼寻找致病菌时，细菌又一次拒绝合作。他再次将培养的细菌注射到兔子和猴子身上，但这些动物没有生病。他准备好长期作战，转而用鸡来做实验，可能是因为大量饲养鸡的成本更低。[51] 这个决定纯属碰运气。当艾克曼给鸡注射细菌时，它们生病了。它们开始步伐摇晃，乃至无法行走，症状与脚气病非常相似。然后，正当一切进展顺利时，混乱再度降临。他安置在另一处的对照组动物也出现了同样的症状。这种疾病又一次显示自己可以异常迅速地传播。但是，很快，更令人困惑的事发生了，所有的鸡突然莫名其妙地全都恢复了健康。这足以让任何人发疯。

就在那时，艾克曼得知了一个奇怪的巧合。助手告诉他，他更换过喂鸡的食物。当它们生病时，助手一直给它们喂他能找到的最便宜的食物：剩饭——由医院厨师捐赠的白米饭残渣。但厨师已经换人了，正如艾克曼所说："他的继任者拒绝让民间养殖的鸡吃军用大米。"[52] 因此，艾克曼的助手给它们喂了生糙米，不久之后，它们开始康复。

路易·巴斯德有一句名言："机会只青睐那些有准备的人。"[53] 在经历了失望和挫折之后，艾克曼做好了准备。他知道白米是一种创新。20 年前新引进的蒸汽碾米机可以更彻底地去除谷糠。机器碾的米在变质前可以储存更长时间，而且大多数人更喜欢这些闪闪发亮的白色米粒，而不是保留了薄薄糠皮的棕色手碾米。

艾克曼给一些鸡喂煮熟的白米饭，他惊讶地发现，它们在 3 至 8 周内出现了类似脚气病的症状。看起来他终于有了些许进展。

这个时候，艾克曼自己也病倒了，很可能是疟疾。尽管如此，他还是坚持开展了一系列实验，以确定白米中导致鸡生病的神秘成分。[54]

是某一种特殊的白米有毒吗？是白米比糙米坏得更快吗？为了保持健康，鸡是否需要仅存在于大米外层的蛋白质或盐？这些理论都没有得到证实。

经过 5 年的实验，艾克曼敏锐的头脑中只剩下一种符合逻辑的可能。他的结论是，大米的白色部分含有一种毒素，而包裹大米的棕色糠皮含有一种抗毒素。或者他假设，我们胃里的细菌以白米为食时会释放出一种毒素（因为他那个时代的许多科学家相信我们肠道中的细菌会产生毒素），而大米外层的抗毒素抵消这种毒素。[55]

艾克曼很高兴地发现，他的理论得到了朋友阿道夫·沃德曼的有力支持，后者是东印度群岛监狱系统的医疗检查员。沃德曼分析了 101 所监狱中近 25 万名囚犯的脚气病发病率。他发现，在供应糙米的监狱里，患脚气病的人不到万分之一。但是在那些供应白米的监狱里，发病率是 1/39，在长期监禁的人群中，发病率甚至更高，达到 1/4。沃德曼认为，所有这些数字都强有力地证明，米粒外层被碾磨去除的糠皮含有一种抗毒素，可以中和白米的一种毒素。

1896 年，艾克曼的疾病迫使他回到欧洲，在那里等着他的是咄咄逼人的批评。令人难忘的是，一位英国医生指责说，脚气病与吃米饭的相关性“就如吃鱼与麻风病的相关性，又或咀嚼虎肉与产生勇气的相关性”[56]。

然而，脚气病可能与食物有关的观点开始在亚洲传播。马来西亚一所“疯人院”暴发了致命的传染病，这促使一名英国医生对他的病患进行了一项试验。[57] 令他惊讶的是，他发现糙米可以预防甚至治愈脚气病。他也遭到了强烈的质疑，质疑者包括马来医学研究所所长。但是证据不断增多。在日本，医生高木兼宽错误地认为是蛋白质缺乏导致了脚气病。尽管如此，他向日本海军推荐的饮食改动却在实际上消除了这种疾病。到 20 世纪第二个十年，亚洲的许多医生都确信，吃精米会导致脚气病，不过他们回答不出其中的原因。

与此同时，欧洲的大多数科学家仍然坚持认为细菌是罪魁祸首。这就好像他们在看一幅视错觉画，一幅包含了两个图像的画，他们只能看到其中一个。需要一种全然不同的实验才能让他们突然从全新的角度看待这幅画。

这个实验的执行者是剑桥大学的弗雷德里克·高兰·霍普金斯，他的职业生涯始于对各著名中毒案件的研究，后来他被誉为英国生物化学之父。霍普金斯并没有从研究疾病的角度出发，他试图从零开始调制人造食物，以完善我们对营养需求的认识。他测量了蛋白质、碳水化合物、脂肪和矿物质——这些都是李比希在60年前就发现的基本营养物质——并把它们喂给幼鼠。他惊讶地发现幼鼠发育迟缓，除非他也给它们一小滴牛奶。

霍普金斯迷惑不解。李比希错了吗？我们是否需要吃一点点某些李比希没有发现的物质？这似乎让人难以置信。“半个多世纪以来，人们一直在进行如此细致的营养学科研工作，”他写道，“怎么会有被疏漏的基础知识呢？”[58]但过了一段时间，他想：“为什么不会呢？”他把牛奶中发现的神秘物质称为“辅助因子”。1912年，他冒险提出，之所以产生坏血病和佝偻病这两种疾病，可能是因为缺乏微量的辅助因子，而不是因为细菌的影响。

与此同时，在伦敦的李斯特研究所，一位名叫卡齐米尔·芬克的腼腆的波兰科学家也在热切地追求同一个目标。主任提醒他，在巴达维亚的艾克曼旧实验室里，研究人员正在竞相鉴定米糠中治疗脚气病的物质。芬克决定抢在他们前面。他开始用白米饭喂鸽子。果然，它们表现出类似脚气病的症状：脖子翘起，翅膀和腿的力量变弱，行走困难。接下来，他尝试从糙米糠皮中分离出一种能治愈这种疾病的活性成分。他独自“全力”工作，经常忙到深夜，试图从米糠中分离出一种有疗效的物质。[59]他不辞辛劳地执行了许多步骤，包括将米糠与酒精混合，过滤并蒸发液体，压榨残渣，并添加其他化学物质。他会把最后提取的精华喂给生病的鸽子，如果它们康复了，他会尝试从中分离出更小的一部分。最后，他从2 000磅的米糠中提取出一勺活性物质。只需喂食很小的剂量，他的鸽子就能在3至10个小时内重新站立和行走。即使到了这时，持怀疑态度的同事仍然质疑这种“治愈”的有效性，因为它只持续了7到10天。[60]

1912年，芬克在一篇具有里程碑意义的论文中宣称，饮食中缺乏某些极其少量的未知物质，会导致坏血病、佝偻病，以及另外两种可怕的疾病：脚气病和糙皮病。机灵的芬克想出了一个比“辅助因子”更时髦的名称。他称之为“vitamine”，由vita（拉丁语中“生命”的意思）和amine（他错误地认为其由一种含氮化合物组成）组成。这个名称流传了下来，只是丢掉了最后那个e（维生素）。这个观点终于传播开来：若想避免可怕的疾病，除了李比希的蛋白质、脂肪、碳水化合物和矿物质之外，我们可能还需要其他东西。

回首这段往事，你一定会想：天啊，怎么会花这么长时间？证据很早就存在了。几百年前，许多船长都知道柠檬能治疗坏血病。然而，这些知识却被误解、忽视和遗忘了。脚气病和白米之间的联系也很强。在霍普金斯和芬克发表论文的10年前，艾克曼在巴达维亚的继任者格里特·格里恩斯，以及艾克曼过去的雇主科内利斯·佩克尔哈林都已从进一步的实验中得出结论：缺乏一种未知物质会导致脚气病。但是，他们发表在荷兰期刊上的论文，就像扔进大海的鹅卵石一样，没有掀起什么波澜。大多数同行拒绝相信他们，怀疑实验人员没有排除高传染性隐形细菌存在的可能。只有一种全然不同的实验——霍普金斯发现其合成食物的不足——才开始让科学家相信，他们可能一直有所疏漏。

为什么他们看似蓄意盲目？首先，我们必须承认，他们当然也是人。和普通人一样，要摆脱德高望重师长的教诲，对科学家来也很难，并且很少有人轻易承认自己的错误。然后，还有另一重障碍，就是一种思维陷阱——“只寻找并看到匹配既有理论的证据”的偏见，通常被称为证真偏差，即人们倾向于寻找和接受那些仅能证实自身已有信念的信息。我们每个人自带的内置思考回路是很重要的，帮助我们快速了解世界。你不会想花精力争论前方小路上又细又长的棕色物体是蛇还是树枝。但这种偏见也有缺点。林德、艾克曼等许多人都在寻找体液失衡、细菌或毒素的证据，这样的证据符合他们对疾病的现有理解。他们不愿意在思想上跃迁至一个截然不同的概念，直到压倒性的证据迫使他们寻求一个新的解释。

我们从小就被教导要避免食用变质的食物和饮料。在维多利亚时代的英国，喝啤酒通常比喝水更安全。每个人都知道，你如果吃错了东西，就会生病，但维生素这个离奇的概念似乎颠覆了这个想法。正如生物化学家圣捷尔吉·奥尔贝特所说：“维生素是一种不吃就会生病的物质。”[61] 因此，无怪乎在霍普金斯和芬克发现维生素之后很久，许多科学家仍然认为维生素“只是一个名称”——特别是因为没有人确定这些假定物质的化学成分，也就没有人了解它们的作用机制。

不过，也有一些人感觉到了即将到来的巨变。1913 年，在威斯康星大学，埃尔默·麦科勒姆和年轻的志愿者玛格丽特·戴维斯也为老鼠调制了一种合成饮食。他们发现，除非食物中含有微量的两种物质，否则幼鼠就会停止发育：一种是他们从脂肪中分离出来的“因子”，另一种是在小麦胚芽中发现的水溶性因子。它们后来被称为维生素 A 和维生素 B，不过也完全可以称为 X 因子和 Y 因子。研究人员对它们几乎一无所知。

这打响了一场科学淘金热的发令枪。生物化学家经过大量研究之后发现，糙米中有一种被他们命名为 B_1 的维生素，它正是治愈艾克曼脚气病的神秘因子。维生素 C 又被称为抗坏血酸（顺便说一下，构成它的只有我们最喜欢的三种元素：碳、氢和氧），缺乏它会导致詹姆斯·林德的宿敌——坏血病。维生素 B_3 可以治愈糙皮病，这种病在美国南部很常见。维生素 D 能治疗佝偻病，这种病是许多婴儿的苦难根源，他们生活在没有阳光的阴暗城市公寓里。

尽管维生素的功效大得惊人，但研究人员还发现，维生素分子非常小，只有 12 至 180 个原子。

不久之后，一股维生素热潮席卷了世界，这一点也不奇怪。包治百病的说法屡见不鲜。1931 年，《纽约时报》的一个头条消息激动地写道："科学家发现一种维生素可以防止大脑软化。"[62] 维生素似乎可以做到这一切：增强活力和精力，提高性欲，预防癌症。[63] 许多乐观的断言是过度的夸大，不过，添加维生素的食品大大减少了某些疾病。其中，在人造黄油中添加维生素 A 可以消除夜盲症，在牛奶和人造黄油中添加维生素 D 有助于消除佝偻病。

1941 年，富含维生素的食品再次受到追捧。就在珍珠港事件发生的 6 个月前，罗斯福总统在华盛顿特区召开了全国国防营养会议。有 900 名医生和专家参加这次关于国家食品供应的会议，著名的演讲者在会上敲响了警钟。他们警告，美国可能会派出缺乏维生素的部队对抗营养良好的德国士兵。[64] 美国食品和药物管理局不失时机地建议磨坊主和面包师往白面粉和面包中添加工业碾磨所剥离的营养成分。生产商自愿向面粉中添加维生素 B_1（硫胺素）、维生素 B_2（核黄素）和维生素 B_3（烟酸）。"你也是军队的一员！"美国《好管家》在 1942 年的一个专栏对读者说，"这是你的爱国责任，你要使用营养丰富的面包和面粉，将这些健康价值带给家人。"[65] 奇迹面包之类的食品自豪地添加了维生素，获得了超级食物的光环。对许多人来说，当时这些健康食品使一整类疾病成为遥远的记忆①。

今天，人们普遍认为，如果我们不想变得肿胀、变色、瘫痪，并遭受其他额外痛苦的羞辱，那我们总共需要 13 种维生素。身体希望我

---

① 即使到了今天，仍有相当数量的美国人患有至少一种维生素缺乏症。在发展中国家，这些缺乏症甚至更为严重。因此，研究人员正在尝试转基因作物，如黄金大米，可以预防维生素 A 缺乏症。

们补充维生素 A、C、D、E、K 和 8 种 B 族维生素。（顺便说一下，我们不需要其他的了；从 F 到 J 的字母，外加某些 B 族维生素的名称，都曾被分配给一些从未成真的发现。）[66]

所有维生素有什么共同之处？“我们无法制造的分子就叫维生素。”BBC（英国广播公司）采访者梅尔文·布拉格打趣道。他说的没错，只是有一个限定条件：我们确实可以制造其中的三种——维生素 B_3、D 和 K，只不过生产的量总是不够。我们用成堆的碳水化合物、脂肪和蛋白质作原料，构建细胞并产生能量，而我们的维生素在很大程度上只是些小小的基本工具，它们只协助促进化学反应。它们就像汽车里的润滑油，没有它们，一辆车仍然完好无损，但过一阵子它就哪儿都去不了。你也不需要很多维生素。例如，你每天只需要 2.5 微克的维生素 B_{12}，重量大约是一粒盐的 1/30。

所有这些都提出了一个明显的问题：如果维生素是如此必要，缺乏维生素是如此危险，为什么我们的身体不进化到可以自己制造维生素呢？一个简单的解释是，我们很懒，我们不这么做是因为我们没必要这么做。以维生素 C 为例。我们的灵长类祖先会制造维生素 C，大多数脊椎动物现在仍然有这种能力，包括我们的猫和狗。因此，我们不需要给宠物喂西蓝花。但在大约 6 000 万年前，我们祖先的这种基因却因突变而失效了。[67] 我们仍然携带这种基因，它只是再也不起作用了。“既然我们每天都要吃东西，”生物化学家克里斯·沃尔什解释道，“我们就赌一赌我们总能从食物中找到足够的维生素。”植物可以大量制造维生素 C，这对我们的祖先和我们来说是很幸运的。

我们只需要一点点维生素，但别让其微量骗了你。维生素辅助细胞的许多最基本功能。例如，维生素 A、C、K，以及 B 族维生素都是辅酶。这些微小的分子帮助它们巨大的兄弟——酶加速化学反应。酶是一种长且折叠的氨基酸链，可以使原本百万年或十亿年才发生一次的反应在一秒钟内发生很多次。酶促进分子反应，其途径是捕捉并精确定位分子——精度达到十亿分之一英寸。但要做到这一点，一些酶需要拥有不同化学键的、微小的助手的帮助。换句话说，它们需要辅酶，也就是我们的某些维生素。正如建筑工人除了需要起重机和推土机外，还需要电钻来组装建筑物一样，我们的细胞也需要维生素来辅助完成许多基本任务。

无怪乎我们并不是唯一感激它们的生物。无论是大肠杆菌、蘑菇还是鸭嘴兽，所有活的生物体都需要它们。维生素的作用如此不可或缺，以至于生物化学家哈罗德·怀特怀疑它们是在某些最早的细胞中进化出来的。[68] 回想一下，一些研究者认为生命最初由 RNA 进化而来——远早于 DNA 和蛋白质的诞生。RNA 可以复制，并且可以加速化学反应。但 RNA 可能需要辅酶的帮助，俗话说得好，没坏的东西就别修。所以，我们可能自那时起就和它们绑定了。

到目前为止，维生素已经被用于许多其他功能，以至于其很难追踪。维生素 A 协助我们的眼睛形成探测微弱光线的视杆细胞，没有它，你会在黑暗中撞到墙上。你也需要它来制造皮肤、骨骼、牙齿、指甲、头发和免疫系统的细胞。另一方面，如果没有维生素 C，你就走不了路。你需要它来产生胶原蛋白，这种弹性物质可以增强你的皮肤、骨骼、肌腱和肌肉的弹性。你体内至少有 30% 的蛋白质是胶原蛋白。如果你少了维生素 C 的摄入，你的牙龈和腿就会肿起来，就像英国皇家海军的“酸橙佬”一样。维生素 D 最出名之处在于它能帮助细胞吸收钙，当然，这意味着没有它你就没有骨骼。但你的肌肉和神经也需要它。所以如果你缺乏维生素 D，你的身体就会拆东墙补西墙，从你的骨骼中抽取钙，以保持肌肉和神经的运转。如果你还年轻，你腿上因此而产生的弯曲会让人一眼就辨认出你患有佝偻病①。一些维生素，如维生素 A、D 和 E，还起着清除的作用。它们是抗氧化剂，可以在自

---

① 好消息是，你可以在皮肤中自己制造维生素 D。但完成这个步骤需要阳光。大概每周几次，每次在中午晒 20 到 30 分钟太阳就够了，如果你全身只缠了腰布，需要的时间就更少一些。

由基破坏细胞机制之前清除这些危险的带电分子。

一个多世纪前，植物和少数真菌，如蘑菇和酵母，会为你制造所有这些维生素（有一个例外：维生素 B_{12} 只有细菌才能制造）。但今天我们的许多维生素都是工厂制造的。它们以药片的形式出现，或者加在我们的意大利面、橙汁和早餐麦片中。正如凯瑟琳·普赖斯在《维生素狂热》中指出的，我们吞下的一些合成维生素可能是由尼龙、丙酮、甲醛和煤焦油制成的。[69] 尽管听起来倒人胃口，不过合成版本的维生素效果也很好。人造维生素和植物合成的维生素具有相同（或几乎相同）的化学结构。尽管如此，许多生物化学家认为我们最好从天然食物中获取维生素。他们欣然承认我们对营养学还有很多不了解的地方。研究人员仍在了解我们于植物中发现的许多化合物的营养作用，比如强大的抗氧化剂类黄酮。维生素可能会以我们尚未理解的协同方式，与天然食物中的各种营养物质共同起作用。吃西蓝花对你的好处可能超出你的想象。

顺便说一下，这会儿你可能会想，你是否应该每天服用维生素，把这当作一种廉价的保险政策。哦，那要看情况了。例如，如果你怀孕了，这样做可能很不错，上了年纪也一样。随着年龄增长，我们吸收维生素 D 和 B_{12} 的能力会下降。此外，在一些国家，大量廉价的大米、小麦和玉米取代了菜豆、扁豆和豌豆等营养丰富的食物，造成维生素缺乏症，如现代脚气病。即使在美国，也有数量惊人的人可能缺乏一种或多种维生素。然而，如果你是那种饮食健康均衡的人，那你接触的维生素足够丰富，可以随意从植物和细菌中获取所需的量。而一旦你吃了足够的维生素，再从保健食品店里买更多的维生素就对你没有任何好处，甚至会对你的身体（和钱包）造成伤害。小杰拉尔德·库姆斯与人合著了 612 页的《维生素》，他说："美国人有世界上最贵的尿。"[70] 我那多疑的岳父也有同样的看法。"维生素是一种反向炼金术，"他喜欢这么说，"它们把黄金变成了尿。"

⊙

尤斯图斯·李比希可能漏掉了维生素，但他给我们的成分表中列出的其他物质都是对的。还记得他说过除了蛋白质、脂肪和碳水化合物之外还有第四类物质吗？确实有，只是他没能完全弄明白。无意冒犯，但事实是，如果没有这类物质，你几乎不会有什么成就。李比希告诫道，为了生存，我们还需要一些矿物质。他的清单正确地涵盖了铁、磷，以及盐中备受推崇的钠和氯。

当然，我们对盐的渴望是如此强烈，以至于没有盐的食物味道就不那么好。盐有众多作用，其中包括辅助维持血压、发送神经冲动和收缩肌肉。它如此珍贵，曾经是罗马士兵工资的一部分——因此才会有"你配得上你的盐吗？"这样的问题。许多战争的目标都是盐，包括在美国内战中，北方的将军们袭击了弗吉尼亚州索尔特维尔的盐场。他们希望南方人因失去盐而战斗力减弱。

从20世纪30年代开始，为实验动物配制人造食物的科学家就发现，我们还渴求少量的其他矿物质。[71]我们需要镁、锰、铜、锌，以及一丁点儿其他元素，包括钒、硒和铬，也就是使铬合金闪亮的金属。

矿物质对你的作用怎么估计都不为过，而且很难断定哪种作用最关键。钙和磷是你体内最丰富的矿物质，能增强你的骨骼。钙的重量大约占你干重的1%，磷的重量大约是钙的一半。你需要钠和钾才能思考或行走。你用它们来制造细胞膜内外电荷的差异。我们将会看到，这种绝妙的安排使你能够沿着神经和肌肉发送电脉冲。另一方面，如果铁元素参加"最关键矿物质"的竞争，它可以使用这样的竞选口号："无铁无能量。"当你肺部血红蛋白中的铁变为铁锈色时，它捕获了氧气，铁分子通过血液将氧气输送给身体的每一个细胞。不过你还需要碘来制造调节新陈代谢的甲状腺激素。没有足够的碘，你会患甲状腺肿，眼睛也会凸出。你的身体也渴望镍、锌、锰和钴。另外，有谁知道硒有多重要？它的不足可能会导致脱发、疲劳、精神错乱、体重增加、心脏问题、甲状腺肿、免疫系统减弱，以及身体和精神残疾。

接着是有毒的砷，也许我们需要最微量的砷。[72]但不要补充摄入它。它的作用还不清楚，大量摄入肯定会中毒。

最后，你的身体会带着一些极微量的矿物质，它们对你毫无用处，但无论如何都会进入你的身体：钇、钽、锶、铌、金和银等矿物质。矿物质营养研究员詹姆斯·科林斯说："土壤中的一切，泥土中的一切，都会进入人体。"[73]这有助于解释为什么我们体内明明含有约60种元素，却有大概一半游手好闲。只有大约25种元素被认为是必要的。

但是想想，如果你不得不经常四处奔波来试图收集它们，生活会是什么样子。你去哪里找钼和钒呢？你会发疯的。幸运的是，许多常见的食物含有钼，如西红柿和豌豆，而辣椒、莳萝和谷物含有钒。你可以感谢辛勤的植物、细菌和真菌，它们率先从岩石中撬出许多矿物质，并进一步为你收集。它们是我们的矿物质运输服务队。

讽刺的是，一些折磨人的矿物质和维生素缺乏症，如贫血、坏血病、脚气病和糙皮病主要是现代疾病，并不太常困扰我们以狩猎采集为生的祖先。[74]在农业革命之前，我们的祖先吃各种各样的植物、水果、坚果和肉类。直到大约一万两千年前，当文明开始严重依赖驯化的小麦、玉米和水稻时，我们才不知不觉中冒着严重营养不良的风险。在过去的一百年里，多亏了李比希、林德、艾克曼等许多人旺盛的好奇心，我们才学会了如何预防这些可怖的疾病。

⊙

我们构建身体所需的成分清单现在已经列好了。我们用5类分子组装细胞：蛋白质、脂肪、碳水化合物、维生素和矿物质①。它们几乎全都来自植物（少数来自细菌[75]和真菌）。

① 脂肪中包括另一类我们自己无法制造的分子：必需脂肪酸 ω-3 和 ω-6。它们在我们体内扮演着许多角色，对我们大脑的正常运作尤其重要。

然而，这份清单提出了所有科学中最令人困惑的谜团之一。我们是如何设法用一堆切碎的营养物质来构建一个活着的、会呼吸的人呢？它们是如何在我们的细胞中创造生命的？第一个问题是：告诉我们怎样从我们每顿饭吃的数万亿原子中组装出一个人的知识藏在我们体内的哪里？我们的说明书在哪里？这个问题一度似乎完全不可理解。直到一条线索从一项科学调查中浮现，这项调查的对象是……脓。

第 12 章

藏在众目睽睽之下

发现你的生命蓝图

探索性研究就像在迷雾中工作。你不知道你要去哪里，你只是在摸索。后来的人们获知了它，会觉得它是多么简单。[1]

——弗朗西斯 · 克里克

1868 年秋天，一位名叫弗里德里希 · 米舍的年轻瑞士医生大步穿过一道宏伟的石拱门，走入俯瞰德国老城蒂宾根的壮观城堡。这位医学院毕业生年仅 24 岁，性格腼腆又内向，他正前往自己未来的实验室——城堡曾经的厨房。米舍本来打算追随父亲和叔叔的脚步，这两位都是杰出的医生。但一次斑疹伤寒感染损害了他的听力，使他难以使用听诊器，于是他决定从事研究工作，来到蒂宾根，在伟大的生物化学先驱费利克斯 · 霍佩-赛勒手下工作。

不到 6 个月，米舍就发现了一个很容易让你头晕目眩的问题的重要线索：从太空忙乱无序地来到地球的原子，如何指导我们细胞内错综复杂的活动？换句话说，教细胞如何构建并维持你自身的分子说明书或蓝图在哪儿？在达尔文发表《物种起源》30 多年后，远在詹姆斯 · 沃森和弗朗西斯 · 克里克出生之前，米舍只差毫厘便可预测出真相。[2]

当米舍到达蒂宾根时，我们对自己的身体知之甚少，因此霍佩-赛勒的目标是识别不同类型细胞中的化学物质。他希望通过分析其蛋白质来揭示细胞的运作机制。米舍将研究白细胞，他们认为白细胞是最简单的细胞之一。[3]

便利的是，这位年轻的研究者毫不费力地找到了现成的供应。在抗菌剂和细菌致病论尚未出现的时代，人们普遍认为死亡的白细胞，也就是脓，能帮助清除体内有毒的“体液”。伤口上大量的脓液让医生们振奋，他们认为绷带的主要作用只是吸收脓液。米舍轻而易举地从附近一家满是士兵的医院里弄到了很多臭气熏天的沾满脓液的绷带。

在宽敞实验室的拱形天花板下，米舍从绷带中提取出“浑浊黏稠的一大块”，并用盐溶液破坏了细胞。[4]然后，他进入了棘手的部分——鉴定其中的化学物质。如他所料，他发现了蛋白质和脂肪，但也检测出了另一种分子。这种分子中有磷。这很令人惊讶。蛋白质、脂肪和碳水化合物都不含磷，所以他开始怀疑自己在人类细胞中发现了一种全新的分子。[5]狩猎开始了。

他认为自己在一些实验中分离出了细胞核，而这些细胞核就是他的新分子的来源。如果他想证明这一点，他必须将细胞核从细胞中完全分离出来，这是一件人们从未做过的事。他凭借自己对研究的专注解决了这个问题。（数年后，一位朋友不得不在米舍结婚当天把他从实验室里拉出来，因为他忘记了结婚日期。[6]）米舍发明的分离法需要拜访一个屠夫，得到猪胃的恶臭内膜，从中提取胃蛋白酶，他将用这种消化酶与酒精和盐酸一起分离细胞核。

几个月后，他从细胞核中提取出一种含磷的白色物质。他确信这是一个开创性的发现。他发现了一种新型分子，它一定在细胞中起着独特的作用。它的重要性甚至可能比得上蛋白质。

霍佩-赛勒不愿意相信他的年轻研究员取得了如此重大的发现。直到他能自己复制这一结果，他才愿意把米舍的论文发表在他编辑的生物化学杂志上，要知道此时已过去了一年，米舍迫切需要这篇论文来获得讲师的职位，还要担心别人会抢先发表。米舍的论文《论脓细胞的化学成分》总算在两年后发表，霍佩–赛勒在注释中解释说，论文因“不可预见的情况”被推迟。

米舍称他的新分子为核蛋白，我们称之为DNA。

既然米舍对细胞核感兴趣，他对遗传也感兴趣就不足为奇了。细胞核和遗传似乎是有关联的，不过科学家对遗传机制只有模糊的线索。几百年前，英国自然哲学家罗伯特·胡克在显微镜下观察时惊讶地发现，他的那片软木被分成了许多小的隔间。它们让人想起修道院里的单人小室，于是他称之为“cell”（细胞）。到了19世纪50年代，更强大的显微镜揭示了每个生物都由细胞组成。尽管如此，大多数科学家还是一致认为，新生命只能从灰尘、死肉或有机物中自然产生。接着，又有更加强大的显微镜显示了细胞分裂，从而揭示每个细胞都来自另一个细胞。此外，科学家还发现，当细胞分裂时，它的细胞核也会分裂。而且在一次偶然情况下，他们观察了一只海胆的透明大卵子，发现胚胎由两个细胞核——一个来自精子，另一个来自卵子——融合而成。

米舍推测，细胞核中的那种分子也许能传递遗传信息。当时的化学技术过于粗糙，无法给出答案，但他即将做出生物学史上最伟大的预言之一。1874年，他提出：“如果你……想假设某一种物质……是受精的具体原因，那么你无疑应该首先考虑核蛋白。”[7]后来，到了1892年，他给他叔叔写了一封非比寻常的信，他极有先见之明，在信中提出，正如只有24到30个字母的语言可以表达无限数量的单词和思想一样，特征数量类似的分子可能会告诉细胞如何繁殖。[8]这个结论惊人地逼近真相。DNA包含20种不同氨基酸的编码，而这些编码最终控制了我们细胞的大部分活动。

然而，讽刺的是，在发现核蛋白之后的20多年里，米舍更关注蛋白质。人们都知道蛋白质又大又复杂，而他就是无法看出核蛋白如何拥有传递遗传所必需的复杂性。由于他改变了主意，对 DNA 产生了合理但不公平的轻视，他错过了做出科学史上最伟大预测之一的机会。他在 56 岁时去世。过度劳累削弱了他的免疫系统，肺结核夺走了他的生命。他的贡献在很大程度上被遗忘了。[9]

⊙

但是到了 19 世纪和 20 世纪之交，许多生物化学家不认同米舍对核蛋白潜力的质疑。他们认为传递遗传的是核蛋白，而不是蛋白质。[10] 尽管如此，这个新生的想法还是遭到了强硬的扼杀，这主要是由于一个人的研究，他是菲伯斯·列文，纽约洛克菲勒医学研究所化学部门受人尊敬的负责人。列文是核蛋白方面无可争议的专家。事实上，是他将其重新命名为 DNA——脱氧核糖核酸（如果你想知道原因，它的糖——核糖少了 1 个氧原子，和核糖核酸 RNA 中的核糖不同）。他知道 DNA 的显著特征是它含有四种小的化学碱基：腺嘌呤（A）、鸟嘌呤（G）、胞嘧啶（C）和胸腺嘧啶（T）。他当时所能做的粗略测量表明，DNA 中每种碱基的比例是相同的。因此，在列文看来，DNA 极可能是一个简单分子，它的四个碱基以相同的固定顺序重复。

这是一个合理的推测，但不知何时，固化成了不受质疑的学问。很快，每个人都赞同 DNA 非常乏味。他们陷入了“因为看似最有可能，必然为真”的偏见。一旦每个人都认同 DNA 是简单的，人们就会渐渐忘记这信念背后的假设不可靠。

那时，生物学家已经对遗传有了更多了解。19 世纪，奥地利修道士格雷戈尔·孟德尔已经证明，你可以追踪植物某种性状的遗传，比如高度或种子形状，从一代传到下一代。无论细胞中传递性状的是什么，科学家都将其命名为“gene”（基因），这个单词源于希腊语 genos，意为“出生”或“家族”。到了 20 世纪 20 年代末，生物学家开始用 X 射线照射果蝇，追踪由此产生的突变在世代中的传递。由于某些性状总是一起传递的，而且它们与染色体（细胞核中的线状结构）的物理变化有关，于是遗传学家认识到基因必然一起绑定在染色体中。他们还知道染色体由两种物质构成：DNA 和蛋白质。

但基因是什么呢？是单个分子吗？还是很多分子，可能松散地绑在一起？没人知道。不管怎样，遗传学家确实赞同，组成基因的可能是我们细胞中最令人印象深刻的分子：蛋白质。与简单的 DNA 不同，蛋白质是由多达 20 种不同类型的氨基酸组成的链，其大小和形状千变万化。因此，蛋白质显然是最聪明的，只有它们具有传递遗传所必需的复杂性。

与此同时，这堵公认的学问之墙上出现了一道几乎看不见的裂缝。它并非来自遗传学家，而是来自研究细菌的医学研究员奥斯瓦尔德·埃弗里。埃弗里是列文在洛克菲勒医学研究所的朋友及同事，连同僚都认为他很古怪，但他们尊敬他，称他为费斯（Fess）——教授的简称。他最初的职业是医生，但他经常因为无力帮助病人而感到沮丧。例如，导致死亡的最主要疾病是肺炎，伴随一系列寒战、发烧和幻觉的症状，它每年杀死 5 万美国人，其中包括埃弗里的母亲。[11] 于是他转向研究工作。尽管他在大学里能言善道且擅长公开演讲，但在洛克菲勒医学研究所，他把自己变成了一名科学修士。埃弗里身材矮小，却顶着一个秃顶的大脑袋，眼睛鼓得吓人（这是甲状腺功能亢进的结果）。他性格内向，非常注重隐私，与另一位单身科学家住在洛克菲勒医学研究所附近，他讨厌一切让他分心的事情，即使是回复邮件也一样，因为那会让他无法思考自己的研究。和米舍一样，他也喜欢搜寻化学物质。但埃弗里鄙视那些毫无计划就投入实验的研究者。在准备拿起试管之前，他会坐上几天，仔细思考如何让一个实验更巧妙、更有意义。[12] 在实验室工作台前，他似乎加强了自己的感官，目光“集中于内心，仿佛对周遭漠不关心”[13]。

埃弗里比任何人都更关注一个令人毛骨悚然的发现。1928 年，伦敦卫生部的医疗官弗雷德里克·格里菲思分析了肺炎患者咳出的黏液。他惊讶地发现，黏液中携带的肺炎细菌往往不是一种，而是两种。其中一种有粗糙的外壳，注射到老鼠体内是无害的。另一种有光滑的外壳，能够致命。在格里菲思看来，同一个人感染两种不同的肺炎菌株是不可能的。他的实验还揭示了更古怪的事情。如果他用高温杀死致命细菌并将其注入老鼠体内，老鼠仍然非常健康。但如果他同时注射死亡的致命细菌和无害的活细菌，老鼠就会死亡，并且它们当时含有活的致命细菌。这些菌株似乎能在两种形态间切换。

起初，埃弗里确信格里菲思奇怪的实验结果是源于污染，他不让同事浪费时间去复制这个实验。[14] 但他实验室里的一名研究员决定趁他外出度假时复制这个实验。[15] 他们就在洛克菲勒医学研究所的六楼工作，研究员只需要走到医院病房去采集新鲜的肺炎细菌。埃弗里回来后，惊讶地得知格里菲思是对的。即使将致命的细菌加热、磨碎，只要将它与无害的活菌株一起放入试管，良性细菌也会变得致命，且其后代仍然是杀手。正如埃弗里所说，某种东西正在把细菌杰基尔博士变成海德先生①。[16]

很少有人有兴趣研究低等细菌所发生的怪异的反常现象，但埃弗里忍不住反复琢磨。他称这种把良性细菌变成致命细菌的神秘物质为“转化因子”，它是什么？[17] 死去的致命细菌上是否有某种物质附着到了良性细菌上，刺激后者的酶产生一种物质，使无害的细菌变得致命？或者，他想，还有别的原因？死细菌中是否有基因被提取并整合到活细菌中？似乎只有他认识到，格里菲思对低等细菌奇怪的观察结果，也许阐明了我们细胞中的一些分子如何指导其他分子的活动。

埃弗里决心要找出答案，但困难重重。20 世纪 30 年代初，他的甲状腺功能亢进突然发作，导致手颤抖、抑郁和虚弱等症状。直到手

① 在 19 世纪英国作家罗伯特·路易斯·史蒂文森的长篇小说《化身博士》中，主角杰基尔博士有双重人格，邪恶的人格即海德先生。——译者注

术后，他的体重才恢复到平时的 100 多磅。[18] 与此同时，他的团队在努力获得可靠的结果时，不断面临“头痛和心碎”[19]。他们分离的转化因子有时会转化细菌，有时不会。“有很多次，我们都想把所有玩意儿扔出窗外，”他回忆道，“失望是我的日常。”[20] 这话变成了他的口头禅。

直到 1940 年，埃弗里 62 岁，离强制退休只有 3 年时间了，他才终于能把所有的时间和精力都集中到“转化因子”上。他获得了几项突破。他的同事科林·麦克劳德为他们的实验开发了一种可靠的方法来分离大量细菌。他在大烧瓶中培养肺炎细菌，为了分离它们，他把一台大型工业用奶油分离器改装成了离心机。为了防止它向空气中喷出致命的肺炎细菌雾气，他把机器密封在一个不锈钢盒子里，并设计了一个装置，用蒸汽对盒子内部进行消毒，消毒后，他才会用轮胎扳手拧开密封盒子的厚重螺栓。（打开盒子时，埃弗里总是躲得远远的。）

手头有了大量的转化因子，另一位同事麦克林恩·麦卡蒂便开始对其进行一连串化学测试，寻找这种物质的身份。他发现，即使去除所有脂肪和糖，它仍然会将无害的细菌转化为致命的细菌。这样就只剩下两种化学可疑对象了。首先是蛋白质。其次是 DNA，让埃弗里很吃惊。

到 1942 年，他们已经分离出一种白色的丝状提取物，它可以把无害的肺炎细菌变成杀手。它含有 0.01% 的蛋白质。另外 99.99% 是一种他们逐渐怀疑是 DNA 的物质。随着研究的深入，他们用兔骨、猪肾、狗肠、兔血、狗血和人血中的酶处理这些提取物。[21] 只有已知能破坏 DNA 的酶才能阻止这种物质发挥作用。他们能构想出的每一个测试都表明，转化因子是 DNA。

但埃弗里不敢冒险，他被过往的幽灵困扰。20 年前，他曾宣布，一种致命的肺炎菌株可以通过其表面的一种蛋白质来识别。6 年后，他发现自己错了，鉴定分子是一种糖。他公开撤回过去的结论，因而遭到了怀疑和讽刺。[22] 多年后，他仍然为此难受，不想再犯错。但咨询了普林斯顿的几位著名化学家之后，他再也想不出其他测试方法。在回城的路上，麦克劳德问他："费斯，你还想要什么？我们还能获得什么证据呢？"[23] 埃弗里咨询了洛克菲勒医学研究所的更多化学家。

最终在1944年，他同意发表近14年的研究成果。他兴高采烈地给哥哥写信，说他有了一个重大发现，一个"遗传学家长期以来梦寐以求的发现"[24]。在长篇论文的末尾，他抛出了他的重磅炸弹。尽管几十年来人们一直相信基因由蛋白质组成，但他写道，这种转化因子可以比作基因，由DNA组成。但他又紧接着提出一个警告：他的转化因子当然也有可能被污染了，如果是这种情况，没关系。

埃弗里的论文有一个不咸不淡的标题：《关于诱导肺炎球菌类型转化的物质的化学性质研究：从III型肺炎球菌中分离出的脱氧核糖核酸片段对转化的诱导》，它发表之后毫无影响。埃弗里最激烈的批评者艾尔弗雷德·米尔斯基是研究蛋白质的世界权威之一，他在洛克菲勒医学研究所的办公室比埃弗里的高两层。米尔斯基无视埃弗里进行过各种各样的测试，声称没有人能把DNA纯化至超过99%，因此，就算埃弗里的制剂只被0.1%的蛋白质污染，仍有数百万蛋白质分子可能导致转化。[25] 又一次，"世界一流的专家必然正确"的偏见左右了科学家的思想。当然，这通常是一个合理的假设。此外，埃弗里研究的是细菌，生物学家对它们的了解仍然相对较少。谁知道它们的基因和我们的有什么共同之处呢？对大多数遗传学家来说，构成基因的是蛋白质还是DNA似乎并不重要，人们对这两者都没有足够的了解。有人记得自己当时在想，DNA不过是"另一种该死的大分子"[26]。对大多数科学家来说，控制我们细胞运作的分子的性质仍然隐藏在暗处。

⊙

尽管如此，埃弗里还是种下了变革的种子。一小部分科学家确实认真看待他的实验结果，其中包括哥伦比亚大学的生物化学家欧文·查加夫。他回忆道："我看到了眼前黑暗的轮廓，那是生物学语法的开端。"[27] 查加夫立即开始研究 DNA。他决定用一种叫纸层析的新技术来验证列文的假设——所有 DNA 都有相同比例的碱基，这种新技术是前一年刚研发出来的。[28] 结果显示，在牛的 DNA 中，碱基 A∶G∶C∶T 的比例约为 30∶20∶20∶30，但在结核杆菌的 DNA 中，这一比例接近 35∶15∶15∶35，人类 DNA 中的这一比例又有不同。对查加夫来说，这证明了碱基并不总是以固定的重复序列出现，正如之前假设的那样。DNA 中碱基的顺序可能压根也不"无聊"。

科学家陷入过两种偏见："因为看似最有可能，必然为真"和"世界一流的专家必然正确"。早期，列文没有精确测量碱基对的技术，他自己也意识到了这一点。然而，随着时间的推移，他的推测——它们总是以同样的比例出现，总是以同样简单的固定顺序出现——变成了公认的学问。

查加夫还有一个古怪的发现。他发现碱基的比例有一种奇怪的模式。碱基 A 和 T 的比例总是一样的，G 和 C 的比例也是一样的。查加夫不知道这是怎么回事，他将后悔自己错过了它的意义。

埃弗里发表论文的那一年，一本薄薄的《生命是什么？》也让一些科学家走上了 DNA 之路，这本书的作者是物理学家埃尔温·薛定谔。薛定谔以其思想实验——"薛定谔猫"而闻名，该实验揭示了亚原子粒子的奇异行为。在帮助发展了量子理论后，他开始寻找下一个待解决的合适的大问题。他意识到，在生物学中，基因是一个近乎神秘的概念。科学家讨论可遗传的基因，例如眼睛颜色或身高，但他们无法告诉你与特定性状相关的基因的性质。基因是一个分子吗？很多分子一起工作，谁知道是怎么回事？薛定谔推测，基因是嵌入某种生物分子中的"密码脚本"（他称之为"非周期性晶体"）。他宣称，探索它的身份是当今最紧迫的科学问题。

薛定谔这本短小又迷人的书吸引了许多年轻科学家，激励他们转行，寻找基因的物理性质。其中有一位名叫詹姆斯·沃森的美国动物学学生，还有两位英国物理学家弗朗西斯·克里克和莫里斯·威尔金斯。不知就里间，他们参与了诺贝尔奖的角逐。

威尔金斯是一个高个子、社交保守、长脸的物理学家，1944 年读到薛定谔的书时，他正在伯克利的劳伦斯利弗莫尔实验室工作，属于一个为战争做出贡献的英国团队。他当时在研究用于原子弹的铀分离，但反感于核武器对人类生存构成的威胁，他决定转而研究生命。回到英国后，他加入了伦敦国王学院新成立的生物物理实验室。对威尔金斯和其他大多数人来说，传递遗传的分子看起来显然是蛋白质。然而，当他听说了埃弗里的研究后，DNA 似乎忽然也成了选手之一。他开始研发一种新型光学显微镜来寻找 DNA 结构的线索，但显微镜的分辨率有限。为了更近距离地观察，他求助于 X 射线晶体学。如果没有它，DNA 的结构到今天仍然会是个谜。

就在威尔金斯开始研究的几十年前，英国物理学家开创了这项非凡的技术。他们把一个晶体分子放在照相底板前，用 X 射线轰击它，并捕捉被它衍射的射线的图像，也就是说，射线在绕过或穿过分子时弯曲了。接着，他们应用复杂的数学来处理图像，以重建晶体的结构。这就像是根据物体投射在墙上的影子来判断物体的形状一样，只不过这个目标的大小是我们肉眼能看到的任何东西的一百万分之一。

幸运的是，1950 年 5 月，在威尔金斯参加的一次会议上一位瑞士科学家慷慨地分发了异常纯净的 DNA 样本。回到伦敦后，威尔金斯和研究生雷蒙德·戈斯林尝试给它拍一张 X 射线晶体学图像。经过多次实验，他们兴奋地发现，他们拍出了一张比以往清晰得多的照片。他们高兴得猛灌雪利酒以示庆祝。多年以后，戈斯林仍然在回味当时的感觉。

不过，威尔金斯意识到他们在这项技术上是新手。因此，在听说部门主管约翰·兰德尔要聘请在 X 射线晶体学方面经验丰富的科学家罗莎琳德·富兰克林时，威尔金斯建议兰德尔让富兰克林加入他的DNA研究团队。不幸的是，这就是麻烦的开始。

30岁的富兰克林在巴黎工作，是一位有成就的化学家，她已经在煤的结构上有了重要的发现。兰德尔最初要求她研究蛋白质，但在她到达之前，他写信要求她转而研究DNA，并向她保证，研究这一问题的只有她和雷蒙德·戈斯林。[29]兰德尔似乎想让威尔金斯放弃X射线的研究，但没有命令他这样做，而且出于某些只有兰德尔自己知道的原因，他从未将写给富兰克林的信件内容告诉威尔金斯。就在这个时候，威尔金斯得出结论，他的显微镜不能揭示更多关于DNA结构的信息，所以他取得进展的唯一希望是努力运用X射线晶体学。[30]如果他们合作的话，他们也许稍后能一起去瑞典旅行。然而，科学界最著名的一场争斗就此拉开了序幕。

误会一开始就存在。富兰克林到达时，实验室副主任威尔金斯正在度假。他回来时急切地想问候他的新同事，便看到一个老到的科学家，有黑色的短发，一双充满警惕的黑眼睛流露出自信。兰德尔已经让戈斯林去为她工作了。她将接管X射线晶体学设备和威尔金斯珍贵的纯净的DNA样本。威尔金斯仍然以为她将加入他的团队，做他的助手。至少，他以为他们会合作，而他作为一个理论家，将帮助解释她的图像。

但富兰克林对此不感兴趣，这不是她的期望。她不愿意做任何人的助手，而且威尔金斯也没有给她留下丝毫印象。等她开始工作，她发现自己对拍摄清晰照片所需的诀窍有更多了解。[31]她很快就在地下室的实验室里拍出了更好的照片。当威尔金斯开始不请自来地对她的图像提出解读建议时，富兰克林既困惑又生气，他为什么总是想侵入她的领域？[32]

他们形同宿敌还有一个原因：两人有典型的性格冲突。富兰克林一直很自信，她希望做好每一件事，并成为领导者。她对自己的科学研究充满热情，享受直率的智力较量。威尔金斯举止温和，腼腆，回避冲突。他说话的时候常常别过头去不看倾听者，而这还是在日常的谈话中。意见不合时，他可能会陷入沉默。“她相当敏锐、反应快速、果断，”后来的合作者阿龙·克卢格说，“这就是她和威尔金斯合不来的原因。威尔金斯是个很聪明的人，机敏但迟钝，她却迅速又果断。”[33] 事实上，两个人都可能很难相处，他们无法找到彼此的共同点，这将使他们付出高昂的代价。

在此期间，几个月后，另一个团队对同样的问题产生了兴趣。事实上，威尔金斯本人无意中动员了一个笨拙的美国人加入 DNA 结构的研究，他有一双大眼睛，留着平头。博士后研究员詹姆斯·沃森在丹麦一个毫无前途的职位上苦苦挣扎，却梦想着科学上的荣耀。他的美国教授是少数认真看待埃弗里发现的人之一，他们教导，构成基因的是 DNA 而不是蛋白质。沃森直接接受了这个论点。在他看来，DNA 的结构是生物学上最重要的问题，他想成为发现答案的人，但他完全不知道该怎么做。

接着，在意大利的一次会议上，他聆听了威尔金斯的演讲。当威尔金斯展示他和戈斯林给 DNA 拍摄的 X 射线照片时，沃森受到了震撼。它的点线图案强烈地表明 DNA 有一个有序的结构，而 X 射线晶体学可以揭示它。

沃森立刻想跳槽去伦敦国王学院和威尔金斯一起工作，但这是不可能的，于是他找到了次优选择：在一个半小时火车车程外的剑桥大学做博士后。那里的研究人员借助 X 射线晶体学来寻找蛋白质的结构。沃森计划学习这项技术，并等待自己能开始研究 DNA 结构的时机。

他的机会来得比预期的更早。

在剑桥大学的第一天，他遇到了一位瘦削且时髦的物理学家，他笑声响亮，说话滔滔不绝。这是他的新同事弗朗西斯·克里克，一个好奇心极强的人。克里克曾在战争期间帮助设计水雷。身为威尔金斯的朋友，他也认定自己更愿意研究生命而不是制造武器。但他没有加入威尔金斯在伦敦的实验室，而是来到剑桥大学探索复杂蛋白质的结构。他确信这种蛋白质在从死分子到生命的转变中起着最重要的作用。

沃森和克里克立即意识到他们志趣相投。他们是一对奇怪的搭档。沃森冒失又早熟，只有22岁，但已经是博士后了，而克里克已婚，35岁，仍在攻读博士学位。不过克里克的思维速度快得吓到了同事。如果他听到他们描述一个问题，那么在他们自己得出答案之前，他可能回家就解决了这个问题。沃森雄心勃勃，同时傲慢自大。在课堂上，他会卖弄地读报纸，只在听到一些他认为有趣到值得他注意的东西时，他才会放低报纸。正如克里克后来写的："我们两人天生就有某种年轻人的傲慢、无情，以及对草率思考的不耐烦。"[34]

沃森和克里克很快同意，他们更愿意寻找DNA的结构，而不是蛋白质的结构。首先，它可能更容易找到。而蛋白质体积庞大，极其复杂。克里克的导师马克斯·佩鲁茨研究血红蛋白的结构已经有15年了（他还将再研究9年）。如果基因是蛋白质，谁知道要花多久才能了解它们？DNA可能简单得多，所以他们决定试一试。他们甚至不需要费心做实验，这也很好，反正他们也缺乏专业技术。

他们将使用其他科学家的数据，并从"化学之狮"莱纳斯·鲍林那里汲取经验，采用一条聪明的捷径。鲍林是他那个时代最伟大的化学家之一。在20世纪20年代末的加州理工学院，他运用量子力学发现了原子成键的新规则，几乎凭一己之力将化学转变为一门更精确的科学。此时他已加入了寻找蛋白质结构的竞赛，他也确信它是所有分子中最重要的分子。并且，他正在沃森和克里克自己的赛场上碾压他们的剑桥大学实验室。就在几个月前，实验室负责人劳伦斯·布拉格和他父亲一起开创了X射线晶体学，然而鲍林已经领先于他们的团队，取得了重大进展。他发现，许多蛋白质的结构都包含一个被称为螺旋的三维螺旋①。鲍林的这一发现要感谢他研发的一种新技术。他没有简单地分析 X 射线图像，而是运用这些图像的测量值制作出蛋白质亚基的比例模型。接着，他像拼装积木一样摆弄他的模型，同时运用他对原子键的深入了解得出一个逻辑结构。

剑桥大学团队一直在寻找同样的解决方案，但受到了阻碍。他们的 X 射线图像上有一些模糊的小点，似乎排除了螺旋的可能。与此同时，鲍林决定，由于这些小点与他发现的结构不符，他不妨忽略它们。事实证明他是对的。这些小点是照相过程中的人为产物。这对克里克和整个剑桥大学实验室来说是一次惨痛的失败。

此时，对克里克和沃森来说，他们显然需要超越鲍林。他们要利用他的建模技术来寻找 DNA 的结构，抢在他自己开始之前。一个物理学家和一个生物学家很快就开始工作，并不受困于他们都对化学知之甚少这一事实。

他们敦促威尔金斯在伦敦国王学院开始建构他自己的模型。但没有富兰克林的合作，他做不到，而她认为这种投机的方法毫无意义。[35]在她看来，只要更有耐心地完全依赖 X 射线数据，就能得到更明确的答案。

沃森和克里克先是研究了他人已经发表的数据。然而，他们很快意识到自己需要更多数据。它们只能在一个实验室找到：富兰克林的实验室。适逢伦敦国王学院即将举行一次院系内讨论会，富兰克林将在会上总结她的初步研究成果。威尔金斯热情地向他们发出了邀请。因此，沃森在到达剑桥大学仅 6 周后，便乘火车到达伦敦，溜进了演讲厅，用他后来的话说，“就像个间谍”[36]。

接着，他迅速返回剑桥大学，告诉克里克他认为自己学到了什么。

沃森很快让实验室车间制作了拼装模型，由电线、木棒和球组

① 顺带一提，鲍林有帮手。黑人化学家赫尔曼·布兰森计算出了支持该模型的大部分数学公式。出于某种原因，鲍林虽然确实把布兰森列为论文的第三作者，却使布兰森的贡献显得不重要。

成，拥有 DNA 的形状和相对大小。接着，在这铺砖办公室里，他们凝视着桌子上的这些模型，试图想象其中的奥秘：指导我们细胞的分子——基因是什么样子。

他们知道 DNA 只由 5 种元素组成。它的骨架包含交替的磷酸基（由磷和氧组成），以及名为脱氧核糖（由碳、氧和氢组成）的糖。但 DNA 的关键之处在于它的骨架支撑着四种碱基：腺嘌呤、鸟嘌呤、胞嘧啶和胸腺嘧啶（由 13~16 个氮、碳、氢和氧原子组成）。如果他们是对的，且 DNA 携带基因，那么碱基的顺序很可能以某种方式编码了大量遗传信息。

他们担心 DNA 的结构实际上会像蛋白质一样是一个复杂的噩梦。还有一种更令人郁闷的可能：基因由 DNA 和蛋白质混乱组合而成。但如果幸运的话，基因将只由 DNA 组成，它的结构将会很简单。若是如此，他们猜测它最可能的形状是螺旋形。这似乎同时符合 X 射线图像的数据和威尔金斯的猜想。他们冲出去买了一本鲍林写的《化学键的本质》，便开始工作。

短短两周内，他们的拼装模型就完成了。他们推测三条螺旋可能与富兰克林照片中的图案相匹配，于是将三条稳定连接的螺旋插在中心区。接着他们像往圣诞树上挂装饰品一样，把碱基尴尬地挂在边上。克里克紧张地邀请威尔金斯来看一看。

第二天早上，威尔金斯、富兰克林、戈斯林以及伦敦国王学院的另外两名同事一起，乘上午 10 点的火车从伦敦来到这里。他们闷闷不乐，担心自己被抢先一步。但富兰克林一看到模型就大笑起来。它大错特错，里外颠倒。她甚至在研讨会上就解释过，为什么她的计算表明碱基必须位于螺旋骨架之间，而不是在它们外面。但沃森完全没有理解这一点。

沃森和克里克觉得很丢脸，更糟的事情还在后头。他们的老板布拉格接到了一个愤怒的电话，它来自威尔金斯和富兰克林的部门主管兰德尔。兰德尔被沃森和克里克极其缺乏风度的行为激怒了。当时英国只有几家生物物理实验室。复制别人的研究似乎是不对的。率先开始研究这个问题的是威尔金斯和富兰克林，所以按理说，它属于他们。布拉格既尴尬又恼火，命令沃森和克里克停止这项研究，回到他们应该做的项目上去。

受到批评的沃森和克里克做出和解的姿态，把模型制作装备寄给了威尔金斯和富兰克林，邀请他们制作自己的模型。但富兰克林仍然看不出这有什么意义。“她认为人们可以‘慢慢等着’建立原子模型，”戈斯林回忆道，“但很难说哪一种更接近真理。”[37] 她仍然相信只有一种明智的方法，那就是让正确的结构从数据中自行浮现。

回到伦敦国王学院后，富兰克林和戈斯林重新开始研究，并因她在几个月前的发现而振奋不已。富兰克林发现一条 DNA 链可以有两种形态。在干燥的环境下，它的直径变宽，她称之为 A 型。但在潮湿的环境下，就像我们细胞中的那样，它就呈现出一种更薄的形状，被称为 B 型。

这是一个重大的进步。

但她随后做出的一个决定拖累了她的进度。A 型的图像更复杂，因此包含更多的数据，富兰克林认为它能产生更确定的结果，便决定先弄清楚它的结构。她开始用非常复杂、费力的计算来解释她的 X 射线照片中的图案。她对数据分析得越多，就越确信 A 型不是螺旋形。

与此同时，威尔金斯越来越沮丧。在他看来，是他在伦敦国王学院开启了 DNA 的研究，并建议兰德尔让富兰克林来协助他，但她接管了他的项目，并把他拒之门外。两人的关系糟糕到一定程度，兰德尔不得不介入调停。富兰克林将分析 A 型（使用威尔金斯给她的纯净的 DNA 样本），而威尔金斯将研究 B 型（使用他在别处找到的 DNA 样本）。此时他们几乎不对话。威尔金斯买了一台更大的新照相机来研究 DNA 的 B 型。但他发现，他找不到像之前从那位瑞士生物化学家处得到的那么纯净的 DNA 样本了。他与富兰克林的协议实际上把他排挤在外。他偶尔会遇见沃森和克里克，向他们汇报她的最新进展，并埋怨“罗茜”——他们傲慢地这样称呼她。

富兰克林也越来越痛苦。在巴黎，与富有修养、启发智慧的同事共处令她十分自在。而在这里，女性不被允许与男性一起在高级公共休息室用午餐，这让她很生气。伦敦国王学院的一些教职工是不那么文雅的前军人，他们营造出一种令她嫌恶的戏谑氛围。在巴黎，她被视为一名有成就的科学家；在这里，她是无名小卒。最重要的是，威尔金斯不断地建议她与他共事，这激怒了她。回想起来，她本可以从合作中获益，但合作者肯定不会是威尔金斯。“不幸的是，威尔金斯的行为，可以说是大男子主义风格，”富兰克林的密友唐·卡斯帕告诉我，“我敢肯定，他总是想让罗莎琳德协助他。”[38] 富兰克林确信不需要他的协助，但她的处境是如此令她痛苦，以至于她正在寻找别处的工作。

与此同时，在剑桥大学，沃森和克里克一直很焦躁。据他们所知，在一年多的时间里，富兰克林进展甚微。1953 年 1 月，沃森和克里克看到了鲍林的一篇论文的预印本，乍一看，他们吓坏了。

鲍林提出了一种 DNA 的结构。沃森和克里克起初深受打击，但接着，令他们惊讶又大为宽慰的是，他们意识到他粗心大意了。正如他们自己那个令人挫败的模型一样，鲍林在中心位置安排了三条螺旋。在设想一些分子如何成键时，鲍林还犯了一个不同寻常的低级错误。他的 DNA 分子显然会立即崩溃。不过，沃森确信鲍林很快就会意识到自己的错误，并找到正确的结构。沃森眼看着自己获得荣誉的机会正在溜走。他比鲍林、克里克、威尔金斯或富兰克林都更确信，发现 DNA 的结构将是一个巨大的进步。他期盼它对基因的工作机制产生极大启发。他后来以一贯的谦逊态度回忆道：“我是世上唯一一个恰当地重视这个问题的人。”[39] 看到鲍林论文的几天后，他乘火车从剑桥到伦敦去提醒威尔金斯和富兰克林，他们必须抢在鲍林发现自身错误之前，立即开始建立一个模型。

沃森自得于自己“非英式”举止，未经通知便走进富兰克林的办公室，据他回忆，他从来没有通知过。他给她看了鲍林的手稿，并开始描述鲍林提出的明显不正确的三螺旋骨架。看到沃森闯进来，富兰克林很不高兴，尤其是他还带着一份她自己都没看过的重要文稿。

沃森坦率的著作《双螺旋》将他们之间著名的冲突载入史册（沃森声称，这本书是有意识地从一个23岁年轻人的不成熟视角写的），可他们的冲突不仅仅在于领域问题。富兰克林仍然不相信DNA的A型是螺旋结构。沃森告诉她，她错了。他信任克里克，后者一直在分析蛋白质螺旋的X射线晶体学图像。克里克告诉他，富兰克林过于相信那些误导性数据的小点了，同类型的错误误导过克里克自己在剑桥大学的团队。富兰克林对沃森的批评不以为然。于是，觉得自己没什么可失去的沃森还击了。“我不再犹豫，”他在《双螺旋》中写道，“暗示她没有能力解读X射线照片。如果她能学习一些理论就会明白，她所谓的反螺旋特征是如何从微小的变形中产生的，规则的螺旋被这些变形包装成了晶格。”随即，面对富兰克林的愤怒，他退缩了。

只有威尔金斯的到来才使他避免了进一步的对抗。“我以为她要打我。”沃森一边对这位同事说着，一边步入走廊。为了证明自己也是忍气吞声，威尔金斯打开一个抽屉，给沃森看了一张非凡的照片。他抱怨说，富兰克林几个月前就拍了这张照片，但没有和他分享，直到几天前才让他看。

它就是如今著名的51号照片。

一看到这张照片，沃森的心就开始怦怦直跳。他的喉咙发干。51号照片是对B型DNA（我们细胞中的DNA）进行62小时曝光拍摄的，它证明了富兰克林的非凡技能。[40]它极度清晰。更重要的是，尽管沃森一直担心DNA的结构会复杂得令人抓狂，但富兰克林精湛的照片中含有一个极其清晰的X图案。克里克曾向沃森解释过螺旋的图像应该是什么样子，而这就是它的样子，毫无疑问。沃森还设法从威尔金斯那里得到了照片的一个关键测量值。但 51 号照片的主要影响要简单得多，它激励了沃森。他确信，他和克里克必须重新开始制作模型，越快越好。

威尔金斯未经富兰克林允许就给沃森看她的照片，因此遭到了批评。但情况有点不明朗。在某种程度上，这张照片算是他的。这时，富兰克林已经在伦敦的另一个实验室找到了工作。短短 8 周内，威尔金斯就将负责伦敦国王学院的 DNA 项目，因此，她是准备离职，才请戈斯林把这张照片交给威尔金斯。[41] 她一走，威尔金斯就计划对它进行分析，并开始制作模型。同时他想，把它拿给沃森看，又有什么坏处呢？

他很快就会知道的。

沃森迅速回到剑桥大学，告诉他们的部门主管布拉格，莱纳斯·鲍林又要再次打败布拉格了。鲍林已经羞辱布拉格两次了。此时布拉格认为这一威胁关乎民族自豪感，他不希望看到英国人再次被美国人打败。布拉格立刻批准沃森和克里克开始构建模型。

他们尴尬地请求威尔金斯允许他们侵犯他的领域。他深受打击。在富兰克林离开前，他不能开始自己的模型制作，但他不知道如何拒绝他们。他想，自己没有 DNA，他的实验室独占这个领域太久了，给他们一次机会才算公平，而且事实上，他们早已开始制作模型了。

此时，沃森和克里克看着他们的分子拼装工具，不得不冒险做出新的猜测。克里克仍然认为骨架有三条螺旋，但 X 射线图像的密度向沃森表明，只有两条螺旋。[42] 他组装了两条棍加球的螺旋骨架，像之前那样将它们放置在模型中间。但几天后，他仍然无法把它们拼接成符合 X 射线数据的样子。无奈之下，他决定不妨试着把骨架放置在外面——富兰克林告诉过他它们应该在那里。

就在同一周，馅饼从天而降，落入克里克怀中。几个月前，一个资助这两个实验室的机构要求富兰克林和其他科学家一样总结她的进展。报告被转交给克里克的主管。报告中的数据与富兰克林一年前在研讨会上发表的数据大体相同。但是沃森在会上没有记笔记，而且由于过于缺乏经验，他对大部分数据都毫无头绪。而克里克是一位杰出的理论家，此时他有了更关键的数据，也知道如何理解它们。

通过一次测量，克里克推断出了一些富兰克林没有意识到的东西。巧合的是，他在血红蛋白中看到过类似的测量数据，于是他立即意识到有两条平行的螺旋，但两者方向相反。[43] 它们就像两条螺旋楼梯，一组朝上，另一组朝下。此时，他们知道了骨架的准确排列，而碱基必然能嵌入其中。

实验室的机械车间还没送来代表碱基的零件，所以沃森用硬纸板剪了一些。接着他试着把它们装在螺旋之间，但由于四种碱基的形状不同，无论他朝哪个方向转动、扭曲或试图将它们配对，都看不出如何把它们嵌入。

机缘再一次降临。一位加州理工学院的化学家来访，与沃森和克里克共用一间办公室，告诉沃森，他把一些氢原子放错了地方，因为他课本上的信息已经过时了。沃森觉得没什么可失去的，于是改进了他的碱基纸板。

第二天早上，1953 年 2 月 23 日，星期六，他坐在办公桌前，开始试着将碱基配对，以便把它们嵌入螺旋之间。他像之前那样把相同的碱基连在一起，A 对 A，T 对 T，以此类推。无济于事。接着他把它们挪来挪去，发现如果把 A 和 T 配对，这一对的大小和形状就会与 C 和 G 的配对完全相同。他脑中灵光一现，发现他可以在两条螺旋之间以极长的序列随心所欲地整齐地堆叠这样的配对。此外，他兴奋地意识到，这种配对解释了欧文 · 查加夫多年前发现的奇异事实。A 和 T、C 和 G 总是以完全相同的比例存在，这是因为它们只能以这两种组合连接。

大约上午 10 点半，克里克到了，他习惯这时候来。他看到桌上的模型，调整了一下，随即欣喜若狂。DNA 携带基因的机制突然变得清晰起来。其布局出人意料地简单，并且巧妙！它就像一个扭曲的梯子，有两条平行的外轨——螺旋，而梯子的横档是包含遗传密码的碱基对的长序列。沃森和克里克大为赞叹，仅仅 5 种元素就能创造出一种极其高效的分子，它能保存并传递大量的信息。真是神奇。就像试着把一千本电话簿里的那么多单词塞进一个分子里，而这个分子的组成模块的大小是我们肉眼能见的一百万分之一。

沃森和克里克长期以来一直在忧虑，即使他们真的发现了 DNA 的结构，也可能难以理解基因的实际工作原理。然而，模型揭示出的真相远远超出他们的想象。克里克回忆，之前“几乎不可能看出基因是如何被复制的”[44]。但此时他们立刻明白了基因是如何被复制和传递的。因为梯子上每一条横档的两个碱基在中间通过弱氢键相连，基因，即一段 DNA 可以解链。接着，附着于一条螺旋链上的碱基可以与互补的碱基（A 与 T、C 与 G）配对，从而形成一条镜像拷贝。此外，突变如何产生的也变得显而易见。只需要意外插入错误的碱基对。

在某个甜蜜的时刻，世界上只有沃森、克里克及其同事知道隐藏在我们每个细胞中这巧妙的设计。到了午餐时间，两人在他们最喜欢的老鹰酒吧喝酒庆祝。他们觉得自己找到了生命的秘密（不过克里克没有公开吹嘘，而沃森在《双螺旋》中堂而皇之地宣称他吹嘘了）。[45]

一周后，他们检查了模型，便邀请威尔金斯来看一看。“无生命的原子和化学键似乎联袂造就了生命本身，”威尔金斯回忆道，“我被这一切惊呆了。”[46] 他觉得模型仿佛有自己的生命。它的美使他倾倒，并且他觉得自己受到了一击重创。就在一周前，他刚写信告诉克里克一个好消息，说他即将开始构建自己的模型。而他的好朋友捷足先登。威尔金斯一时愤愤不平。富兰克林则更有风度。她可以看出模型与她的数据相当一致，所以她明白这个结构看起来有多么正确。“我们都站在彼此的肩膀上。”[47] 她对戈斯林说。此时，她正在奔赴新实验室的新项目。

仅仅 7 周后，沃森和克里克关于 DNA 结构的里程碑式论文发表在了《自然》杂志上。它附有富兰克林、戈斯林和威尔金斯的论文，其中的数据和图像支持双螺旋模型。但在今天看来，沃森和克里克的举动很难被视为合乎道德，他们仅用一句话来承认同行的贡献：“伦敦国王学院的 M. H. F. 威尔金斯博士、R. E. 富兰克林博士及其同事有一些未发表的实验结果和观点，我们也因对它们基本性质的了解而受到了激励。”

他们怎么这么小气？很可能是因为他们不敢向富兰克林透露，他们用了多少她未发表的数据来建立他们的模型。她去世时可能都不知道。

数年后，富兰克林后来的合作者阿龙·克卢格阅读了她的实验工作簿，发现在这场比赛的最后一个月，她比任何人猜想的都更接近于发现 DNA 的结构。她已经算出它是一个双螺旋结构，并从查加夫的观察结果中意识到，碱基 A 和 T、C 和 G 一定在某种程度上是“可互换的”。[48] 直到沃森闯入她的办公室，她输掉了一场她没有察觉到自己身处其中的比赛。克卢格相信，再多给她一年时间，她就能自己发现 DNA 的结构。但现实并非如此。她当时已在前往伦敦大学伯克贝克学院的一个实验室的路上，并将在那里为发现病毒结构做出重要贡献。

在他们历史性的发现之后，沃森、克里克和富兰克林终于开始彼此尊重。富兰克林甚至就自己后来的研究咨询了沃森和克里克。然而，1962 年，诺贝尔奖被授予了沃森、克里克和威尔金斯（他在伦敦国王学院开启了 DNA 的研究）。

不幸的是，富兰克林没有资格。只有活着的人才能获得诺贝尔奖，四年前，37 岁的她死于卵巢癌，可能是因为她在实验室里暴露于 X 射线。那时，她已经和克里克夫妇很亲近了，甚至在第二次手术恢复期间还和他们待了好几个星期。

顺便一提，第一位证明基因是由 DNA 组成的科学家奥斯瓦尔德·埃弗里曾多次获得诺贝尔奖提名，但从未获奖。在沃森和克里克发现 DNA 结构仅两年后，他死于肝癌，那时 DNA 在遗传中的作用还未被普遍接受。一些科学家认为，埃弗里应该获得两项诺贝尔奖：一项颁给他在 DNA 方面的研究，一项颁给他在肺炎方面的研究。

⊙

从沃森和克里克首次胜利并开始炫耀模型起，他们一直对它离奇又宜人的巧妙充满敬畏。在一次讲座中，微醺的沃森尽力总结道："它太美了，你看，太美了。"[49] 然而，即使在这狂喜的氛围里，DNA 也在默默地嘲笑他们。他们都很清楚自己知道得太少了。沃森向物理学家利奥·西拉德展示这个模型时，西拉德立刻问他："你能为它申请专利吗？"[50]（西拉德本人拥有许多专利，包括一项关于核链式反应的专利，他于 1934 年将该专利捐赠给了英国政府。）但沃森知道，不能为任何无法实际应用的研究成果申请专利，他仍然不知道基因是如何工作的①。长得离谱的 A、C、T 和 G 序列如何指导我们细胞中数百万分子的活动来创造生命？写在碱基上的密码如何告诉我们的细胞怎样分解并重新排列食物来制造我们？密码如何创造嘴唇的弧度或鼻子的曲线，更不用说大象和苍蝇之间的区别？

克里克认为，要花半个多世纪才能找到答案，但至少他和沃森对该从哪里开始有所了解。他们紧紧抓住他人曾提出的一个观点，即每个基因负责编码一种蛋白质，每种蛋白质在细胞中都起着独特的作用。但这仍然让他们摸不着头脑。基因如何制造蛋白质？基因是仅由四种碱基组成的序列，它们被困于细胞核中，而蛋白质是由多达 20 种不同

① 在 21 世纪初的美国，许多人类个体基因获得了专利，直到 2013 年，最高法院才裁定这种做法不被允许。但人们认为改良基因不是天然的，可以申请专利。

的氨基酸组成的链条，遍布于细胞。

多年来，试图取得进展的科学家在一个错综复杂的丛林迷宫中跌跌撞撞。其中一个进步源于新的认识：我们细胞中的 RNA 可能充当基因和蛋白质之间的媒介。RNA 分子是 DNA 片段的镜像。它们的主要区别在于，在 DNA 胸腺嘧啶（T）的相对位置上，RNA 有一种名为尿嘧啶（U）的碱基，并且 RNA 只是 DNA 单链的拷贝。到了 1961 年，科学家已经证明基因的 RNA 副本可以逃离细胞核，并进入一种新近发现的名为核糖体的结构，核糖体利用它来制造蛋白质。目前为止，进展顺利。

但沃森、克里克和其他所有人仍然陷入了困境。RNA 中无意义的碱基序列（比如 GAGAUUCAG）如何告诉核糖体应该把哪些氨基酸连接在一起形成蛋白质？如果碱基包含密码，那密钥是什么？自 20 世纪 50 年代中期以来，许多遗传学家、物理学家和数学家绞尽脑汁，想出了大量巧妙的数学和逻辑方案来解开密码。但他们依然感到困惑。克里克承认，在经历了最初的“茫然阶段”和随后的“乐观阶段”后，他们此时陷入了“糊涂阶段”。[51] 他怀疑至少需要半个世纪才能了解 DNA 的工作机制，这看来相当中肯。

然后，到了 1961 年，一位不出名的研究人员，美国国立卫生研究院的马歇尔 · 尼伦伯格，击败了许多最伟大的科学家。从研究生院毕业两年的尼伦伯格把逻辑撇到一边，以实验劈开了这团乱麻。他很疑惑，明明可以简单地让核糖体说出答案，为什么还要费心去预测密码呢？尼伦伯格的独创性想法是从细胞中提取出核糖体，将它们放入装着所有种类氨基酸的试管中，并给核糖体提供人工合成的 RNA。他希望核糖体能继续做它们在细胞中自然做的：将氨基酸连接在一起。某天早晨 6 点左右，他的博士后研究员约翰内斯 · 马特伊发现，把 RNA 分子 UUUUUU 喂给核糖体时，它们就将两个苯丙氨酸分子连接在一起。于是，尼伦伯格和马特伊已经破译了生命密码中的第一个词。密码以三个字母的单词为基础，UUU 是苯丙氨酸的密码。在随后的疯狂竞争中，同类实验揭示，我们 20 种氨基酸的每一种都有几个三联体密码（密码子）。例如，UUU、GUU 和 ACG 都是苯丙氨酸的密码。某些三联体密码传递完全不同的信息，比如 TAA。它们告诉核糖体：停下。已经足够了。蛋白质合成完成了。

这种密码完全不像许多聪明的头脑多年寻找的巧妙解决方案。它背后没有任何数学或逻辑模式。生命密码只不过是有效的历史巧合。它是地球上最成功的发明之一。我们与每一种生物共享这古老的密码：它们包括纳米比亚嗜硫珠菌、幽灵蛸、猪腚虫和已灭绝的斑比盗龙[①]。一旦密码被破解，遗传学和生物学将经历一场前所未有的信息爆炸，正如遗传学家肖恩·卡罗尔对我说的那样，这爆炸如此剧烈，要跟上这些信息就像从消防水管里喝水。

⊙

科学家终于可以回答那些曾经看似遥不可及的问题了。数十亿年前到达地球的原子如何能最终创造出像我们这样的生物？就此而言，我们怎么知道如何处理我们昨天晚餐吃的那些原子？告诉我们如何将营养物质转化为我们的那些指令在哪里？

我们现在知道答案就在我们的 DNA 里。数十亿年来，DNA 中无数微小的突变创造了各种各样的生化实验。成功的实验产生了极大的生物多样性。而最终形成我们的 DNA 告诉我们的细胞如何将食物转化为我们自己。

DNA 常常被称为我们的说明书、我们的蓝图，但它真是很奇怪。无意冒犯，但坦白说，你的 DNA 是一团令人费解的乱麻。你所有的细胞都含有相同的 DNA。它被分成 23 对，每对都是紧紧折叠的染色体。

① 密码各处都有一些罕见的微小变化。

（除了精子和卵子，你所有的细胞的每条染色体都有相同的副本。）它们排列得如此密集，如果你把你的一个细胞中的所有染色体拉直，让它们首尾相连，编码序列（ATTGACCACAGG……）将没完没了地绵延出令人麻木的 30 亿个碱基对，伸展至 6 英尺。

如果你试图徒步游览自身一个细胞中的基因，你会立刻发现自己完全迷失了方向。大量碱基被称为“无用 DNA”（这个术语颇具争议），因为它们没有已知的功能。其中包括入侵病毒（被称为逆转录病毒）的残余。一些常见的重复序列是寄生单元（称为跳跃基因）。还有极少数的“幽灵基因”，它们编码的是已灭绝祖先的基因，突变使这些基因丧失了功能。然而，人们对无用 DNA 的数量有激烈的争议：大约在 20%～90%，具体数字取决于你问谁。

在这些吃闲饭不干活的片段中散布着有用的序列，也就是我们的基因。它们传递遗传信息，策划我们的成长，但它们还有更多的作用。它们不停地告诉我们的细胞如何利用营养物质来运作和修复。

事实证明，DNA 的策略极为简单。你的基因基本上只有一项工作——控制新蛋白质的产生[①]。在“谁是我们细胞中最重要分子”的竞赛中，蛋白质轻松摘得银牌，仅次于 DNA。虽然它们并不像人们曾认为的那样储存遗传信息或自我复制，但它们确实在你的细胞中执行几乎所有的其他工作。蛋白质就像微小的球形磁铁串成的链条，可以把自己扭曲成各种各样令人惊讶的复杂形状，其中许多是巨大的。你的血红蛋白由 574 个氨基酸——9 272 个原子构成。你体内最大的蛋白质是肌连蛋白，这是肌肉中一种类似橡皮筋的分子，由 34 350 个氨基酸组成，大约有 54 万个原子。我们用一些蛋白质做工具，比如运送氧气的血红蛋白。我们用其他的蛋白质作结构单元，比如皮肤和骨骼中有弹性的胶原蛋白。不过我们细胞中大部分工作是由酶这种蛋白质完成

① 还有许多其他分子也控制着基因表达以制造蛋白质的时机，不过生产这些分子的指令最终还是由 DNA 编码的。

的，它们是促进化学反应的天才。然而，独特的形状使大多数酶只能加速一种或两种反应。所以你的 DNA 有大量的工作是为了酶。一个细胞在其生命周期中需要进行如此多不同类型的化学反应，以至于它的 DNA 不得不要求生产数千种不同的酶。

你可能想知道，DNA 被隔离在细胞核中，它们如何控制细胞其他部分的混乱，那些区域有无数的酶和各种各样的其他分子随意地穿梭。想象一下，小学老师被困在一间教室里，却试图控制整个学生群体，学生无人看管，正在外面的操场上跑来跑去。科学家发现，DNA 之所以能施加控制，只是因为酶和大多数蛋白质一样，活得快，死得早。大多数酶在几小时或几天后就会分解。[52] 因此，控制细胞内大部分活动的是一种高度编排的序列，在这种序列中，基因要求（或不要求）生产新的酶。细胞每秒钟都在不断地复制成千上万种酶和其他蛋白质，正是这不间断的流水线中产生的变化，决定了细胞如何运作、自我修复和繁殖。[53]

原理很简单：DNA 告诉细胞要制造哪种蛋白质，让蛋白质去做其他大部分工作。但是，DNA 协调新蛋白质生产的过程复杂得离谱。我们的 DNA 中只有 1%～2% 的碱基负责编码蛋白质。两倍或更多的基因协助编排一些极度复杂的舞蹈，这些舞步只负责决定基因何时开关。[54] 许多基因由远处的其他基因控制，而后者又由别处的基因控制。一个基因可以激活一系列基因，这一系列中的每一个基因又级联地激活其他基因，就像计算机程序激活子程序一样。

那么，我们如何在子宫里从一个单细胞受精卵，成长为一个有胳膊、腿、心脏和大脑的生物呢？秘密就在细胞基因以及整套基因被调控的顺序和时机，也就是它们被开启或关闭的模式。随着胚胎生长，每个细胞都会产生新的细胞，发育出三层，分别是外胚层、中胚层和内胚层。外胚层形成了你的大部分皮肤、大脑和神经组织。中胚层开始发育出你的心脏、血细胞、肌肉、骨骼和泌尿生殖系统。内胚层孕育出你的肺、肠、肝等器官。正是特定基因开关的顺序（这个过程受到周围细胞信号的影响），把一个细胞变成你小脚趾的细胞，把另一个变成你上唇的细胞。

即使你完全长大了，也没有休息的机会。你的DNA还在持续行动。（这里指的是大量DNA。如果你把你数万亿细胞中所有的DNA链排成一条线，它的长度是太阳系直径的两倍。）一部分DNA不断地解旋，基因得以激活。现在，你的每个细胞都在制造成千上万个基因的RNA副本[①]。当你跑步、举重、进食、生病或学习一门新语言时，你都在激活基因，从而产生新蛋白质。

这确实留下了另一个谜题。如果你只是把你的DNA副本和细胞可能需要的所有营养物质放入试管中，那不会有任何东西爬出来，至少在人类的一生中不会。那么，你的第一个细胞——受精卵，是如何从受精那一刻开始塑造你的呢？答案是，它并非完全从零开始。除了DNA，它还从母亲那里得到了促进反应的酶，并且它还从她那里继承了线粒体和核糖体来制造能量和蛋白质。和DNA一样，这两者也在数十亿年的时间里由一个生物体传递给另一个生物体。所以，从你被孕育的那一刻起，你的创始细胞就不仅包含了DNA蓝图，还包含了将食物变成你所需的工具。

这一切仍然引出了一个更令人困惑的问题。你的每一个细胞都由海量原子组成，它们约有一百万亿，在到达地球之前曾飘浮在太空中。你摄入的无数杂乱的原子是如何飞跃成生命的？这一切是否都归结于DNA、蛋白质和核糖体？或者，是否还需要其他看不见的机制，来为我们细胞中曾经无生命的原子注入生命？直到20世纪20年代，这个问题似乎都无法回答，或许永远无法回答。但比利时一位思想开放的年轻科学家决心一试。

---

① 唯一的例外是成熟的红细胞。它们成熟后会抛弃自己的细胞核和DNA，因为它们的主要工作只是运输血红蛋白。

第 13 章

元素以及一切

你身体里究竟有什么？

像其他生物一样，人，是如此完美地协调，以至于无论是醒着还是睡着，他很容易忘记自己是一群在活动的细胞，正是这些细胞通过他实现了他幻想自己完成的事情。[1]

——阿尔伯特 · 克劳德

你可能没有意识到，你是一座高耸的摩天大楼，一座由 30 万亿个单元或细胞组成的合作公寓楼。[2] 把你的细胞首尾相连，可以绕地球四圈。它们是最小的生命单位，你不能指着从细胞里提取出的任何东西说："它是活的！"那么，曾经无生命的原子一路摸索到地球后，是如何点燃我们的细胞中的生命的呢？除了 DNA 和酶，还有其他物质吗？虽然我们意识到自己的感官、思想和情感，但它们对我们体内发生的事揭示甚少，就像帝国大厦的外观对其办公室和走廊里发生的事揭示甚少一样。如果你放大你的一个细胞，你会看到什么？我们有可能了解你每个细胞里数万亿个原子是如何齐心协力地创造生命的吗？

在 20 世纪 20 年代，这个问题对阿尔伯特 · 克劳德来说非常私人。他是一个矮小机灵的比利时医科学生，留着热情的蓬巴杜发型。克劳德是面包师的儿子，在一个小村庄长大，上的学校只有一间教室。不幸的是，他三岁时，母亲患了乳腺癌。他看着疾病在四年里难以阻挡且令人痛苦地发展，直到她最终去世。在长大的过程中，克劳德一心想要了解这种夺走母亲生命的神秘疾病，但他获得医学学位的道路如世事般动荡。[3]10岁时，父亲让他退学去照顾因脑出血而瘫痪的叔叔。两年后，克劳德开始在一家钢铁厂工作，并学会了绘图。但随后一战爆发，德国野蛮入侵了比利时。十几岁的克劳德冒着生命危险，自愿为英国情报机构工作，传递有关德国军队动向的消息。[4]正是这次战时服役意外使他追寻治愈癌症的梦想。在很短的一段时间内，比利时政府允许没有高中文凭的退伍军人读大学。五年级就辍学的克劳德申请了医学院，尽管他担心自己的课程会全部用拉丁语教学，好在没有。[5]

在医学院，克劳德花了很多时间用显微镜观察细胞，他希望能窥见创造生命的机制，以及那些引发癌症等疾病的机制。但无论怎样眯起眼或转动准焦螺旋，他都看不到什么，除了一个细胞核、染色体，还有名为线粒体的椭圆形点，它们的功能仍是谜。还有一个斑点，即高尔基体，由意大利医生卡米洛·高尔基首次发现。没人知道这究竟是一个真实的结构，还是染色过程的产物。就只有这些。细胞内部的其余部分是一片混沌。对克劳德来说，看似一个令人沮丧的“混沌疆域，隐藏着可能揭示细胞生命秘密机制的神秘基质”[6]。

更令人气馁的是，显微镜不再有任何用处，它们已达到了其放大能力的理论极限。细胞内部和癌症的病因就像天文学家眼中的恒星和星系一样遥不可及。[7]

这并不妨碍生物化学家认为自己相当了解细胞内的其他物质。他们的回答是：就那样。他们确信，能大大加速化学反应的酶负责了所有的工作。他们肯定细胞内部只是一个“生化沼泽”，一个酶和其他分子碰撞和起化学反应的浓汤。[8]他们受到一种偏见的影响，我们之前见过：“现有工具未测出即不存在。”

克劳德在实验动物身上研究癌症，并于1928年获得医学博士学位。之后，他加入柏林的一家研究机构，该机构的负责人支持癌症由细菌引起的理论。克劳德向来很有主见，他毫不退缩地指出，负责人的实验室充满了污染，使实验变得毫无价值。他被要求尽快离开此处。[9]幸运的是，他已经知道下一步要做什么了。曼哈顿洛克菲勒医学研究所的研究人员在鸡身上发现了一种不寻常的肿瘤细胞。注射这些细胞的过滤后的提取物会传播癌症，但没有人能够从提取物中分离出致癌物质。克劳德认为他可以完成这一任务，而得到这份工作的最佳办法就是直接写信给其负责人。令人惊讶的是，尽管他的英语很差，这招却奏效了。

著名的洛克菲勒医学研究所以聚集才华横溢、意志坚定的研究人员而闻名。克劳德于1929年抵达，同年，科学家发现恒星由氢原子聚变提供能量，而且宇宙正在膨胀。他无疑希望细胞生物学也能迅速进入这样一个革命性的时代。

在设备齐全的实验室里，克劳德全身心投入工作，尝试分离鸡肿瘤中的传递癌症的物质。在同事看来，他很可爱，但有点奇怪。他说话时带有浓重的比利时口音。他很有教养，从科学、音乐到历史和政治，他都能侃侃而谈。他在纽约有许多音乐家和艺术家朋友，其中包括画家迭戈·里维拉。不过，在工作方面，一位同事回忆，克劳德就像一头孤独的野猪。[10]他又矮又壮，问一些让人没脾气的幼稚问题，我行我素。若是有了一个新颖的想法，他会把自己隔离起来，独自尽全力推动，往往工作到深夜（无怪乎他第一次婚姻失败）。

然而，尽管尽了最大的努力，克劳德三年后只取得了些许进展。他一定背后发凉，因为研究所所长想用一位真正的化学家来取代他。[11]但克劳德的实验室主任称赞他在开发新技术方面的独创性，主张让他继续工作。到了1935年，也就是整整两年后，焦躁不安的克劳德听说英国研究人员在用高速离心机分离致癌物质方面取得了进展。

一个大炖锅尺寸的台式设备，可以像游乐园设施一样旋转溶液，这听起来可能并不高科技。然而，对于细胞生物学家来说，它是革命性的。快速旋转能将溶液按重量分为几层，因此，农民会使用早期的离心机让奶油上升到牛奶上层。在克劳德的时代，工程师已经投入了大量工作来制造超速离心机，其旋转得极其快速——每分钟超过10 000转，产生约17 000克的力。[12]

克劳德先用研钵和研杵轻轻研磨鸡的肿瘤细胞，再加入生理盐水。[13]他发现旋转溶液会使其分为几层。于是他灵机一动，将溶液层再次离心。这就产生了更多的层。再将它们离心，又产生了更多层。对克劳德来说，这表明每一层溶液都含有不同质量特征的大分子。他的技术最终使他能够分离出浓度更高的致癌物质。此外，他确定它含有RNA。[14]数年后，他甚至认为这种RNA属于一种病毒，从而为某些病毒可能致癌的说法提供了支持。

克劳德最大的突破不在此。他意识到，他的技术也可以分离正常细胞中的超大分子，而不仅仅是癌细胞。他十分兴奋。这些也许是我们细胞中太小而无法用显微镜看到的结构。研究这些分子也许能揭示细胞运作机制的新线索，甚至可能揭示出错的机制。克劳德立刻换了赛道。他暂时搁置了癌症研究，深信我们必须先了解正常细胞的工作机制，才有希望了解癌症①。他决心深入细胞。如果显微镜帮不上忙，他会用锤子来砸碎细胞，用他后来的话说，砸碎它们，然后研究里面有什么。[15]

当克劳德开始研磨并离心鸡、老鼠等实验动物的组织时，许多人嗤之以鼻。“当他开始撕裂细胞，对取出的碎片进行检查时，每个自

① 他选择的时机很巧，生物学家寻找癌症根源的努力遇到了障碍。他们缺乏合适的工具，对细胞的了解也很有限。克劳德在洛克菲勒医学研究所的同事奥斯瓦尔德·埃弗里当时还没有发现基因是由DNA构成的。在接下来的几十年里，一些研究者继续尝试证明病毒或细菌是癌症的主因。直到20世纪70年代，科学家才认识到癌症是由基因突变引发的。诱发癌症的病毒和细菌相对较少，远远少于其他癌变来源。

诩正派的……细胞生物学家都盯着他，”他的同事基思·波特回忆道，“破坏这华美的结构有什么好处？”[16]克劳德因制作“细胞蛋黄酱”而遭到嘲笑。[17]一些同事认为这是一种背叛。[18]他的第一个罪行是破坏了漂亮的细胞。第二个罪行是假装他分离出的任何东西都完好无损，没有同样被摧毁。

但克劳德敏锐地意识到，科学家的理解受仪器灵敏度的限制。他知道，有时候，伟大的进步只源于“技术进步中的偶然”[19]，源于某种新工具的引入。正如一位历史学家评论的，克劳德是利用它们的大师。[20]

克劳德仔细观察显微镜下的“蛋黄酱”分层，看到了几乎看不见的小点，他称之为“颗粒”或“微粒”。他确信它们是细胞里的结构，没有人曾猜想到它们的存在。这些分层还含有不同的酶。它们很可能为这些结构的作用提供了线索。他甚至怀疑他的微粒是细胞的化学工厂。[21]但他对看清它们不抱希望，许多同事仍然不相信他的小点有意义。

柏林的一位德国电气工程师利用宇宙中一个奇异的事实，成了克劳德的救星。早在10多年前，恩斯特·鲁斯卡就意识到，从理论上讲，人们可以像透镜聚焦光线一样，用电磁铁聚焦一道精微的电子束。如果这一过程完成得足够精确，偏转的电子波应该能在屏幕上产生图像。也许你对最后这句话并不感到困惑，但你应该困惑。令物理学家困惑的是，量子理论刚刚揭示，虽然我们可以把电子看作粒子，但它们也像波一样运动。这是一个难以理解的悖论，我们如今仍然不能理解。但对鲁斯卡来说，这一悖论是一种福祉。电子的波长是可见光的波长的一千分之一，所以“电子显微镜”的分辨率至少在原则上可以比普通显微镜高一千倍。

对大多数专家来说，从电子流中产生图像听起来像是白日梦。鲁斯卡无视了他们的意见。1933年，他制造了一台电子显微镜的原型机，当时几乎没有人认为它能工作。一家期刊拒绝了他提交的一篇附图论文，因为他的设备“没有任何有益的用途”，即便如此，他继续研发。[22] 不过最终，西门子公司认为他的想法可能有些道理，便支持了他。在美国，RCA 公司（美国无线电公司）开发了自己的电子显微镜。

到了 1943 年夏天，战时的纽约只有一台电子显微镜。一家油漆和化学公司正用它开发新产品。该公司的研究主管艾伯特·格斯勒也对癌症感兴趣，因为它杀死了他的一位好友。[23] 某天，他在翻阅《科学》杂志时，读到了克劳德写的一篇文章。文章认为，更精密观察正常细胞中的微粒及其如何复制，可能会为癌症的病因提供线索。格斯勒邀请克劳德使用公司的电子显微镜——在下班后。克劳德欣然接受了。

技术上的挑战令人生畏。他们必须学会如何在细胞表面涂上化学物质以形成对比，以及如何防止显微镜腔内的真空破坏细胞。幸运的是，克劳德的同事基思·波特在培养细胞方面极其娴熟。他发明了一种精巧的技术，使鸡细胞长得足够扁平，薄到能让电子束穿透。一年后，即 1944 年，科学家终于制作出了单细胞的第一张电子显微镜图像。突然间，他们看到了一个全新的景观。“太美妙了，”波特后来回忆道，“相信我，我们从来没有见过类似的东西。人类已经访问过月球……但我们是第一批……看到微粒的人，我们看到了光学显微镜无法分辨的结构。”[24] 细胞生物学的黑暗时代即将结束。

此时，我们已经没有理由去争论生命的原子是否在我们的细胞中构建了其他类型的结构。电子显微镜技术的进一步改进使它们拥有了清晰度惊人的聚焦。洛克菲勒医学研究所的“一小群探险家”，最著名的是基思·波特、克里斯蒂安·德迪夫和乔治·帕拉德，他们出色地利用克劳德的技术，并且为发现的新结构数量震惊。其中有核糖体（弗朗西斯·克里克等人后来发现核糖体利用 RNA 制造蛋白质）。克劳德在他的离心机中分离出了许多其他“微粒”，它们原来是大的膜结合结构，我们现在称之为细胞器。最重要的是，他们发现克劳德的技术可以协助他们确定这些细胞器的功能。电子显微镜可以揭示细胞器的结构，而离心机让他们可以识别其中的酶。他们还发现了细胞器的许多其他功能，比如，被称为内质网的细胞器及其邻居高尔基体会对新蛋白质进行化学修饰，再将它们包入囊泡，运送至细胞的其他位置。另一种被称为溶酶体的结构是细胞的垃圾处理器。细胞生物学家欣喜若狂。研究者甚至发现，细胞器紊乱会导致疾病，这对医学来说是一个福音。例如，有缺陷的核糖体会导致先天性纯红细胞再生障碍性贫血。线粒体紊乱会导致一种名为肌阵挛性癫痫伴破碎红纤维综合征（MERRF）的癫痫，而溶酶体中缺乏一种酶会导致泰–萨克斯病①。

克劳德本人只直接参与了一部分细胞器的研究。1949年，他被邀请在家乡比利时领导一家癌症研究中心，这诱使他离开了洛克菲勒医学研究所。他的天才之处显然不在于利用技术探索细胞的秘密，而在于为此创造新工具——这方面的工作他完成得毫不含糊。[25] 他将与德迪夫和帕拉德一同获得诺贝尔奖，两人运用他的创新取得了许多开创性的发现。

到20世纪50年代初，人们已经清楚，除了含有DNA的细胞核和制造蛋白质的核糖体外，含有不同酶的细胞器也执行专门的任务。尽管如此，许多关于细胞的旧观点仍然占上风。在观察细胞器之外时，即便使用电子显微镜，研究人员仍然只能看到一团混沌的生物浓汤。细胞生物学家富兰克林·哈罗德回忆道：“他们认为细胞器就像可溶性分子海洋中的固体岛屿，这些分子只会相互碰撞并扩散。”细胞内部的其他部分看起来和从前一样模糊不清，其中占主导地位的可能是酶。几乎没有人认为那里还有其他东西。

对这个观点的最大质疑之一来自一位“古怪”的生物化学家，他将启迪人们发现细胞中的全新机制，之前从未有人想象过它们的存在。彼得·米切尔也许并非世界闻名，但他在生物化学家中受到钦佩，甚

---

① 泰–萨克斯病，又称泰萨二氏病，是一种遗传性的脂质代谢异常罕见遗传病。——译者注

至崇敬。他早年在剑桥大学就是一个让人难以忘记的人物。1939 年底，他开着一辆时髦的摩根汽车来剑桥大学上学，后来又换了一辆二手劳斯莱斯，这要感谢他叔叔的慷慨，那位是一家建筑公司的老板。“米切尔的许多朋友都记得他，”他的传记作者写道，“因为他华丽的穿着：勃艮第紫色夹克，有时敞开到腰部的衬衫，长发几乎及肩。”[26] 他们认为他像贝多芬，米切尔在自己的宿舍里放着贝多芬的半身像。他总是热衷于标新立异的哲学思想。他对细胞中的原子如何创造生命有一些不同寻常的观点，它们引发了科学界最激烈的一场斗争，这场斗争持续了近 20 年。

米切尔在剑桥大学获得了博士学位，并担任研究职务。1954 年，他离开剑桥大学，在爱丁堡大学领导一个生化部门。在那里，他开始努力解决斗争根源上的一个基本问题：我们的细胞如何产生能量？米切尔认为其他人的答案都错了。

大多数科学家没有发现问题。这个问题看起来不应该难以回答。他们已经把几乎所有的拼图都拼在了一起。

克劳德运用离心机和电子显微镜，确定了线粒体燃烧糖和氧气来释放能量。他创造了一个自那时起就在教室里回荡的说法：线粒体是细胞的“发电厂”。[27]

这留下了另一个难题。一个细胞如何将这种能量分配给四散的分子和细胞器？在我们的细胞中，毕竟没有从线粒体向外辐射的电缆。

生物化学家解决了这一难题的一部分。他们发现了一种只有 47 个原子的小分子，叫 ATP，并惊讶地意识到它只不过是一个微型便携式电池组。ATP 含有磷，磷曾被称为“魔鬼的元素”，因为它会发光，而且有一种令人不安的自燃倾向。ATP 之所以如此重要，是因为它的最后一个磷酸基团断裂就会释放出丰沛的能量。

科学家认识到，在我们从太阳获取能量的过程中，ATP 执行最后一个步骤。植物先在光合作用中捕获能量，将其储存为糖。一旦我们吃了糖（或由糖制成的脂肪），我们细胞中的线粒体就会释放能量。而ATP将太阳的能量传递给我们细胞中所有需要能量的分子。我们必须大量生产ATP分子，生物化学家明显知道。我们现在知道，一个典型的人体细胞每秒要消耗数量惊人的1 000万到1亿个ATP。[28]所有生命都使用ATP（或类似的分子）来分配能量，这一事实表明，这些微型能量包和生命本身一样古老。研究人员还知道，一旦ATP通过失去一个磷酸基团来释放能量，分子的其余部分就会循环回到母舰——线粒体，在那里，一种酶会为这个微型电池组添加一个新的磷酸基因，以再次充能。

现在只剩下一个小小的谜题。这种酶，即ATP合酶，是如何制造ATP的？本应是小菜一碟。生物化学家知道如何确定酶的化学路径。但无论如何，“线粒体学家”都无法解释这种酶的工作机制。

消息传播开来，更多实验室加入了搜寻的行列——化学家和物理学家，几十个实验室，数百名研究人员。大实验室和大科学家竞争。[29]解释这种酶的工作机制成了燃眉之急。[30]然而，令他们持续沮丧的是，“只看到了活动部位的影子”，生物化学家埃夫拉伊姆·拉克回忆道，他花了20多年的时间研究这个问题。[31]偶尔会有一个团队得意扬扬地宣布他们解决了这个问题。但很快，他们的胜利就会土崩瓦解，让所有人比之前更加困惑。[32]在一次会议上，拉克宣称：“如果有人并不极度困惑，那只是因为他不了解情况。”他们完全不知道自己是在白费力气，这场搜索将持续几十年。

这时，有哲学头脑的米切尔很清楚，他们是在蠢事上浪费时间。米切尔更喜欢自己琢磨问题，他提出了一个替代方案，它新奇得近乎空想。苏格拉底之前的哲学家赫拉克利特曾说过，人不能两次踏进同一条河流，这句话吸引了米切尔。[33]他开始以类似的方式思考细胞——它是一种保持不变的结构，但就像河流或烛火一样，它的原子在不断地被替换。他对细胞膜如何调节进出的无尽分子产生了兴趣。

最终，他开始确信细胞膜远不只是简单的守门人。

米切尔重新研究了线粒体的结构。电子显微镜显示它呈椭圆形，由一层膜包裹。其内部又有一层封闭的膜，形成了一个内腔。他的异端观点认为，这种内膜的结构对制造 ATP 必不可少。如果是这样的话，试图解释传统酶如何产生 ATP 的所有研究者都在寻找一个不存在的幽灵。他认为，线粒体利用糖释放的能量，将大量带正电的氢离子从内膜中运送出来。然后，它利用膜两侧因此产生的电荷差来制造 ATP。

换句话说，米切尔提出，线粒体利用它的膜产生电流，为细胞提供动力，这真是奇怪。这种电流并不来自带负电荷的电子，就像我们的电线和电器中穿梭的负电子流，而是来自带正电荷的质子——氢原子核。它利用电流为膜上产生 ATP 的机制提供动力。

在 1961 年，他的想法看起来非常古怪。这与我们所熟知的任何制造分子的方式完全不同，并且只是一个预测。他没有实验证据来支持自己的说法。[34] 莱斯利·奥格尔写道："我记得我对自己说，它肯定不是那样运作的，我可以赌上一切。"[35] 生物化学家拉克回忆道："这些构想听起来像是宫廷小丑或末日预言家的宣告。"[36] 米切尔几乎没有找到支持者。许多科学家做出下意识的反应，再次被"太离奇以至于不可能为真"的偏见左右。他们否定了一个理论，因为它看似不太可能是真的，违背了他们所学的一切，而且利用起来很笨拙。

米切尔并不屈服，不过，他也许是个天才，却没有让自己的境况变得更轻松。他用来阐述理论的，是他自己创造的晦涩术语，而不是线粒体学家熟悉的术语。[37] 而且，为了解释质子流如何使 ATP 产生，他提出了许多机制，但事实证明它们并不正确。

在爱丁堡大学待了几年后，米切尔患上了严重的胃溃疡，不得不辞去工作。为了养病，他搬到了康沃尔郡一个破旧的乡间庄园中。但他拒绝放弃。两年后，他翻新了这座优雅的建筑，将它的一座配楼变成了一个私人实验室。他为实验室聘请了珍妮弗·莫伊尔，她曾在剑桥大学和爱丁堡大学与他共事，是一位聪明能干的合作者。在这间俯瞰乡间密林的实验室里，他们做了一些实验以支持他的理论。他利用获奖奶牛赚取收入来支持他们的研究。[38]

10 年里，米切尔和同行进展近乎停滞。有人回忆，在一次会议上，这位未来的诺贝尔奖得主的话“从我左耳进右耳出，他们居然让这样一个荒谬又无能的演讲者进来，这让我很恼火”[39]。一位反对者在和米切尔说话时被激怒到单脚跳了起来。[40]

米切尔家里有一张世界地图，他在图上用红色大头针标出了批评者的位置。[41] 如果批评者开始放弃怀疑，米切尔就把“信念监视”上的红色大头针换成白色的。如果他们完全转变了态度，米切尔就把大头针换成绿色的。

除了米切尔和莫伊尔，许多试图反驳他的人也做了很多实验，这些实验最终慢慢扭转了局面。最后，生物化学家不得不承认米切尔是对的。为了制造 ATP，线粒体利用氢离子（带正电的质子），在内膜两侧形成电荷差，电荷强度惊人，近于每英尺 1 亿伏，和闪电一样强大。[42]

加州大学洛杉矶分校的保罗·博耶是米切尔的长期反对者之一，他取得的一个非凡发现使米切尔的理论变得更容易理解。20 世纪 60 年代早期，博耶渐渐确信制造 ATP 的酶不可能是普通的酶。他先是认为它必定与邻近的蛋白质协同作用，改变它们的形状以促进这一过程。但是到了 70 年代，他有了更清晰的构想。他相信产生 ATP 的酶本身就异乎寻常。它很复杂，有许多相互连接的活动部件，这使它实际上成为一个微型分子机器。博耶改变了主意，开始相信米切尔的氢原子流一定能驱动这个看不见的机器。

这个机器被称为 ATP 合酶，博耶发现的结构真的异乎寻常。它有一种阿尔伯特·克劳德未曾想象过的机制。它看起来很像达·芬奇可能设计出的那种水轮驱动装置，只不过驱动它的是膜后聚集的质子，而不是大坝后的水流。这个装置是一个微型旋转马达，它横跨内膜，有一个每秒可旋转 300 次的轴。[43] X 射线晶体学家约翰·沃克爵士后来因发现它的精确分子结构而获得诺贝尔奖，他描述该结构具有一条轴承、一些活塞或阀门、一个曲柄或凸轮、一个弹簧或飞轮。[44] 它由质子流驱动转子及其附属机件旋转。一个机件抓住一个磷酸基团和一个腺苷二磷酸分子。机器的另一机件将两者结合，生成腺苷三磷酸，即 ATP。接着，第三个机件给新生成的 ATP 强大的一击，将它送回细胞内。

1975 年，博耶向米切尔伸出了橄榄枝。他提出与米切尔和其他一些曾经的反对者一起写一篇评论文章，以宣告斗争结束。三年后，戴着耳环的米切尔飞往斯德哥尔摩领取诺贝尔化学奖——某位科学家称，他是因为“生物想象力”而获奖。[45] 米切尔用奖金偿还了他的研究和农场带来的债务。数年后，博耶也获得了诺贝尔奖。[46] 他们在我们的细胞中发现了一种机制，它完全不同于人们过去想象的酶只会加速反应的图景。相反，线粒体利用糖中的能量来创建电流网络。质子流为精巧的分子机器提供动力，当它们转动时，它们就会不断地给微型电池组充电，为我们的一切活动供能。

值得注意的是，我们在第 7 章中看到，迈克·拉塞尔和威廉·马丁认为，类似的质子流协助启动了最初的生命。[47] 他们在深海热液喷口看到了形同米切尔电流的古老痕迹。在那里，氢离子从充满小腔室的矿床间冒出来，这些小腔室就像细胞一样，有膜般薄的壁。研究人员认为，这些壁的两侧聚集了不同浓度的带正电的氢质子，从而产生了电流。他们认为，这一质子流驱动形成了更复杂的有机化合物，乃至最终形成了生命。

不管是否如此，米切尔和博耶的机制确实解释了线粒体如何使进化增速。回想一下，正如林恩·马古利斯所言，微生物主宰着我们的星球，直到某种微生物在产生能量上变得特别高效。当其中一个细胞被另一个细胞吞噬后，它的后代就被驯化了。它们变成了线粒体，没有变化的则成为历史。我们的历史。我们的每个细胞平均含有一千到一万个线粒体。[48] 线粒体约占心肌细胞体积的 35%。[49] 它们使我们单个细胞产生的能量超出细菌数万倍。[50] 有了这种超动力推进，我们的 DNA 可以指导核糖体产生更多的蛋白质和酶，使细胞变得活跃。在你的身体里，每秒钟都有数千万亿的前细菌将质子泵过膜，为制造 ATP 的旋转马达产生电力。你每分钟吸入约 2/3 品脱① 的氧气来维持这些马达的运转，使它们产生的能量相当于一个 100 瓦的灯泡。[51]

为了赋予我们的细胞生命，我们的分子建造的远不只有 DNA、RNA、核糖体、酶和细胞器，还有微型机器，利用质子产生电流。事实上，我们的身体还依赖另一种电流。1780 年，医生路易吉·伽伐尼发现了这种电流，当时他观察到电火花会使一只死青蛙的腿抽搐。到 20 世纪 50 年代末，生物学家已经确定，我们在神经中产生这种电流是借助另一种看不见的机制——一种能移动带电原子的泵。这些钠钾泵存在于你所有的细胞中，仅仅维持这些钠钾泵的运转，就要花掉你大约 1/3 的能量。[52] 但是，一旦你意识到，没有它们，你就无法思考，甚至无法从大脑向脚发出“跑！”的信号，你就不会吝啬于它们要消耗的那些超量 ATP 了。

这些关键的泵将更多带电的钠分子留在细胞外，将更多的钾分子留在细胞内。这有助于维持细胞内压，防止细胞破裂，并维持细胞中其他化学物质的平衡。

科学家发现，我们的神经还利用这些泵做其他事情，它们发送电子信息，但不是用电子或质子。研究人员在 1939 年开始了解其工作机制，当时他们发现，没有铠甲的巨乌贼主要依靠快速逃脱进行防御，而使这种逃脱得以实现的是巨型神经元。这些神经非常宽，研究人员真的可以将一根电线穿过一根神经来测量内外的电位。他们了解

① 品脱是英美等国使用的容积单位。英制 1 品脱约等于 0.568 3 升，美制 1 品脱约等于 0.473 2 升。——译者注

到，神经电流是由带负电荷的钠分子和带正电荷的钾分子产生的。更奇怪的是，这些被称为离子的带电分子并不会飞速从神经这一端奔向另一端。相反，它们像足球迷一样玩人浪。想象一下，细胞膜上有一长排小通道，它们要么允许钠离子进入，要么允许钾离子离开。当每条通道打开时，每秒有超过一百万的钠离子涌入或钾离子涌出。[53]这会触发相邻的通道打开，就像球迷的手臂运动触发邻座球迷的手臂运动一样。当钠离子和钾离子在膜上快速进出时，它们会传播一种沿神经传播的电荷波。

这个滑稽的体系之所以奏效，是因为静息神经的外部钠离子比内部多，内部钾离子比外部多。维持这种差异的是这些跨越细胞外膜的微型机器。在 ATP 的能量刺激下，每个泵会排出三个钠离子。然后泵改变形状，只允许两个钾离子进入。一条神经中可能有一百万个钠钾泵[54]，它们产生的电荷差使信息以高达每秒 350 英尺的速度高速传递。[55]其他细胞甚至发现了这些微型机器的更多功能。你的肌肉，包括你的心肌，都用它们来帮助收缩。

你可能不知道，你的生命依赖于差不多千万亿个极小的钠钾泵。[56]没有这些微型机器，你根本不能生存，更不用说思考或逃离捕食者了。顺便说一下，因此，你才觉得氯化钠，或者更确切地说是盐的味道这么好。虽然我们吃的植物含有大量钾，但它们没有太多钠。要维持体内的电荷，你每天需要近一茶匙的盐。因此，狩猎采集者可以从肉类中获取盐，但农人必须对饮食加以补充。[57]盐瓶里的盐让你能够交叉手指、触摸耳朵、思考和说话。

巧妙的 ATP 合酶和钠钾泵并非终点。自 20 世纪六七十年代以来，科学家在人体细胞中又发现了更多五花八门的分子机器，它们以 ATP 为燃料，在细胞中熙来攘往。这些细胞器很小，与工厂规模的大型细胞器相比，就像是独轮手推车。一种叫驱动蛋白的小型双足行走机器绕着细胞奔跑，每一步都由 ATP 提供动力。它们在由微管中排列的蛋白质组成的道路上行进，这些微管被不断铺设在任何需要线粒体或其他细胞器的位置，又在不需要它们的位置被收起。驱动蛋白整天都在把装有蛋白质的囊泡从细胞这一边拖到那一边。在人体肌肉中，有一种叫肌球蛋白的小 ATP 动力马达，它一边沿着棘轮轨道滑动，一边改变形状，拉长和收缩你的肌丝。“动物死后之所以变得僵硬，”生物物理学家霍利 · 古德森兴致盎然地告诉我，“是因为它们的肌球蛋白卡在了一种胶水般的强束缚状态中。”换句话说，肌肉的微小运动失灵了。与此同时，在你所有的细胞中，新生成的蛋白质会进入一种叫伴侣蛋白的微型机器中，这种机器会关闭并协助将蛋白质折叠成合适的形状，然后再释放。自始至终，蛋白酶体会像木材粉碎机一样，把注定要被丢弃的无用蛋白质切成碎片。

“基本上，细胞内部就像一个建筑工地，到处都是分子机器在忙着装运。仍然有一定量的未知液体，但每年都有新发现，所以留给液体的空间正在减少。”富兰克林 · 哈罗德说，他惊叹于自己一生中看到了多少新发现的分子机器。

⊙

所有这些机制——工厂般的细胞器、电流和微型分子机器，都十分有利于解释那数不清的原子如何在我们的细胞中创造生命。但连它们都不是故事的全貌。

首先，有一个值得注意的事实，即简单的分子引力和斥力便可以使一些结构自行组装。我们之前看到，亚力克 · 邦汉姆在 20 世纪 60 年代早期测试新电子显微镜时率先发现了这一点。他惊愕地发现，当脂肪分子旋转以隐藏其疏水端时，便会自发形成膜。同样，蛋白质的一些部位喜欢水，另一些部位不想和水有任何关系。这些吸引和排斥有助于蛋白质形成稳定的折纸形状。

这蕴含了一条线索，可揭示我们的分子能够创造生命的另一个原因。你的细胞含有数量惊人的结构，包括大约有 30 亿个碱基对的 DNA，然而，当你生长、治愈或替换一个老化的细胞时，一个细胞可以在仅仅 24 小时内制造一个全新的细胞。我不停不歇也要花 15 年多的时间才能打出 30 亿封信，我们的细胞怎么能工作得如此之快？

1827 年，苏格兰植物学家罗伯特·布朗在他的显微镜中发现了迹象。他想不明白，为什么他放在水里的花粉粒不会沉淀下去并停止碰撞。起初，他怀疑它们是活的。当他看到岩石上的灰尘也有同样的表现时，他改变了想法。它们为什么在移动？ 1905 年，阿尔伯特·爱因斯坦证明了，它们如醉酒般的不规律运动源于其周围隐形的水分子在不断随机碰撞。（事实上，正是爱因斯坦的这篇论文帮助许多物理学家相信原子确实存在。）但布朗和爱因斯坦不知道的是，这持续不断的碰撞有助于为我们的细胞赋予生命。这是因为在纳米层面（原子和分子层面），世界是混沌的。热量使我们细胞中的分子随机振动并碰撞，物理学家彼得·霍夫曼称之为分子风暴，而且它比五级飓风还要猛烈。你细胞中的一般分子每毫秒都要承受无数次碰撞。[58]

你可能以为这无休止的碰碰车撞击会造成严重破坏，但令人惊讶的是，我们的细胞似乎并不介意。相反，它们驾驭这种连续运动，以帮助创造生命。这种无休止的振动有助于推动分子进出细胞，帮助蛋白质改变形状，并帮助酶四处走动。例如，碰撞可使球状蛋白质每秒旋转超过 200 万次。[59] 平均而言，每个期盼反应的分子大约每秒都会与细胞中的每个蛋白质发生一次碰撞。[60] 这不间断的碰撞使小的水分子以每小时超过 1 000 英里的惊人速度绕着你的细胞曲折前进（不过，在撞到另一个分子前，它们只会移动十亿分之四英寸）。[61] 稍大一些的分子，比如葡萄糖，以每小时 260 英里的速度四处弹跳。即使是巨大的蛋白质分子，也能以每小时 20 英里的速度巡航。[62] 世界上最快的短跑运动员时速也只能达到 27 英里，你细胞中大部分活动的速度都比这疯狂得多。

但是，既然我们的细胞里充满了微型分子机器，那它们不该遭受与汽车和洗碗机一样的命运吗？它们不该经常发生故障吗？生物物理学家达恩·基施纳告诉我，只要想到细胞中一切都可能出问题，他就夜不能寐。他妻子要生宝宝时，他正在研究生院学习细胞发育的课程。出错的概率高得让他愁肠百结，担心自己的女儿出生时脖子会像长颈鹿一样长。但她没有。我们的细胞谋划出许多聪明的策略来避免短寿。首先，其中的分子机器异常可靠。例如，核糖体大约每一万次只有一次会把错误的氨基酸嵌入蛋白质。[63] 复制我们 DNA 的分子机器犯错的概率只有百万分之一到千万分之一。[64]

不过，没有什么是完美的。错误时有发生。重击、紫外线和自由基等危险分子也会造成损伤。巧妙的是，我们的细胞有几种方法来应对这些威胁。一则，细胞中满布机敏的修理机制——这些分子机器的工作就是巡逻、寻找错误并修复。我们的细胞有纠错机制和自动校正反馈回路，确保了非凡的精确性。

1954 年《亚特兰大宪法报》上的一篇报道指出，我们的细胞还采用了另一种生存策略。“厌倦了你自己？烦透了同样的体格和面孔？那就再看一眼吧。在某种意义上，你在不断地重生。就像汽车工业一样，人类每年都要进行一次彻底的底盘更换。”[65] 这一古怪说法的科学依据是一位善于创新的核物理学家的研究成果，他叫保罗·埃伯索尔德。埃伯索尔德的职业生涯始于伯克利辐射实验室的回旋加速器（在那里，以碳-14 闻名的马丁·卡门正在研发新的放射性同位素）。后来，埃伯索尔德在原子能委员会负责监督医用同位素的开发。在某个时刻，他意识到自己可以用同位素查明我们体内更换原子的频率。他要做的就是放射性食盐之类的物质，让一个极其乐于助人的实验对象吞下它，而后用盖革计数器之类的辐射探测装置追踪盐的轨迹。在接受电视采访时，埃伯索尔德自豪地说，可以追踪放射性原子的数量小到“十亿分之一盎司”。[66]

他发现，我们每隔一两个月就会更换全身一半的碳原子，每年会替换掉全身所有原子的98%。[67]

等等，什么？这可能吗？显然很可能。你身体一半以上是水，而我们知道我们在不断地更换水。你身体的另一大部分是蛋白质，你可能还记得，大多数蛋白质在几小时或几天内就会分解。我们甚至会拆卸并替换核糖体、线粒体等主要由蛋白质构成的大型细胞器。

埃伯索尔德发现了使我们的细胞如此长寿的另一种策略。它们不断地用新组件替换看似永久的结构和磨损的分子机器。它们唯一不替换的是我们巨大的染色体。相反，我们有沿着染色体聚集的分子机器来寻找问题并解决问题。

如果一个细胞遭到的损害太严重而无法修复，怎么办？对此，我们也有一个应急方案。我们只需摧毁这整个细胞，将其切割成可回收的单元，然后制造一个新细胞。平均而言，每10年你就会更换身体的绝大部分细胞[68]，相当于每天更换3 300亿个[69]。那些在最恶劣条件下工作的细胞退休的频率最高。肠道中的许多细胞暴露在强酸中，受到的损害是可以预见的，它们会按计划自杀，每两到四天更换一次。[70]皮肤细胞要承受刮擦和紫外线，每隔一个月左右更换一次。红细胞在血液中穿梭时常受冲撞，每120天就会更换一次。[71]这意味着你必须每秒制造近350万个新的红细胞。[72]其他的细胞不会这么频繁地卸任，比如我们骨头里的细胞，大约每10年才更换一次。[73]

因此，除了使用可靠的机器外，我们的细胞还以一句三步格言来维持活力：不断查错，不断修复，不断更换。你的身体就像一条纽约主干道——永远开放，并且永远在维修中。

听起来很不错。现在你可能在想，那我不是应该长生不老吗？要是这样就好了。尽管我们不断地重建并替换我们的细胞，但是，当错误的基因突变发生时，细胞就会变得特立独行，尤其是那些告诉细胞何时分裂或如何修复受损DNA的基因。然后，这个细胞会破坏它与同胞的契约，以其他所有细胞的生命为代价，自私地盲目复制。这就是癌症，它可以在任何时候出现。

为了制止这种进程，我们已进化出一种方法来减少它的可能性。不幸的是，这种方法也使我们无法永生。对于我们这样的大型动物来说，问题在于，因为我们的细胞比老鼠的多得多，我们的众多细胞癌变的概率就更大。为了解决这个问题，我们有一个策略。在我们出生之前，和其他动物一样，我们的胚胎细胞产生了一种名为端粒酶的酶。它能防止复制中的 DNA 的末端缩短，以此保护其免受损害。然而，一旦我们出生，细胞就不再生产这种酶。没有它，我们的细胞只能分裂有限的次数，接着它们的 DNA 尾部就会磨损到无法再复制的程度。好消息是，即使这些细胞产生新的突变，它们也不能再增殖，所以它们不会制造癌症。坏消息是，细胞可能开始退化。如果它们是干细胞——能为我们的部分细胞创造替代品，它们已经不能再发挥作用了。

你不能长生不老还有其他原因。即使癌症不会发生，使人衰弱的突变仍会累积起来，产生能量的线粒体和干细胞也不例外。

我们无法永生还有另一个原因，它也许是更根本的原因。有些细胞是我们根本无法替代的。如果在中风或心脏病发作时，你能长出新的大脑或心脏细胞来修复损伤，就像膝盖擦破皮时那样，一定很振奋人心，但你不能，除了一些例外——有充分理由的情况下。你的大脑是一个由大约 860 亿个神经元组成的网络，每个神经元都可以与周围的神经元形成一万个连接。[74] 这些错综复杂的连接编码了记忆和经历，而记忆和经历创造了你的身份。它们使你成为你。如果你试图更换它们，你会失去你来之不易的世界知识。你会迷失自我。在婴儿期之后，你很少会长出新的脑细胞（大脑中名为海马体的部分可能是例外）。同样，你跳动的心脏在很大程度上失去了制造新细胞的能力。没有人知道确切的原因。也许是为了如此强力地泵血，高度特化的心肌细胞不得不放弃曾经允许它们再生的遗传途径。成年人每年更换大约 1% 的心肌细胞。[75] 生物学家尼克·莱恩指出，这意味着“使我们成为人类的东西——我们的大脑和心脏，也使我们衰老和死亡。我们的一些细胞是不可替代的”[76]。正因为如此，他在《复杂生命的起源》中指出：“我怀疑，仅仅通过微调生理机能，我们永远也找不出活到 120 岁以上的方法。”[77] 最终，你将无法回避被淘汰这个事实。

尽管存在这种终极限制，我们身体的修复、重建和替换策略还是让我们运行得极其出色。

⊙

我们最终找到了问题的核心。现在我们可以开始理解，这些无畏的原子从大爆炸和恒星处一路来到这里，如何在我们的细胞内创造了生命。我们发现了阿尔伯特·克劳德在细胞生物学的黑暗时代寻而无果的“秘密机制”。请注意，即使是现在，我们大多数人也很难明白细胞的精密复杂，因为我们习惯于看到它以孩童涂鸦般的简笔画呈现，但它毫不简单。如果你把镜头拉近，进入其中一个细胞，你会发现自己身处一个庞大拥挤、复杂得令人眼花缭乱的城市。

在细胞核中，每秒钟都有成千上万的 DNA 基因被复制。由基因合成的 RNA 副本引导核糖体产生一系列蛋白质和酶，这些物质告诉细胞如何运作、维持自身和增殖。但绝不仅于此。

发电站——线粒体产生氢质子流，这些电流流经微型旋转马达，每秒产生数亿到十亿个 ATP。细胞里充满了其他的大型细胞器——专门的工厂和制造中心、仓库、垃圾场，并且被满载货物的运输高速公路网覆盖。

与此同时，许多其他种类的分子机器在飞旋、泵动、卡转或移动。化学引力和斥力帮助一些结构自行组装。细胞巧妙地利用了内部分子紧紧挤在一起的事实，物理学家彼得·霍夫曼把它们的密度比作停车场，车与车的距离不超过一英尺。[78] 这些紧挨着的分子的随机能量碰撞加速了运动和相互作用。最后，细胞有保持年轻的策略。它不断更换旧的、损坏的机器和结构，就如你的身体不断地替换整个细胞一样。

事实上，我们的细胞足够复杂，其实并不需要我们身体的其他部分。如果你取一个人类细胞，提供它渴求的所有营养，它会活得很好，至少在一段时间内是这样。有些癌细胞甚至是永生的，比如海拉细胞，以已故癌症患者海莉耶塔·拉克斯命名，她于 1951 年去世。这些异常细胞可以永远繁殖，并且仍被用于多种生物学研究。

没有哪个科学家会假装我们完全了解所有这些原子和分子如何组成活细胞。在单个细胞中发生的一切有着难以理解的庞大规模。“当有人开始思考所谓最简单生命系统中有多少分子，”卡内基科学研究所的乔治·科迪告诉我，“任何时刻有多少分子同时相互作用时——所有一切同时运作的场景几乎超出了我们的理解能力。”科学家在流程图上用线条来表示正在进行的所有化学反应，而这些线条过于密集，以至于难以辨认。科迪怀疑，在理解细胞工作机制方面的一些突破将不是来自化学，而是来自理论物理学。霍利·古德森希望它们来自计算机建模。细胞生物学家富兰克林·哈罗德认为，细胞内数量惊人的分子各就其位的方式仍然是生命最大的秘密之一。对植物生理学家托尼·特里瓦弗斯来说，即使是单细胞生物的复杂性也应该得到尊重，这种尊重也是阿尔萨·富兰克林所寻求的。“所有单细胞生物都能以我们尚未发现或理解的方式运作，”他说，“我们一直发现的都是零碎的证据。我个人不相信我们能有全面的了解。也许我错了，但我认为其中可能在发生一些我们无法理解的事情。我们需要对我们周围的生物抱有更多的尊重。”

所以正如阿尔伯特·克劳德发现的，在眼肉不可见的迷雾之下，在细胞之内，不仅仅有酶组成的生物浓汤。那里如城市一般，是巨型都市，有多少液体就有多少固体存在，不仅充满了正在参与反应的分子，还有机器、协调运动、反馈回路、自我校正进程，这一进程在一定程度上由分子市民的持续运动所推动，就好像纽约的每个人都同时在街上，沿着街道奔跑，互相碰撞和推挤。

不用说，当我们的原子初至地球时，它们根本不知道自己会进入一个庞大的自我维持的生命循环，更不用说进入我们细胞中负责创造我们的思想、欲望、计划和行动的令人眼花缭乱的机制了。

⊙

如此，我们终于触及了最深刻的问题之一，它既关乎哲学，也关乎科学。人体细胞充满了各种非同寻常的分子机器，但我们自身由什么构成？我们现在知道人体里都有什么了，但究极而论，我们是什么呢？

结　语

一段多么漫长又奇异的旅程

你要真正理解科学，它不是终点，而是奥秘、敬畏和崇敬的开始。[1]

——弗雷德里克·G. 唐南

本书源于一次闲来无事的头脑风暴，一开始我就在思考：我们到底是由什么构成的？它从何而来？当我进一步钻研时，我开始想知道我了解到的一切是如何积累起来的。大爆炸喷涌出的所有粒子创造了什么？从生理和哲学层面上讲，我们到底是什么？关于我们的本质及最终起源，科学告诉了我们什么？

即使只在物质层面上，这也不是个容易回答的问题。正如我们看到的，我们可以从诸多不同的层面来思考我们的存在。如果询问科学家我们最终由什么构成，你会得到许多不同的答案。

从某种意义上说，我们是全然非凡的生物机器，其细节复杂得惊人，以至于难以理解。你体内一个典型的细胞是由无数原子组成的——大约有一百万亿个原子。这么大数量的钞票叠在一起，可以在地月之间往返 25 次以上。每秒钟，在你的每一个细胞内，都有数以亿计的分子急速进出细胞膜。成千上万的基因被锁定和解锁。数以百万计的核糖体和细胞器在工作。电流在涌动。数十万乃至数百万的马达和泵在转动。而这只是一个细胞。你的细胞数量比银河系中恒星的数量多 100 倍。[2]

从另一种意义上说，正如生物化学家彼得·米切尔所观察到的，你更像是一束不断被替换原子的火焰。我们可能会死亡，但原子不灭。它们在生命、土壤、海洋和天空中旋转，就像一个化学旋转木马。地质学家迈克·拉塞尔说：“我不认为我们是一种成品。”细胞生物学家富兰克林·哈罗德对此表示赞同：“我认为我们是处理程序。”他将我们的细胞视为有组织的模式，必须保持恒常运动的系统，就像自行车一样，只有车轮不断旋转才能保持直立。

在另一个基本层面上，我们只是大爆炸和恒星锻造的元素的临时集合。总的来说，你是由元素周期表中的大约 60 种组成的。

物理学家会说，有一个更基本的你。你的七万亿亿亿个原子是由电子、质子和中子组成的，而这些质子和中子是由更小的粒子——夸克和胶子构成的。这一切使你成为一个过于进取的亚原子粒子的超大集合，不过这些粒子的组合的能力远超它们表面上的潜力。

如果这还不够奇怪，那么在更深的物理层面上，大多数量子物理学家说，你的基本粒子是渗透空间的能量场（被称为量子场）的局域激发，所以你最小的部分同时是粒子和波。这使得整个宇宙，包括你在内，都是一个由波状起伏的能量场交织而成的紧密网络。你可能不相信自己已经开悟，但在某种意义上，你早已与宇宙融为一体。

如果你还没有晕头转向，那再想想：你的原子体积的约 99% 都是基本粒子之间的空隙。然而，更仔细观察会发现，就连这种空隙也不是真正的空。它包含着能量场，物质和反物质的粒子不断从能量场中冒出来并相互湮灭。

以某种方式，所有这些微小的场、波、粒子和原子加起来，就成了你和我……以及我们所有的缺点。

⊙

在生物化学先驱尤斯图斯·李比希仓促将化学研究扩展到动物身

上的150多年后，我们不再需要诉诸一种费解的“生命力”来解释人体的运作，但依然有许多深奥的谜团。最大的挑战是解释我们人类最根本的特性——我们的意识、精神、语言和思想——是如何从我们的原子和细胞中产生的。我们嗅到玫瑰时会愉悦，看到大峡谷时会敬畏，我们的这些感觉仅仅是化学反应、纳米机器和已知物理力的产物吗？科学能给出答案吗？

在这一点上，我逐渐发觉，研究人员普遍存在分歧。我们是原子的总和，还是包含更多的东西？这一问题有充足的争论空间。

包括杰出的夸克发现者默里·盖尔曼在内，许多科学家都坚信，我们所发现的最基本粒子和物理力就是存在的全部。它们最终可以解释一切。在盖尔曼宽广的后视镜中，宇宙始于一种“上足发条”的能量状态。[3]随着其膨胀，宇宙的整体无序程度也在加深。然而，也有更具秩序的小区域形成，那也是我们发现生命的地方。

包括著名的牛津大学物理学家罗杰·彭罗斯在内，一些科学家希望我们大脑中亟待发现的量子力相互作用最终能解释我们的意识体验。

另一些人则认为，我们尚未发现能够揭示意识根源的新物理现象。

生命起源研究者、化学家金特·韦希特尔霍伊泽坚定地认为生命起源于海底。但这位前专利律师也相信，除了物质世界之外，必定还有一个精神世界。他坚信，思想、文化和精神发明使我们人类独立于物质王国而存在。

诺贝尔奖得主查尔斯·汤斯是第一位在太空中发现有机分子的科学家，他怀疑这些分子到达地球后，可能有助于创造生命。但他也坚信，上帝创造了我们的宇宙，其物理定律调整得如此精细，以至于我们的出现不可避免。最早提出大爆炸理论的神父及宇宙学家乔治·勒梅特可能也说过类似的话。他认为人们应该通过科学来了解自然，并通过《圣经》来了解救赎。

在某些方面，科学和宗教都满足了类似的人类基本需求。细胞生物学家富兰克林·哈罗德对我说："科学的真正目的是使世界变得可以理解。"我们是意义的创造者，生来就渴望解释世界的奥秘，理解我们在其中的位置。

当然，科学永远不会对我们倾囊相授。我们对宇宙还有太多未解之处。科学尚未向我们完整地解释我们的分子最终如何激活了我们的意识，也不能解释为什么我们的宇宙一开始会存在。

但它能够回答另一个大问题。

⊙

科学可以告诉我们，至少在过去的138亿年里，我们是如何来到这里的。从那时起，我们所有的原子都经历了同样非凡的旅程，那是一段始于大爆炸的令人敬畏的漫长历险[①]。构成每一个活人乃至所有生命的物质曾经都来自同一个时空小点。我们的原子诞生时是更小的粒子，被引力锻造成氢。引力把它们吸进了庞大的恒星，其亚原子粒子之间的反应以正确的方式进行，它们得以创造出碳、氧等生命元素。我们的分子穿越黑暗寒冷的太空，又被困在浩瀚的尘埃云中，尘埃云又形成了我们的太阳系。在我们空间周围相撞的粒子形成了一个多岩石、多水的地球，它富含构成我们的元素。一旦元素在这里近距离相遇，有黏性的基本要素就能形成千变万化的长链，产生新型分子，产生自我延续的细胞，接着惊人地产生我们。

顺便说一句，许多科学家怀疑我们的星球不可避免地出现生命。这是我们应保持谦逊的诸多原因之一：我们可能没那么特别。我们宇宙的其他地方可能也有生命，我们的一些宇宙兄弟姐妹可能比我们更聪明。

① 今天，科学家对"大爆炸"的定义是一场科学辩论。至少，它意味着宇宙中的所有物质都被塞进了一个小得难以置信、热得难以想象的时空里，自那之后，宇宙变得越来越大，越来越冷。正如爱因斯坦的方程暗示的那样，我们尚不清楚宇宙是否始于一个"奇点"，一个小到空间和时间都不存在的点。为了避免这种明显的不可能，物理学家提出了许多理论来解释大爆炸之前可能存在什么。我们可能生活在一个持续膨胀、收缩，而后在大反弹中再次膨胀的宇宙中。或者我们可能生活在众多宇宙中的一个，这些宇宙以某种方式产生新的宇宙。有许多理论，但都缺乏确凿的证据。

在地球上，我们属于一株宏伟且善于创造的生命之树的一部分，它一旦建立，就会顽强地坚持下去，并且从未停止变化。我们原子的旅程是由一条不间断的生物链铺就的，它的源起至少可以追溯到38亿年前。了解它们的故事后，我更加感激我们最早的细菌亲戚，是它们开发出了生命的模板。它们开创了我们的许多基础工具，比如RNA、DNA、ATP、核糖体和钠钾泵。光合细菌为我们的大气充氧，使植物能够从空气和岩石中提取分子，创造出糖、蛋白质、脂肪、维生素和矿物质，我们在晚餐时吃下这些物质，以构建我们自己。

生命从根本上改变了我们的星球，我们最好记得这一点。没有生命，我们的大气中将几乎没有氧气，反而会有更多的二氧化碳。光合作用从空气中吸收了部分CO_2，它们之后被藏在化石燃料中，储存在土壤和植物中。将一些气体电介质释放回大气后，地球将变暖，从前它曾多次如此应对CO_2水平的上升。

所有生命都起源于微生物，这一事实意味着我们与地球上所有其他生物都有着深厚的生物纽带。我们来自单细胞生物，我也渐渐明白，即使是最小的细胞都是不可思议的生物，值得我们诚挚的尊重。从某种意义上说，我们与微生物祖先，即我们最伟大的叔叔阿姨，有太多共同之处，因此我们只是一个主题的不同变体。正如林恩·马古利斯乐意指出的那样，我们只是过度生长的微生物超级群落。

但我们也不止于此。在我们体内，来自恒星的原子创造出数百种特异的细胞，它们以细菌无法做到的方式合作并交流，比如讨论灵性和宇宙的本质。

⊙

我们的原子曾混沌地从太空坠落，但它们现在可以回顾过去，重现自己的旅程，这是关于我们宇宙的一个非凡事实。换句话说，作为化学和生物进化的产物，自我复制的人类现在可以“看到”世界，探索世界，并以一种惊人的递归性，研究构成我们的分子的起源和旅程。用卡尔·萨根的话来说：“我们是宇宙了解自己的一种方式。”[4]我们如何能了解这么多，回溯这么远，甚至追踪至时间的初始？

这种了解证明了无数研究人员的执着和顽强，驱使他们的是对知识本身的强烈渴望。一些取得颠覆性发现的研究人员性格内向。许多人出身贫寒。其中还有高中辍学的人，一路靠自学和意志进入大学。了解世界所带来的纯粹满足感，成为新发现第一人所带来的兴奋感，一直是人类历史上强大的动力。约翰·沃克爵士发现了ATP合酶复杂的分子结构，他用温斯顿·丘吉尔的评论总结道：“成功就是从失败走向失败，但是绝不丧失热情。”

我们宇宙的结构与数学家和物理学家在纸上潦草写下的方程式最先发现的模式一致，这一深刻的事实给科学家带来了不可估量的帮助。爱因斯坦的广义相对论帮助揭示了大爆炸，该理论后来被观测结果证实。量子力学和晦涩的几何学帮助默里·盖尔曼预测了夸克和胶子的存在。我们宇宙的结构在很多深奥的方面与人类在头脑中推导出的数学运算产生了深刻的共鸣。

我们的感官如此敏锐、如此精确，以至于我们还能够透过时间的面纱回望如此遥远的过去。我们的眼睛能探测到仅几个光子的光束，这些粒子的尺寸是尘埃的一千万分之一。在一个非常晴朗的夜晚，我们能肉眼看到离银河系最近的仙女座星系。进入我们眼中的光子在250万年前开始从遥远的星系向我们航行。我们的感官和延伸感官的仪器可以探测到原子、粒子和波，它们比起我们来小得离谱。它们使我们能够从可见光、X射线、微波和其他波长的电磁辐射中，甚至从不可见的亚原子粒子的轨迹中，了解到无数惊人的信息。

请注意，如果没有我们大脑的卓越且强大的推理能力，我们永远不可能重建我们的远古旅程：这种能力使我们能发现模式，将逻辑应用于所见之物，并追踪证据的指向。

这并不是说我们在这方面是完美的。正如我们所见，科学家也是人。他们有野心和自尊。竞争和个人利益蒙蔽了他们的视野，和其他人一样。

当然，我们也会成为认知偏差的受害者，没有人能逃脱它们。正如经济学家皮埃尔·克雷米克斯向我指出的，牛鹂之所以把蛋产在其他鸟的巢中，是因为它们知道鸟巢主人有一种认知偏差：它们假设巢中的任何蛋都是自己的。同样，我们也不会每晚睡前都想着太阳明早会不会升起。如果我们不断地质疑一切，什么都不假定，我们就会失去行动能力。和所有其他人一样，对科学家来说，认知偏差提供了有用的捷径。如果你不以早期的研究为基础，如果你不愿意假设你所在领域的专家通常是正确的，那你很难成为一名富有成效的科学家。

但偏见是有代价的。如果你不复查你的假设，它们可能会让你错过“简单”DNA 根本就没那么简单的可能。除了我们都向其屈服的认知偏差，我们还在这个故事中看到，当科学家面临激进的科学突破（或明显的线索）时，一组特定的偏见会再三将整个群体引入歧途。它们是思维陷阱，比如“太离奇以至于不可能为真”的偏见和“专家眼中没有未知”的偏见。

无怪乎许多取得颠覆性发现的研究者都具有强烈的独立精神，不顾嘲笑和蔑视，坚持走自己的路。

科学家最成功之处不仅在于他们提出了可检验的假说，还在于他们能够区分已知的、看似可能的以及无论多么牵强和荒谬但仍然有可能的假说。科学史上充斥着元老对确定性的宏大声明，但它们很快就会被推翻。宇宙学家曾宣称，宇宙当然是静态的，并且永恒存在。物理学家曾确信，没有什么小于电子、质子和中子这基本三要素。最受尊敬的天文学家曾一致认为，恒星和行星具有相同的成分，有机分子不可能在外太空生存。生物学家曾确信海洋最深处不可能存在生命。最伟大的古生物学家曾一致认为，我们永远找不到超过 5 亿年的化石。

还有植物绝不可能交流，化学永远无法解释生命，DNA 不能传递遗传信息，等等。

认知偏差和我们挑战它们的意愿相互作用，组成科学的核心，使科学的坎坷发展成为可能。拒绝新思想的下意识冲动往往会阻碍科学发展，但讽刺的是，这种冲动也是一种力量。科学家的工作是跳出思维定式，产生大量理论，其中大部分理论将被证明是错误的。研究人员只有在无情地检验新理论，并迫使支持者证明他们已排除了一切可能的误差来源时，才会取得进展。必须结合想象力、强烈的怀疑态度和学术上的诚实，研究者才可能区分科学的精华与糟粕，否则，他们不会有什么进展。从更宏观的角度看，那些正确的人应该深深感谢那些错误的人。

⊙

在本书的开头，天主教神父乔治·勒梅特穿着黑色神父袍，戴着罗马领，向一大群困惑不解的听众介绍他的理论核心，它后来被称为大爆炸理论。尽管勒梅特的演讲令人困惑，但那天的与会者有很多值得庆祝的事情。1931 年，他们参加了英国科学促进会成立一百周年的纪念活动。在过去的一百年里，生物学家发现了进化的磅礴力量。地质学家揭示了地球在远古时期的巨大变化。物理学家探测到了电子和质子。化学家正在研究原子如何结合的复杂原理。宇宙学家发现了我们宇宙不可思议的浩瀚，甚至还有宇宙正在膨胀的奇异事实，正如勒梅特本人惊愕地发现的那样。

为了庆祝这一重大的百年活动，伯明翰主教欧内斯特·巴恩斯在利物浦大教堂向大批听众发表了纪念布道。“整个……科学进步历程中最令人震惊的事实，”巴恩斯说，“就是人本身。现代天文学家以十亿万年的尺度来思考问题，而自己的寿命大概是 70 年。他的智慧拥抱了整个空间。他在思想中的旅程以千万亿英里来衡量，但他的沉眠之所只有 7 英尺。”

巴恩斯在那天捕捉了一种感觉，我心领神会。写本书一直给我带来惊奇、震骇、兴奋和感激之情。我们以某种方式了解到，只需要我们在宇宙中发现的物理力便足以解释我们如何来到这里，即便如此，这也不意味着我们必须为生命的无意义感到沮丧或绝望。总会有一百万个理由让我们对宇宙的本质感到敬畏和感激。

就在我写完本书时，我母亲去世了，享年 93 岁。我们把她的骨灰埋在马萨诸塞州剑桥一个美丽的墓地里。此前，我手里还捧着装有她骨灰的雕花小木盒。它比鞋盒还小。它只容纳了使她如此可爱的原子的百分之几。尽管如此，我还是很感激它们。我手中的那些原子在大爆炸中开始了它们的旅程。为了给她生命，它们经受了许多磨难。它们将留在地下多年，而后寻到出路，也许成为其他生命的一部分，无论是一片草还是一只鸟。但她在哪里？她至少在我心里，还有我的思想里。只要我还在呼吸，我和她的关系就不会消亡。宇宙的复杂性创造了一个像她这样的人，一个热情洋溢的倡导者和爱人，这是一件值得珍惜的美好事情。我写这些字的时候，感到悲伤。但当我的家人和朋友赞美她的一生时，我也赞美我们所生活的这个更广阔的世界。

追溯我们原子的旅程，就是重新认识世界。

致谢

开始写本书时，我不知道要如何才能讲述这样一个庞杂的故事。我能够完成它，多亏了数不胜数的科学家、朋友、家人及其他同道的慷慨帮助。

首先，我非常感谢我的经纪人，威廉·莫里斯奋进公司（WME）的苏珊娜·格卢克，她一开始就发现了本书的潜力。我对她的感激之情难以言表。我的编辑诺厄·埃克非常出色，他同样有满腔热情且贡献良多，尤其常提出一些他“英语专业的问题”来帮助我。其他人也为本书的出版提供了巨大的帮助，包括 WME 的敏锐的文字编辑加里·斯蒂梅林、编辑助理伊迪·阿斯特利和安德烈亚·布拉特。同时感谢梅根·豪泽的诸多建议，还有托比·莱斯特，他自始至终都在提供睿智的建议，并给我急需的鼓励。

非常感谢多伦·韦伯和艾尔弗雷德·P. 斯隆基金会，他们为本书的研究和写作提供了慷慨的资助。

委婉地说，在这么多学科中如此迂回地阐明科学理论，很有挑战性。如果没有众多科学家和历史学家如此慷慨地提供见解，我早就晕头转向了。他们包括：弗兰蒂泽克·鲍卢什考、珍妮特·布拉姆、特德·伯金、劳伦斯·布罗迪、唐·卡斯帕、托马斯·切赫、詹姆斯·科林斯、肯特·康迪、戴尔·克鲁克香克、布赖恩·菲尔茨、西蒙·吉尔罗伊、欧文·金格里奇、艾尔弗雷德·戈德堡、斯捷普科·戈卢比奇、道格拉斯·格林、琳达·赫斯特、尼古拉斯·胡德、约瑟夫·科什文克、基思·克文沃尔登、杰克·利绍尔、尼克·莱恩、阿维·勒布、斯蒂芬·朗、蒂姆·莱昂斯、西蒙娜·马尔基、吉姆·毛思、杰伊·梅洛什、卡罗尔·莫伯格、亚历山德罗·莫尔比代利、韦恩·尼科尔森、罗布·菲利普斯、乔纳森·罗斯纳、戴夫·鲁比、迈克·拉塞尔、金·夏普、弗雷德·施皮格尔、保罗·斯坦哈特、托尼·特里瓦弗斯、约翰·瓦利、伊丽莎白·范·沃尔肯伯格、金特·韦希特尔霍伊泽，以及杰克·韦尔奇。

还有一些科学家不仅与我交谈，还亲切地从忙碌的生活中抽出时间点评手稿。感谢：约翰·阿奇博尔德、阿莉莎·博库利奇、彼得·博库利奇、戴维·卡特林、弗兰克·克洛斯、乔治·科迪、杰拉尔德·库姆斯、小唐·戴维斯、戴维·德沃金、霍利·古德森、戈文吉、富兰克林·哈罗德、戴夫·朱伊特、保罗·肯里克、安迪·诺尔、西蒙·米顿、汉斯-约尔格·莱茵贝格尔、威廉·舍普夫、杰克·舒尔茨、托马斯·夏基、露丝·卢因·赛姆、玛莎·施坦普费尔、克里斯托弗·T. 沃尔什，以及马丁·维尔。我也深深地感谢科内尔·亚历山大、林恩·迪贝内德托、达恩·基施纳和安娜·沙伊娜。你们帮了我很大的忙，让我避免了很多凭我自己的思考避不开的错误。如果书中还存在错误，那毫无疑问是我的问题。

感谢我的朋友们，他们让我保持进度，并直率地给予评论：你们让本书的写作变得更加有趣！非常感谢拉里·布拉曼、伊莎贝尔·布拉德伯恩、安妮·布劳德、史蒂夫·科利尔、皮埃尔·克雷米克斯、波莉·法纳姆、马克·弗里德曼、珍妮弗·吉尔伯特、亚历克斯·霍芬格、约翰·耶莱斯科，以及林子伟。我还要特别感谢耶奥甘·凯恩、梅甘·麦卡锡和卡罗尔·汤姆森，他们是出色的读者，而且其不懈的支持和优秀的建议使本书在各种不同的层面上变得更好。

我尤其要感谢我的父母，洛尔和戴夫，他们在我很小时就激发了我对科学的热爱，一切都始于我七岁时收到的一套化学工具。戴夫是一个很棒的读者，并且对事实寻根究底。我一有机会就针对本书唠唠叨叨，但我的孩子伊莱和佐薇对我很有耐心，他们提供了许多帮助和见解。最后，如果没有我的好妻子阿里亚德妮的鼓励和爱，我不可能完成本书，而且她碰巧是我的读者中最机敏的一个。我感激她，感激她的七千亿亿亿个原子，我将永远感激这还不清的恩情。

注　释

题词

1. 引自：Cott, “The Cosmos: An Interview with Carl Sagan”。

引言　银行里的 1 942.29 美元

1. Sender, Fuchs, and Milo, “Revised Estimates for the Number of Human and Bacteria Cells in the Body,” 9.
2. Milo and Phillips, *Cell Biology by the Numbers*, 68.
3. Blatner, *Spectrums*, 20.
4. 对人体中元素价值的计算差异很大。以下是 1 942.29 美元这一估值的计算方法：身体中每种元素的质量来自：John Emsley, *Nature's Building Blocks: An A–Z Guide to the Elements*。每种元素的成本来自网站：Chemicool.com。当然，实际成本会有差异，例如，取决于元素是按原始提炼来计算，还是按超市商品计算。

第 1 章　祝大家生日快乐：发现时间开端的神父

1. Shaw, *Annajanska, the Bolshevik Empress*, 139.
2. The *Times*, “The British Association: Evolution of the Universe.”
3. Lemaître, “Contributions to a British Association Discussion on the Evolution of the

Universe," 706.

4. Barnes, "Contributions to a British Association Discussion on the Evolution of the Universe," 722.
5. Mitton, "The Expanding Universe of Georges Lemaître," 28.
6. Mitton, "Georges Lemaître and the Foundations of Big Bang Cosmology," 4.
7. Deprit, "Monsignor Georges Lemaître," 365.
8. Deprit, "Monsignor," 366.
9. Lambert, *The Atom of the Universe: The Life and Work of Georges Lemaître*, 56–57.
10. Lambert, "Georges Lemaître: The Priest Who Invented the Big Bang," 11.
11. Aikman, "Lemaître Follows Two Paths to Truth."
12. Lambert, "Georges Lemaître," 16.
13. Kragh, "'The Wildest Speculation of All': Lemaître and the Primeval-Atom Universe," 24.
14. *New York Times*, "Finds Spiral Nebulae Are Stellar Systems: Dr. Hubbell [*sic*] Confirms View That They Are 'Island Universes' Similar to Our Own."
15. Mitton, "The Expanding Universe," 29–30.
16. 虽然星系之间的空间在膨胀，但星系本身和其中的物质却没有膨胀。这是因为星系中物质团块内在的引力远远大于将空间和它们拉开的力。
17. Kragh, "The Wildest Speculation," 34.
18. Lambert, "Einstein and Lemaître: Two Friends, Two Cosmologies."
19. Frenkel and Grib, "Einstein, Friedmann, Lemaître," 13.
20. Deprit, "Monsignor," 370.
21. Lemaître, "My Encounters with A. Einstein."
22. Farrell, *The Day without Yesterday: Lemaître, Einstein, and the Birth of Modern Cosmology*, 97.
23. Lemaître, "Contributions," 706.
24. Lemaître, *The Primeval Atom: An Essay on Cosmogony*, 78.
25. 德沃金，美国物理研究所（AIP）对巴特·扬·博克的口述历史采访。
26. Menzel, "Blast of Giant Atom Created Our Universe."
27. Kragh, "The Wildest Speculation," 35–36.

28. Godart, “The Scientific Work of Georges Lemaître,” 395.

29. 引自：Lambert, “Georges Lemaître,” 16。

30. Aikman, “Lemaître Follows.”

31. O’Raifeartaigh and Mitton, “Interrogating the Legend of Einstein’s ‘Biggest Blunder.’” 虽然一些历史学家不相信爱因斯坦真的说过这句话，但也有人相信确有其事。

32. Aikman, “Lemaître Follows.”

33. Lemaître, *The Primeval Atom*, vi.

34. Cooper, *Origins of the Universe*.

35. Lambert, “Georges Lemaître,” 17.

36. 作者对阿维·勒布的采访，哈佛史密森尼中心，2018 年 8 月。

37. Webb, “Listening for Gravitational Waves from the Birth of the Universe.”

第 2 章 “真有趣”：肉眼永远看不见的东西

1. Rhodes, *The Making of the Atomic Bomb*, 30–31.

2. Blackmore, *Ernst Mach*, 321.

3. Close, *Particle Physics: A Very Short Introduction*, 14.

4. De Angelis, “Atmospheric Ionization and Cosmic Rays,” 3.

5. Gbur, “Paris: City of Lights and Cosmic Rays.”

6. Bertolotti, *Celestial Messengers: Cosmic Rays: The Story of a Scientific Adventure*, 36.

7. Kraus, “A Strange Radiation from Above,” 20.

8. 赫斯的部分叙述被翻译成英文，并刊载于：Steinmaurer, “Erinnerungen an V. F. Hess, Den Entdecker der Kosmischen Strahlung, und an Die ersten Jahre des Betriebes des Hafelekar-Labors”。

9. “The *Zenith* Tragedy”; and Oliveira, “Martyrs Made in the Sky.”

10. Ziegler, “Technology and the Process of Scientific Discovery,” 950.

11. Walter, “From the Discovery of Radioactivity to the First Accelerator Experiments,” 28.

12. De Maria, Ianniello, and Russo, “The Discovery of Cosmic Rays,” 178.

13. 引自：*Nobel Lectures Physics: Including Presentation Speeches and Laureates’ Biographies, 1922–1941*, 215。

14. Pais, *Inward Bound: Of Matter and Forces in the Physical World*, 38.

15. 两年后，J. J. 汤姆孙发现阴极射线管内的阴极“射线”实际上是电子流。

16. Pais, *Inward Bound*, 39.

17. Crowther, *Scientific Types*, 38.

18. BBC 对威尔逊的采访，载于 BBC 纪录片《云室中的威尔逊》的文字记录。

19. *Nobel Lectures Physics*, 216.

20. Anderson, *The Discovery*, 25–26.

21. Anderson, *The Discovery*, 29–30.

22. Hanson, “Discovering the Positron (I),” 199.

23. Sundermier, “The Particle Physics of You.”

24. Close, Marten, and Sutton, *The Particle Odyssey: A Journey to the Heart of Matter*, 69.

25. Rentetzi, *Trafficking Materials and Gendered Experimental Practices*, 2; and Miklós, “Seriously Scary Radioactive Products from the 20th Century.”

26. Sime, “Marietta Blau: Pioneer of Photographic Nuclear Emulsions and Particle Physics,” 7.

27. 伦特兹，美国物理研究所对利奥波德·哈尔佩恩的口述历史采访。

28. 伦特兹，美国物理研究所对利奥波德·哈尔佩恩的口述历史采访。

29. Galison, “Marietta Blau: Between Nazis and Nuclei,” 44.

30. Sime, “Marietta Blau,” 14.

31. Rosner and Strohmaier, *Marietta Blau, Stars of Disintegration*, 159.

32. Rentetzi, “Blau, Marietta,” 301.

33. 伦特兹，美国物理研究所对利奥波德·哈尔佩恩的口述历史采访。

34. 伦特兹，美国物理研究所对利奥波德·哈尔佩恩的口述历史采访。

35. Plumb, “Brookhaven Cosmotron Achieves the Miracle of Changing Energy Back into Matter.”

36. Close, Marten, and Sutton, *The Particle Odyssey*, 13.

37. Riordan, *The Hunting of the Quark: A True Story of Modern Physics*, 69.

38. 引自：Riordan, *The Hunting*, 69。

39. Johnson, *Strange Beauty: Murray Gell-Mann and the Revolution in Twentieth-Century Physics*, 35.

40. Glashow, “Book Review of *Strange Beauty: Murray Gell-Mann and the Revolution in*

Twentieth-Century Physics," 582.

41. Bernstein, *A Palette of Particles*, 95.
42. Johnson, *Strange Beauty*, 194.
43. Johnson, *Strange Beauty*, 208.
44. Crease and Mann, *The Second Creation: Makers of the Revolution in Twentieth-Century Physics*, 275.
45. Johnson, *Strange Beauty*, 217.
46. Riordan, *The Hunting*, 101.
47. Crease and Mann, *The Second Creation*, 281.
48. Johnson, *Strange Beauty*, 283–84.
49. Crease and Mann, *The Second Creation*, 284.
50. Charitos, "Interview with George Zweig."
51. Zweig, "Origin of the Quark Model," 36.
52. Butterworth, "How Big Is a Quark?"
53. Sullivan, "Subatomic Tests Suggest a New Layer of Matter."
54. Chu, "Physicists Calculate Proton's Pressure Distribution for First Time."
55. Sundermier, "The Particle Physics of You."
56. Cottrell, *Matter: A Very Short Introduction*, 127.

第 3 章　哈佛第一人：改变星空观察方式的女性

1. Hoyle, *Home Is Where the Wind Blows: Chapters from a Cosmologist's Life*, 154.
2. Payne-Gaposchkin, *Cecilia Payne-Gaposchkin: An Autobiography and Other Recollections*, 124.
3. Payne-Gaposchkin, *Cecilia Payne-Gaposchkin*, 97.
4. Payne-Gaposchkin, *Cecilia Payne-Gaposchkin*, 98.
5. Payne-Gaposchkin, *Cecilia Payne-Gaposchkin*, 102.
6. Payne-Gaposchkin, *Cecilia Payne-Gaposchkin*, 117–18.
7. 欧文 · 金格里奇，美国物理研究所对塞西莉亚 · 佩恩的口述历史采访。
8. Moore, *What Stars Are Made Of: The Life of Cecilia Payne-Gaposchkin*, 172.
9. 作者对金格里奇的采访，哈佛大学，2018 年 2 月。

10. Payne-Gaposchkin, *Cecilia Payne-Gaposchkin*, 163.

11. Payne-Gaposchkin, *Cecilia Payne-Gaposchkin*, 165.

12. Payne-Gaposchkin, *Cecilia Payne-Gaposchkin*, 19.

13. Gingerich, "The Most Brilliant Ph.D. Thesis Ever Written in Astronomy," 11.

14. Payne-Gaposchkin, *Cecilia Payne-Gaposchkin*, 201.

15. Payne-Gaposchkin, *Cecilia Payne-Gaposchkin*, 5.

16. Moore, *What Stars Are Made Of*, 183.

17. DeVorkin, *Henry Norris Russell: Dean of American Astronomers*, 213–16; and Gingerich, "The Most Brilliant Ph.D. Thesis Ever Written in Astronomy," 13–14.

18. Payne-Gaposchkin, *Cecilia Payne-Gaposchkin*, 184.

19. Payne-Gaposchkin, *Cecilia Payne-Gaposchkin*, 26.

20. Hoyle, *The Small World of Fred Hoyle: An Autobiography*, 72.

21. Hoyle, *The Small World*, 64.

22. Couper and Henbest, *The History of Astronomy*, 217.

23. 马丁·里斯引自：Livio, *Brilliant Blunders: From Darwin to Einstein—Colossal Mistakes by Great Scientists That Changed Our Understanding of Life and the Universe*, 219。

24. Livio, *Brilliant Blunders*, 180.

25. Hoyle, *Home Is Where*, 150.

26. Mitton, *Fred Hoyle: A Life in Science*, 99.

27. Mitton, *Fred Hoyle*, 104–5.

28. Gregory, *Fred Hoyle's Universe*, 31.

29. Hoyle, *Home Is Where*, 229.

30. Hoyle, *Home Is Where*, 230.

31. Mitton, *Fred Hoyle*, 200.

32. Emsley, *Nature's Building Blocks: An A–Z Guide to the Elements*, 111.

33. 韦纳，美国物理研究所对威廉·福勒的口述历史采访。

34. Hoyle, *Home Is Where*, 265.

35. 在《家是有风吹拂的地方》（*Home Is Where the Wind Blows*）一书中，霍伊尔写道，他等待了10天，但他的传记作者西蒙·米顿说，霍伊尔是在几个月后才得知结果的。

36. Emsley, *Nature's Building Blocks*, 112.

37. 铀的原子序数为 92，是地球上自然存在的最重的元素。

38. Gribbin and Gribbin, *Stardust: Supernovae and Life—the Cosmic Connection*, 156.

39. Burbidge, "Sir Fred Hoyle 24 June 1915: 20 August 2001," 225.

40. Hoyle, *Home Is Where*, 296–97.

41. "The Sun," NASA, https://www.nasa.gov/sun.

42. Horgan, "Remembering Big Bang Basher Fred Hoyle."

第 4 章　值得感谢的灾难：如何从引力和尘埃中创造世界

1. Haldane, *Possible Worlds*, 286.
2. Wetherill, "The Formation of the Earth from Planetesimals," 174.
3. Burns, Lissauer, and Makalkin, "Victor Sergeyevich Safronov (1917–1999)."
4. 电子邮件来自安德烈·麦考金，俄罗斯科学院地球物理研究所，2018 年 5 月。
5. 作者对校友的采访：天文学家戴尔·克鲁克香克，NASA 艾姆斯研究中心，2018 年 5 月。
6. Wetherill, "Contemplation of Things Past," 17.
7. Wetherill, "Contemplation," 19.
8. Hazen, *The Story of Earth: The First 4.5 Billion Years, from Stardust to Living Planet*, 45.
9. Fisher, "Birth of the Moon," 63.
10. Wetherill, "Contemplation," 18.
11. Gribbin, *The Scientists*, 68.
12. Hockey et al., "Gilbert, William."
13. Cooper, "Letter from the Space Center," 50. 库珀在《纽约客》的系列文章和他的《阿波罗登月记》一书中很好地讲述了这个故事。
14. Compton, *Where No Man Has Gone Before*, 52.
15. Wilford, "Moon Rocks Go to Houston; Studies to Begin Today: Lunar Rocks and Soil Are Flown to Houston Lab."
16. Corfield, "One Giant Leap," 50.
17. Powell, "To a Rocky Moon," 200.
18. Eyles, "Tales from the Lunar Module Guidance Computer."
19. Wagener, *One Giant Leap*, 182.

20. Portree, "*The Eagle* Has Crashed (1966)."

21. King, *Moon Trip: A Personal Account of the Apollo Program and Its Science*, 92.

22. Wilford, "Moon Rocks."

23. Wilford, "Moon Rocks."

24. King, *Moon Trip*, 101.

25. West, "Moon Rocks Go to Experts on Friday."

26. Weaver, "What the Moon Rocks Tell Us."

27. 作者对比尔 · 舍普夫的采访，加州大学洛杉矶分校，2019 年 7 月。

28. Cooper, *Apollo on the Moon*, 96–99.

29. Marvin, "Gerald J. Wasserburg," 186.

30. Hammond, *A Passion to Know: 20 Profiles in Science*, 52–53.

31. Wolchover, "Geological Explorers Discover a Passage to Earth's Dark Age."

32. Tera, Papanastassiou, and Wasserburg, "A Lunar Cataclysm at ~3.95 AE and the Structure of the Lunar Crust," 725.

33. Laskar and Gastineau, "Existence of Collisional Trajectories of Mercury, Mars and Venus with the Earth."

34. 2005 年的《地球大纪行》(*Miracle Planet*) 纪录片系列，其中一集《狂暴地球史前史》(The Violent Past) 中对布朗大学的彼得 · 舒尔茨的采访。

第 5 章 "脏雪球"与太空岩石：史上最大的洪水

1. Eiseley, *The Immense Journey*, 15.

2. Lovelock, "Hands Up for the Gaia Hypothesis," 102.

3. LaCapra, "Bird, Plane, Bacteria?"

4. 如果你把体内的血管（将水输送到你细胞内的河流和溪流）首尾相连，它们将延伸 5 万英里，约为地球周长的 2 倍，引自：Sender, Fuchs, and Milo, "Revised Estimates for the Number of Human and Bacteria Cells in the Body," 7。

5. Krulwich, "Born Wet, Human Babies Are 75 Percent Water: Then Comes the Drying."

6. USDA FoodData Central website.

7. Aitkenhead, Smith, and Rowbotham, *Textbook of Anaesthesia*, 417.

8. Emsley, *Nature's Building Blocks: An A–Z Guide to the Elements*, 228.

9. Hoffmann, *Life's Ratchet: How Molecular Machines Extract Order from Chaos*, 116.

10. Ashcroft, *The Spark of Life: Electricity in the Human Body*, 56.

11. Adan, "Cognitive Performance and Dehydration," 73.

12. Von Braun, Whipple, and Ley, *Conquest of the Moon*.

13. 德沃金，美国物理研究所对弗雷德 · 惠普尔的口述历史采访。

14. Marsden, "Fred Lawrence Whipple (1906–2004)," 1452.

15. Whipple, "Of Comets and Meteors," 728.

16. Marvin, "Fred L. Whipple," A199.

17. Marsden, "Fred Lawrence Whipple (1906–2004)," 1452.

18. 德沃金，美国物理研究所对弗雷德 · 惠普尔的口述历史采访。

19. Hughes, "Fred L. Whipple 1906–2004," 6.35.

20. Levy, *David Levy's Guide to Observing and Discovering Comets*, 26.

21. 德沃金，美国物理研究所对弗雷德 · 惠普尔的口述历史采访。

22. Whipple, "Of Comets and Meteors," 728.

23. 德沃金，美国物理研究所对弗雷德 · 惠普尔的口述历史采访。

24. Calder, *Giotto to the Comets*, 38.

25. Cowan, "Scientists Uncover First Direct Evidence of Water in Halley's Comet: New Way to Study Comets Will Help Yield Clues to Solar System's Origin."

26. Levy, *The Quest for Comets*, 70.

27. 引自：Markham, "European Spacecraft Grazes Comet"。

28. Calder, *Giotto*, 107.

29. Calder, *Giotto*, 110.

30. Calder, *Giotto*, 112.

31. Calder, *Giotto*, 130.

32. 作者对戴夫 · 朱伊特的采访，加利福尼亚大学洛杉矶分校，2018 年 1 月。

33. Couper and Henbest, *The History of Astronomy*, 196.

34. Harder, "Water for the Rock," 184.

35. Morbidelli et al., "Source Regions and Timescales for the Delivery of Water to the Earth."

36. Righter et al., "Michael J. Drake (1946–2011)."

37. 德雷克在美国国家地理频道的纪录片《海洋的诞生》(Birth of the Oceans) 中的访

谈内容。

38. Jewitt and Young, "Oceans from the Skies," 39; 作者与戴维 · 鲁比的对话，拜罗伊特大学，2021 年 2 月。
39. Kunzig, *Mapping the Deep: The Extraordinary Story of Ocean Science*, 17–18.
40. 作者对约翰 · 瓦利的采访，威斯康星大学麦迪逊分校，2018 年 6 月。
41. Hart, *Gold*, 12.
42. Valley, "A Cool Early Earth?" 63.
43. 在加利福尼亚大学洛杉矶分校，斯蒂芬 · 莫伊兹希斯、马克 · 哈里森和罗伯特 · 皮金在大致相同的时间也得出了类似的结论。

第 6 章　最著名的实验：探寻生命分子的起源

1. Wald, Nobel Banquet Speech, Nobel Prize in Physiology or Medicine 1967.
2. Oparin, *The Origin of Life*. 由安 · 辛格翻译的奥巴林原始论文的英文版，出现在如下著作的附录中：Bernal, *The Origin of Life*, 206–7。
3. Mikhailov, *Put' k istinye*, 9–10.
4. Lazcano, "Alexandr I. Oparin and the Origin of Life," 215.
5. Cooper and Hausman, *The Cell*, 44.
6. Woodard and White, "The Composition of Body Tissues," 1214.
7. 引自：Hunter, *Vital Forces*, 56。
8. Kelvin, *Popular Lectures and Addresses: Geology and General Physics*, II: 198.
9. 引自：Peretó, Bada, and Lazcano, "Charles Darwin and the Origin of Life," 396。
10. Helmholtz, *Science and Culture: Popular and Philosophical Essays*, 275.
11. Kursanov, "Sketches to a Portrait of A. I. Oparin," 4.
12. Schopf, *Cradle of Life: The Discovery of Earth's Earliest Fossils*, 112.
13. Schopf, *Cradle of Life*, 120–21.
14. Graham, *Science, Philosophy, and Human Behavior in the Soviet Union*, 73.
15. Schopf, *Cradle of Life*, 123.
16. 引自：Graham, *Science in Russia and the Soviet Union*, 276。
17. 引自：Shindell, *The Life and Science of Harold C.* Urey, 114。
18. Miller, "The First Laboratory Synthesis of Organic Compounds Under Primitive Earth

Conditions," 230.

19. Henahan, "From Primordial Soup to the Prebiotic Beach: An Interview with the Exobiology Pioneer Dr. Stanley L. Miller."
20. Davidson, *Carl Sagan: A Life*, 23.
21. Sagan, *Conversations with Carl Sagan*, 30.
22. Bada and Lazcano, "Biographical Memoirs: Stanley L. Miller: 1930–2007," 18.
23. Wade, "Stanley Miller, Who Examined Origins of Life, Dies at 77."
24. Wills and Bada, *The Spark of Life: Darwin and the Primeval Soup*, 49.
25. Mesler and Cleaves II, *A Brief History of Creation*, 178.
26. Henahan, "From Primordial Soup to the Prebiotic Beach."
27. Sagan, *Conversations with Carl Sagan*, 30.
28. Lazcano and Bada, "Stanley L. Miller (1930–2007)," 374.
29. Henahan, "From Primordial Soup to the Prebiotic Beach."
30. Mesler and Cleaves II, *A Brief History*, 173.
31. Oparin, *The Origin of Life*, 252.
32. Radetsky, "How Did Life Start?" 78.
33. Zahnle, Schaefer, and Fegley, "Earth's Earliest Atmospheres," 2.
34. 作者对劳拉·林赛–博尔茨的采访，北卡罗来纳大学，2021 年 10 月。
35. Townes, "Microwave and Radio-Frequency Resonance Lines of Interest to Radio Astronomy."
36. Townes, "The Discovery of Interstellar Water Vapor and Ammonia at the Hat Creek Radio Observatory," 82.
37. 作者对杰克·韦尔奇的采访，加州大学伯克利分校，2018 年 6 月。
38. Townes, *How the Laser Happened: Adventures of a Scientist*, 65.
39. Townes, "The Discovery," 82.
40. Patel et al., "Common Origins of RNA, Protein and Lipid Precursors in a Cyanosulfidic Protometabolism."
41. 引自视频采访内容：Jess and Kendrew, "Murchison Meteorite Continues to Dazzle Scientists"。
42. Meteoritical Society, "Murchison."

43. Deamer, *First Life: Discovering the Connections between Stars, Cells, and How Life Began*, 53.

44. Sullivan, *We Are Not Alone: The Search for Intelligent Life on Other Worlds*, 114.

45. Sullivan, *We Are Not Alone*, 123–24.

46. Schopf, *Major Events in the History of Life*, 17.

47. Miller, "The First Laboratory Synthesis of Organic Compounds under Primitive Earth Conditions," 240.

48. Brownlee, "Cosmic Dust: Building Blocks of Planets Falling from the Sky," 166.

49. Segré and Lancet, "Theoretical and Computational Approaches to the Study of the Origin of Life," 94–95.

50. Barras, "Formation of Life's Building Blocks Recreated in Lab."

第 7 章　最大的谜团：第一批细胞究竟源自何方

1. de Duve, "The Beginnings of Life on Earth," 437.

2. Heap and Gregoriadis, "Alec Douglas Bangham, 10 November 1921–9 March 2010," 28.

3. Bangham, "Surrogate Cells or Trojan Horses: The Discovery of Liposomes," 1081.

4. Deamer, "From 'Banghasomes' to Liposomes: A Memoir of Alec Bangham, 1921–2010," 1309.

5. 罗伯特 · 辛格引自：Albert Einstein College of Medicine press release, "Built-In 'Self-Destruct Timer' Causes Ultimate Death of Messenger RNA in Cells"。

6. Milo and Phillips, *Cell Biology by the Numbers*, 215–16.

7. Echols, *Operators and Promoters: The Story of Molecular Biology and Its Creators*, 215.

8. Gitschier, "Meeting a Fork in the Road: An Interview with Tom Cech," 0624.

9. 切赫在霍华德 · 休斯医学研究所接受采访的视频，《核酶的发现》(*The Discovery of Ribozymes*)。

10. 引自：Dick and Strick, *The Living Universe: NASA and the Development of Astrobiology*, 128。

11. 作者对托马斯 · 切赫的采访，科罗拉多大学博尔德分校，2021 年 9 月。

12. 切赫的采访引自：HHMI video, *The Discovery of Ribozymes*。

13. Kaharl, *Water Baby: The Story of Alvin*, 168–69.

14. Crane, *Sea Legs: Tales of a Woman Oceanographer*, 112–13.

15. Kaharl, *Water Baby*, 173.

16. Kaharl, *Water Baby*, 173.

17. Ballard, *The Eternal Darkness*, 171.

18. Kusek, "Through the Porthole 30 Years Ago," 141.

19. Kaharl, *Water Baby*, 175.

20. Wade, "Meet Luca, the Ancestor of All Living Things."

21. Hazen, *Genesis: The Scientific Quest for Life's Origin*, 98–99.

22. Hazen, *Genesis*, 109.

23. Miller and Bada, "Submarine Hot Springs and the Origin of Life," 610.

24. 作者对金特 · 瓦赫特绍泽的采访，2018 年 12 月。

25. Wächtershäuser, "The Origin of Life and Its Methodological Challenge," 488.

26. Wächtershäuser, "Before Enzymes and Templates: Theory of Surface Metabolism," 453.

27. Radetsky, "How Did Life Start?" 82.

28. Lucentini, "Darkness Before the Dawn—of Biology," 29.

29. 杰弗里 · 巴达的访谈引自：BBC *Horizon* documentary, "Life Is Impossible"。

30. Hagmann, "Between a Rock and a Hard Place."

31. 作者对迈克 · 拉塞尔的采访，2018 年 12 月。

32. Monroe, "2 Dispute Popular Theory on Life Origin."

33. Lane, *Life Ascending*, 19–23.

34. Flamholz, Phillips, and Milo, "The Quantified Cell," 3498.

35. Lane, *The Vital Question: Why Is Life the Way It Is?* 117–19.

36. Wade, "Making Sense of the Chemistry That Led to Life on Earth."

37. 作者对乔治 · 科迪的采访，卡内基科学研究所，2018 年 6 月。

38. 作者对杰伊 · 梅洛什的采访，普渡大学，2018 年 5 月。

39. California Institute of Technology press release, "Caltech Geologists Find New Evidence That Martian Meteorite Could Have Harbored Life"; and Weiss et al., "A Low Temperature Transfer of ALH84001 from Mars to Earth."

40. Nicholson et al., "Resistance of Bacillus Endospores to Extreme Terrestrial and Extraterrestrial Environments."

41. Amos, "Beer Microbes Live 553 Days Outside ISS."

42. Knoll, *A Brief History of Earth: Four Billion Years in Eight Chapters*, 81–83.

43. 参见：Kirschvink and Weiss, "Mars, Panspermia, and the Origin of Life: Where Did It All Begin?"。此外，地质学家约瑟夫·科什文克和生物化学家史蒂夫·本纳认为，如果没有硼酸盐的稳定作用，很难制造 RNA，虽然硼酸盐在地球上较为稀有，但在火星上很丰富。

第 8 章 光的组件：光合作用的发现

1. Kellogg, *The New Dietetics: What to Eat and How*, 29.

2. Beale and Beale, *Echoes of Ingen Housz: The Long Lost Story of the Genius Who Rescued the Habsburgs from Smallpox and Became the Father of Photosynthesis*, 29.

3. Van Klooster, "Jan Ingenhousz," 353.

4. Magiels, *From Sunlight to Insight*, 87.

5. 引自：Beale and Beale, *Echoes*, 322。

6. Beaudreau and Finger, "Medical Electricity and Madness in the 18th Century," 338.

7. Beale and Beale, *Echoes*, 270–71.

8. 引自：Beale and Beale, *Echoes*, 279。

9. 引自：Beale and Beale, *Echoes*, 323。

10. Magiels, "Dr. Jan IngenHousz, or Why Don't We Know Who Discovered Photosynthesis?" 14.

11. Magiels, *From Sunlight*, 109.

12. 引自：Magiels, *From Sunlight*, 109。

13. 引自：Magiels, *From Sunlight*, 238–39。

14. Gest, "A 'Misplaced Chapter' in the History of Photosynthesis Research: The Second Publication (1796) on Plant Processes by Dr. Jan Ingen-Housz, MD, Discoverer of Photosynthesis," 65.

15. Debus, *Chemistry and Medical Debate: Van Helmont to Boerhaave*, 33.

16. Hedesan, "The Influence of Louvain Teaching on Jan Baptist Van Helmont's Adoption of Paracelsianism and Alchemy," 240.

17. Rosenfeld, "The Last Alchemist—the First Biochemist: J. B. van Helmont(1577–1644),"

1756.

18. 引自：Cockell, *The Equations of Life: How Physics Shapes Evolution*, 240。

19. 引自：Pagel, *Joan Baptista van Helmont*, 12。

20. Pagel, *Joan Baptista van Helmont*, 53.

21. Ingenhousz, *An Essay on the Food of Plants and the Renovation of Soils*, 2.

22. Kamen, *Radiant Science, Dark Politics: A Memoir of the Nuclear Age*, 21.

23. Yarris, "Ernest Lawrence's Cyclotron: Invention for the Ages."

24. Johnston, *A Bridge Not Attacked: Chemical Warfare Civilian Research During World War II*, 90.

25. Kamen, "Onward into a Fabulous Half-Century," 139.

26. Kamen, *Radiant Science*, 84.

27. Kamen, "A Cupful of Luck, a Pinch of Sagacity," 6.

28. Larson, interview with Martin Kamen, Pioneers in Science and Technology Series, Center for Oak Ridge Oral History, 11.

29. Kamen, *Radiant Science*, 86.

30. Kamen, "Early History of Carbon-14," 586.

31. Kamen, "Early History," 588.

32. Petterson, "The Chemical Composition of Wood," 58.

33. Russell and Williams, *The Nutrition and Health Dictionary*, 137.

34. Kamen, *Radiant Science*, 165.

35. Benson, "Following the Path of Carbon in Photosynthesis," 35.

36. Larson, interview with Martin Kamen.

37. Kelly, "John Earl Haynes's Interview."

38. Calvin, *Following the Trail of Light: A Scientific Odyssey*, 51.

39. Hargittai and Hargittai, *Candid Science V*, 386.

40. Alsop, "Political Impact Is Seen in New Atomic Experiments."

41. Hargittai and Hargittai, *Candid Science V*, 388.

42. Buchanan and Wong, "A Conversation with Andrew Benson: Reflections on the Discovery of the Calvin-Benson Cycle," 210.

43. Buchanan and Wong, "A Conversation," 213.

44. Moses and Moses, "Interview with Rod Quayle," 6.

45. Moses and Moses, "Interview with Al Bassham," 14.

46. Benson, "Following," 809.

47. Sharkey, "Discovery of the Canonical Calvin-Benson Cycle," 242.

48. Buchanan and Wong, "A Conversation," 213.

49. 对"光反应"的研究也一直是大量研究的课题。Govindjee, Shevela, and Björn, "Evolution of the Z-Scheme of Photosynthesis."

50. 作者对斯蒂芬·朗的采访，伊利诺伊大学厄巴纳–香槟分校，2021 年 11 月。

51. Falkowski, *Life's Engines: How Microbes Made Earth Habitable*, 99.

52. 作者对戈文吉的采访，伊利诺伊大学厄巴纳–香槟分校，2019 年 5 月。

53. Bar-On and Milo, "The Global Mass and Average Rate of Rubisco," 4738.

54. Calvin, "Photosynthesis as a Resource for Energy and Materials," 277.

55. Bourzac, "To Feed the World, Improve Photosynthesis."

56. Vernadsky, *The Biosphere*, 47.

第 9 章　幸运的转机：从海洋浮沫到绿色星球

1. 作者对斯捷普科·戈卢比奇的采访，2019 年 7 月。

2. Margulis and Sagan, *Microcosmos: Four Billion Years of Evolution from Our Microbial Ancestors*, 109.

3. 地质学家约翰·道森认为，他发现了一个叫作"始生物"的古老化石，但他的说法并不成立。Schopf, *Cradle of Life: The Discovery of Earth's Earliest Fossils*, 19–21.

4. Walcott, "Pre-Carboniferous Strata in the Grand Canyon of the Colorado, Arizona," 438.

5. Walcott, "Report of Mr. Charles D. Walcott, July 2," 160.

6. Schuchert, "Charles Doolittle Walcott, (1850–1927)," 279.

7. Yochelson, *Charles Doolittle Walcott, Paleontologist*, 145.

8. Walcott, "Report of Mr. Charles D. Walcott, July 2," 47.

9. Walcott, *Pre-Cambrian Fossiliferous Formations*, 234.

10. Schopf, *Life in Deep Time: Darwin's "Missing" Fossil Record*, 49.

11. Schopf, *Cradle of Life*, 19–21. 这些化石被称为始生物。

12. Schopf, *Cradle of Life*, 31.

13. Seward, *Plant Life through the Ages: A Geological and Botanical Retrospect*, 87.

14. Seward, *Plant Life*, 92.

15. 作者对斯捷普科·戈卢比奇的采访，2019 年 7 月。

16. 尽管早期在其他地方工作的研究人员，特别是在巴哈马，之前已经将蓝细菌与古代叠层石之间联系起来，但他们的说法并未被广泛接受。他们指出，这些“活的”叠层石看起来与古代的典型叠层石非常不同。相比之下，洛根发现的叠层石与古代化石有明显的相似之处，引自：Hoffman, “Recent and Ancient Algal Stromatolites,” 180–81。

17. Prothero, *The Story of Life in 25 Fossils: Tales of Intrepid Fossil Hunters and the Wonders of Evolution*, 11.

18. Falkowski, *Life's Engines: How Microbes Made Earth Habitable*, 72.

19. 作者对威廉·舍普夫的采访，加州大学洛杉矶分校，2019 年 7 月。

20. Crowell, “Preston Cloud,” 45.

21. 作者对威廉·舍普夫的采访，加州大学洛杉矶分校，2019 年 7 月。

22. Margulis and Sagan, *Microcosmos*, 108.

23. Walker, *Snowball Earth: The Story of the Great Global Catastrophe That Spawned Life as We Know It*, 113.

24. Walker, *Snowball Earth*, 122–28.

25. 约瑟夫·科什文克认为，地球差点儿未能摆脱雪球地球的命运。如果地球离太阳稍远一些，地球两极的温度就会异常寒冷，以至于火山喷出的绝缘二氧化碳气体在到达两极时冻结，地球会因为寒冷而永久冻结。对科什文克来说，这表明可能存在许多类地行星，那里有生命的进化，而后完全冻结了。

26. *The Telegraph*, “Lynn Margulis.”

27. 作者对弗雷德·施皮格尔的采访，阿肯色大学，2019 年 3 月。

28. 参见多里昂·萨根在纪录片《共生地球》（*Symbiotic Earth*）中的访谈。

29. Margulis, “Mixing It Up,” 103–4.

30. 引自：Goldscheider, “Evolution Revolution,” 46。

31. Quammen, *The Tangled Tree: A Radical New History of Life*, 120.

32. Quammen, *The Tangled Tree*, 120.

33. Poundstone, *Carl Sagan: A Life in the Cosmos*, 63.

34. Otis, *Rethinking Thought: Inside the Minds of Creative Scientists and Artists*, 36.

35. Otis, *Rethinking Thought*, 19.

36. 引自：Davidson, *Carl Sagan: A Life*, 112。

37. 引自：Poundstone, *Carl Sagan: A Life in the Cosmos*, 47。

38. Sagan, *Lynn Margulis: The Life and Legacy of a Scientific Rebel*, 59.

39. *The Telegraph*, “Lynn Margulis.”

40. Sapp, *Evolution by Association*, 185.

41. Margulis and Sagan, *What Is Life*? 52.

42. 引自：Goldscheider, “Evolution Revolution,” 44。

43. 作者对约翰·阿奇博尔德的采访，戴尔豪斯大学，2019 年 3 月。

44. Knoll, *A Brief History of Earth: Four Billion Years in Eight Chapters*, 108–11.

45. 作者对尼克·莱恩的采访，伦敦大学学院，2019 年 9 月。

46. 莱恩和马丁认为，这样可以节省净能量。生活在另一个细胞内的线粒体不再需要重复某些工作，如建造细胞壁。总的来说，线粒体及其宿主所做的工作要比它们单独生活时少。

47. Lane, “Why Is Life the Way It Is?” 23.

48. Lane, “Why Is Life the Way It Is?” 27; and Catling et al., “Why O_2 Is Required by Complex Life on Habitable Planets and the Concept of Planetary ‘Oxygenation Time.’”

49. Gibson et al., “Precise Age of *Bangiomorpha pubescens* Dates the Origin of Eukaryotic Photosynthesis.” 迄今为止发现的最古老的化石可以追溯到 10.47 亿年前，但分子钟证据表明，它们的祖先至少出现于 12.5 亿年前。

50. 在大约 6.35 亿年前开始的埃迪卡拉纪早期，生存着一些行动缓慢的奇特动物。

51. Falkowski, *Life's Engines*, 130.

52. Reinhard et al., “Evolution of the Global Phosphorus Cycle,” 386.

53. Milo and Phillips, *Cell Biology by the Numbers*, 111.

54. Falkowski, *Life's Engines*, 141.

55. Kahn, “How Much Oxygen Does a Person Consume in a Day?”

第 10 章　播种：绿色植物及其盟友如何使我们得以存在

1. Thoreau, *Walden*, 130.

2. Zimmermann, “Nachrufe: Simon Schwendener,” 59.

3. Bar-On, Phillips, and Milo, “The Biomass Distribution on Earth.”

4. Honegger, “Simon Schwendener (1829–1919) and the Dual Hypothesis of Lichens,” 312.

5. Plitt, “A Short History of Lichenology,” 89.

6. Ralfs, “The Lichens of West Cornwall,” 211.

7. Plitt, “A Short History,” 82.

8. James Crombie, 引自：Smith, *Lichens*, xxv。

9. Step, *Plant-Life*, 149.

10. Schmidt, “Essai d’une biologie de l’holophyte des Lichens,” 7.

11. Ryan, *Darwin’s Blind Spot*, 22.

12. Frank, “On the Nutritional Dependence of Certain Trees on Root Symbiosis with Belowground Fungi (an English Translation of A. B. Frank’s Classic Paper of 1885),” 271.

13. 在弗兰克创造“symbiotismus”一词一年后，植物学家安东·德·巴里引入了“symbiosis”这个术语，意思是“与不同的生物生活在一起”。

14. Frank, “On the Nutritional Dependence,” 274.

15. Ryan, *Darwin’s Blind Spot*, 49.

16. Beerling, *Making Eden*, 125–26.

17. “Hermann Hellriegel,” 11.

18. Aulie, “Boussingault and the Nitrogen Cycle,” doctoral thesis, 39.

19. Mccosh, *Boussingault*, 4.

20. Aulie, “Boussingault and the Nitrogen Cycle,” 448.

21. Aulie, “Boussingault and the Nitrogen Cycle,” 447.

22. Nutman, “Centenary Lecture,” 72.

23. Finlay, “Science, Promotion, and Scandal,” 209.

24. MacFarlane, “The Transmutation of Nitrogen,” 49.

25. Erisman et al., “How a Century of Ammonia Synthesis Changed the World,” 637.

26. Walker, *Plants: A Very Short Introduction*, 30.

27. Datta et al., “Root Hairs,” 1.

28. 作者对威斯康星大学麦迪逊分校西蒙·吉尔罗伊的采访，2021 年 11 月。

29. Tobey, *Saving the Prairies: The Life Cycle of the Founding School of American Plant*

Ecology, 1895–1955, 192–93.

30. Wilson, *Roots: Miracles Below*, 84.

31. 作者专访爱丁堡大学托尼·特里瓦弗斯，2019 年 9 月。

32. Wade, "Number of Human Genes Is Put at 140,000, a Significant Gain."

33. 作者采访做出这一发现的科学家：劳伦斯·布罗迪，美国国立卫生研究院，2021 年 9 月。

34. 作者对杰克·舒尔茨的采访，托莱多大学，2019 年 9 月。

35. 作者对伊丽莎白·范·沃尔肯伯格的采访，华盛顿大学，2019 年 9 月。

36. Alpi et al., "Plant Neurobiology: No Brain, No Gain?" 136.

37. Mancuso and Viola, *Brilliant Green: The Surprising History and Science of Plant Intelligence*, 77.

38. Trewavas, "Mindless Mastery," 841.

39. 作者对珍妮特·布拉姆的采访，莱斯大学，2019 年 9 月。

40. Yong, "Trees Have Their Own Internet."

41. Trewavas, "The Foundations of Plant Intelligence," 11.

42. Trewavas, "Mindless Mastery," 841.

43. Trewavas and Baluška, "The Ubiquity of Consciousness," 1225.

44. Baluška and Mancuso, "Deep Evolutionary Origins of Neurobiology," 63.

45. Milo and Phillips, *Cell Biology by the Numbers*, 169.

第 11 章　浩瀚依赖于微眇：你活着需要吃什么？

1. Tegmark, "Solid. Liquid. Consciousness."

2. Thorpe, *Essays in Historical Chemistry*, 316.

3. Hofmann, *The Life-Work of Liebig*, 17.

4. Brock, *Justus Von Liebig: The Chemical Gatekeeper*, 6.

5. Brock, *Justus Von Liebig*, 32.

6. Brock, *Justus Von Liebig*, 38.

7. Turner, "Justus Liebig versus Prussian Chemistry," 131.

8. Liebig, "Justus Von Liebig: An Autobiographical Sketch," 661.

9. Morris, *The Matter Factory: A History of the Chemistry Laboratory*, 93.

10. Mulder, *Liebig's Question to Mulder Tested by Morality and Science*, 6.

11. Phillips, "Liebig and Kolbe, Critical Editors," 91.

12. Hunter, *Vital Forces*, 56.

13. Klickstein, "Charles Caldwell and the Controversy in America over Liebig's 'Animal Chemistry,'" 141.

14. Brucer, "Nuclear Medicine Begins with a Boa Constrictor," 280.

15. 我们大约会产生 8 杯胃液，其中盐酸含量约为 5%。

16. Carpenter, *Protein and Energy: A Study of Changing Ideas in Nutrition*, 59.

17. Liebig, *Animal Chemistry: Or Organic Chemistry in Its Application to Physiology and Pathology*, 48.

18. Carpenter, *Protein and Energy*, 48.

19. Thoreau, *Walden*, 11.

20. Bissonnette, *It's All about Nutrition*, 45.

21. Liebig, *Animal Chemistry*, vi.

22. Bence-Jones, *Henry Bence-Jones, M.D., F.R.S. 1813–1873: Autobiography with Elucidations at Later Dates*, 16.

23. Morris, *The Matter Factory*, 30.

24. Carpenter, Harper, and Olson, "Experiments That Changed Nutritional Thinking," 1120S–1121S.

25. Carpenter, Harper, and Olson, "Experiments," 1021.

26. Carpenter, *Protein and Energy*, 71–72.

27. Carpenter, "A Short History of Nutritional Science: Part 1 (1785–1885)," 642.

28. Apple, "Science Gendered: Nutrition in the United States 1840–1940," 133.

29. Carpenter, *Protein and Energy*, 74.

30. Carpenter, *The History of Scurvy and Vitamin C*, 253.

31. Bown, *Scurvy: How a Surgeon, a Mariner, and a Gentlemen Solved the Greatest Medical Mystery of the Age of Sail*, 68.

32. Frankenburg, *Vitamin Discoveries and Disasters*, 72.

33. Bown, *Scurvy,* 75.

34. Roddis, *James Lind, Founder of Nautical Medicine*, 55.

35. Bown, *Scurvy*, 74.

36. Harvie, *Limeys*, 56.

37. Lind, *A Treatise on the Scurvy, in Three Parts: Containing an Inquiry into the Nature, Causes, and Cure of That Disease, Together with a Critical and Chronological View of What Has Been Published on the Subject*, 72.

38. Lind, *A Treatise*, 62–63.

39. Gratzer, *Terrors of the Table*, 17.

40. Harvie, *Limeys*, 18.

41. Frankenburg, *Vitamin*, 78.

42. Meiklejohn, "The Curious Obscurity of Dr. James Lind," 307.

43. Bown, *Scurvy*, 26.

44. Braddon, *The Cause and Prevention of Beri-Beri*, 248.

45. Beek, *Dutch Pioneers of Science*, 138.

46. Carpenter, *Beriberi, White Rice, and Vitamin B: A Disease, a Cause, and a Cure*, 27.

47. Eijkman, "Christiaan Eijkman Nobel Lecture, 1929."

48. Carpenter, *Beriberi*, 35.

49. "Tracing the Lost Railway Lines of Indonesia."

50. Carpenter, *Beriberi*, 41.

51. Carpenter, *Beriberi*, 198.

52. Eijkman, "Christiaan Eijkman Nobel Lecture, 1929."

53. Houston, *A Treasury of the World's Great Speeches*, 470.

54. Carpenter, *Beriberi*, 40–41.

55. Carpenter, *Beriberi*, 45.

56. Vedder, *Beriberi*, 160.

57. Gratzer, *Terrors of the Table*, 141–42.

58. Hopkins, *Newer Aspects of the Nutrition Problem*, 15.

59. Maltz, "Casimer Funk, Nonconformist Nomenclature, and Networks Surrounding the Discovery of Vitamins," 1016.

60. Maltz, "Casimer Funk," 1016.

61. 引自：Gratzer, *Terrors of the Table*, 162。

62. *New York Times*, “Scientists Find Indication of a Vitamin Which Prevents Softening of the Brain.”
63. *St. Louis Post-Dispatch*, “Is Vitamine Starvation the True Cause of Cancer?”
64. Price, *Vitamania: How Vitamins Revolutionized the Way We Think about Food*, 75–78.
65. 引自：Bobrow-Strain, *White Bread: A Social History of the Store-Bought Loaf*, 119。
66. BBC radio, “Enzymes,” *In Our Time*.
67. Zimmer, “Vitamins’ Old, Old Edge.”
68. Zimmer, “Vitamins’ Old, Old Edge.”
69. Price, *Vitamania*, 17.
70. 作者对小杰拉尔德·库姆斯的采访，塔夫茨大学，2019 年 11 月。
71. Carpenter, “A Short History of Nutritional Science: Part 3 (1912–1944),” 3030.
72. Collins, *Molecular, Genetic, and Nutritional Aspects of Major and Trace Minerals*, 528.
73. 作者对詹姆斯·F. 科林斯的采访，佛罗里达大学，2020 年 2 月。
74. Lieberman, *The Story of the Human Body: Evolution, Health, and Disease*, 191.
75. 我们肠道中的一些益生菌会为人体制造维生素，包括 B 族维生素和维生素 K。

第 12 章　藏在众目睽睽之下：发现你的生命蓝图

1. Horgan, “Francis H. C. Crick: The Mephistopheles of Neurobiology,” 33.
2. 1892 年，米舍差点儿就做出了这一预测。
3. Dahm, “Discovering DNA,” 576.
4. Olby, “Cell Chemistry in Miescher’s Day,” 379.
5. Dahm, “The First Discovery of DNA,” 321.
6. Meuron-Landolt, “Johannes Friedrich Miescher: sa personnalité et l’importance de son œuvre,” 20.
7. Dahm, “Friedrich Miescher and the Discovery of DNA,” 282.
8. Lamm, Harman, and Veigl, “Before Watson and Crick in 1953 Came Friedrich Miescher in 1869,” 294–95.
9. Dahm, “The First,” 327.
10. Mirsky, “The Discovery of DNA,” 86–88.
11. Perutz, “Co-Chairman’s Remarks: Before the Double Helix,” 10.

12. MacLeod, "Obituary Notice, Oswald Theodore Avery, 1877–1955," 544.

13. Dubos, "Oswald Theodore Avery, 1877–1955," 35.

14. Williams, *Unravelling the Double Helix: The Lost Heroes of DNA*, 148–49.

15. Dubos, "Rene Dubos's Memories of Working in Oswald Avery's Laboratory."

16. Dubos, *The Professor, the Institute, and DNA*, 116.

17. McCarty, *The Transforming Principle: Discovering That Genes Are Made of DNA*, 92.

18. McCarty, *The Transforming Principle*, 87.

19. 埃弗里给他兄弟罗伊的信，引自：Dubos, *The Professor*, 217。

20. Dubos, *The Professor*, 139.

21. 埃弗里给他兄弟的信，引自：Dubos, *The Professor*, 219。

22. Dubos, *The Professor*, 106.

23. McCarty, *The Transforming Principle*, 163.

24. Dubos, *The Professor*, 245.

25. McCarty, *The Transforming Principle*, 173.

26. Judson, *The Eighth Day of Creation: Makers of the Revolution in Biology*, 60.

27. Chargaff, *Heraclitean Fire: Sketches from a Life Before Nature*, 83.

28. Williams, *Unravelling*, 246.

29. Wilkins, *Maurice Wilkins: The Third Man of the Double Helix: An Autobiography*, 143–50.

30. Wilkins, *Maurice Wilkins*, 129.

31. Maddox, *Rosalind Franklin: The Dark Lady of DNA*, 144–45.

32. Maddox, *Rosalind Franklin*, 153–55.

33. Cold Spring Harbor Laboratory, "Aaron Klug on Rosalind Franklin."

34. Crick, *What Mad Pursuit*, 64.

35. Maddox, *Rosalind Franklin*, 161.

36. 美国公共广播公司（PBS）纪录片中的沃森访谈，引自：Babcock and Eriksson, *DNA: The Secret of Life*。

37. 引自：Watson, Gann, and Witkowski, *The Annotated and Illustrated Double Helix*, 91。

38. 作者对唐·卡斯帕的采访，2020 年 5 月。

39. 故事网（Web of Stories）对沃森的采访，《互补性和我的历史地位》（Complemen-

tarity and My Place in History)。

40. Williams, *Unravelling*, 327.

41. Wilkins, *Maurice Wilkins*, 198.

42. Watson and Berry, *DNA: The Secret of Life*, 51.

43. Olby, *The Path to the Double Helix*, 403.

44. 故事网对克里克的采访，《20 世纪 40 年代末的分子生物学》(Molecular Biology in the Late 1940s)。

45. Markel, *The Secret of Life*, 12.

46. Wilkins, *Maurice Wilkins*, 212.

47. “Due Credit,” 270.

48. Maddox, *Rosalind Franklin*, 202.

49. Crick, *What Mad Pursuit*, 79.

50. Watson and Berry, *DNA*, 58.

51. Crick, “Biochemical Activities of Nucleic Acids: The Present Position of the Coding Problem,” 35.

52. Milo and Phillips, *Cell Biology by the Numbers*, 248.

53. 根据《数字细胞生物学》(*Cell Biology by the Numbers*)，一个细胞含有大约 100 亿个蛋白质，而蛋白质的平均半衰期为 7 小时。也就是说，每 7 个小时你就会更换 100 亿个蛋白质中的一半，即每秒更换超过 3.9 万个蛋白质。

54. 控制基因表达时的碱基序列被称为转录因子结合位点、激活因子、启动子、增强子、阻遏物、沉默子和控制元件。

第 13 章　元素以及一切：你身体里究竟有什么？

1. Claude, “The Coming of Age of the Cell,” 434.

2. Sender, Fuchs, and Milo, “Revised Estimates for the Number of Human and Bacteria Cells in the Body,” 9.

3. Brachet, “Notice sur Albert Claude,” 95.

4. Gompel, *Le destin extraordinaire d’Albert Claude (1898–1983)*, 26.

5. de Duve and Palade, “Obituary: Albert Claude, 1899–1983,” 588.

6. Claude, “The Coming,” 433.

7. Claude, "The Coming," 433.

8. Moberg, *Entering an Unseen World: A Founding Laboratory and Origins of Modern Cell Biology, 1910–1974*, 137.

9. Brachet, "Notice," 100.

10. Brachet, "Notice," 118.

11. Moberg, *Entering*, 23.

12. Claude, "Fractionation of Chicken Tumor Extracts by High Speed Centrifugation," 743.

13. de Duve and Beaufay, "A Short History of Tissue Fractionation," 24.

14. de Duve and Palade, "Obituary," 588.

15. *Interview with Albert Claude*, Rockefeller Institute Archive Center, RAC FA1444 (Box 1, Folder 5).

16. Moberg, *Entering*, 38.

17. Rheinberger, "Claude, Albert," 146.

18. Brachet, "Notice," 108.

19. Claude, "Albert Claude, 1948," 121.

20. Rheinberger, "Claude, Albert," 146.

21. Moberg, *Entering*, 76.

22. Hawkes, "Ernst Ruska," 84.

23. Moberg, *Entering*, 55.

24. Moberg, *Entering*, 60.

25. Palade, "Albert Claude and the Beginnings of Biological Electron Microscopy," 15–17.

26. Prebble and Weber, *Wandering in the Gardens of the Mind*, 15.

27. Claude, "The Coming," 434.

28. Flamholz, Phillips, and Milo, "The Quantified Cell," 3499.

29. Gilbert and Mulkay, *Opening Pandora's Box*, 26. 整本书研究了科学家们是如何讨论和回应米切尔的理论的。

30. Harold, *To Make the World Intelligible*, 121.

31. Racker, "Reconstitution, Mechanism of Action and Control of Ion Pumps," 787.

32. Racker, "Reconstitution," 787.

33. Prebble, "The Philosophical Origins of Mitchell's Chemiosmotic Concepts," 443.

34. Prebble, "Peter Mitchell and the Ox Phos Wars," 209.

35. Orgel, "Are You Serious, Dr. Mitchell?" 17.

36. Racker, "Reconstitution," 787.

37. Harold, *To Make the World Intelligible*, 49.

38. Lane, *Power, Sex, Suicide*, 102.

39. Govindjee and Krogmann, "A List of Personal Perspectives with Selected Quotations, along with Lists of Tributes, Historical Notes, Nobel and Kettering Awards Related to Photosynthesis," 16.

40. Prebble, "Peter Mitchell and the Ox Phos Wars," 210.

41. Saier, "Peter Mitchell and the Life Force," chapter 8, page 10 of 14.

42. Lane, *The Vital Question: Why Is Life the Way It Is?* 73.

43. Milo and Phillips, *Cell Biology by the Numbers*, 357.

44. Walker, *Fuel of Life*.

45. Roskoski, "Wandering in the Gardens of the Mind," 64–65.

46. Saier, "Peter Mitchell and the Life Force," chapter 9, page 2 of 8.

47. Lane, *Life Ascending*, 32–33.

48. Milo and Phillips, *Cell Biology*, 34.

49. Hom and Sheu, "Morphological Dynamics of Mitochondria: A Special Emphasis on Cardiac Muscle Cells," 7.

50. 作者对尼克·莱恩的采访，伦敦大学学院，2021 年 12 月。

51. Flamholz, Phillips, and Milo, "The Quantified Cell," 3499.

52. Hoffmann, *Life's Ratchet: How Molecular Machines Extract Order from Chaos*, 212.

53. Ashcroft, *The Spark of Life: Electricity in the Human Body*, 42.

54. Stevens, "The Neuron," 57.

55. Ashcroft, *The Spark of Life*, 56.

56. 我们的 1000 亿个神经细胞中的每一个都有大约 100 万个钠钾泵。我们几百万个心肌细胞中的每一个都包含几百万个泵。仅这些泵加起来就有千万亿个钠钾泵。我们的其他细胞拥有的钠钾泵数量较少。

57. Lieberman, *The Story of the Human Body: Evolution, Health, and Disease*, 283.

58. Hoffmann, *Life's Ratchet*, 72.

59. 作者与金·夏普的邮件通信，宾夕法尼亚大学。

60. Milo and Phillips, *Cell Biology*, 220.

61. 作者与金·夏普的邮件通信，宾夕法尼亚大学。

62. Bray, *Cell Movements*, 4.

63. Lane, *The Vital*, 12.

64. 在 DNA 中加入错误碱基的概率从百万分之一到千万分之一不等。紧随其后的修复机制将错误率降至百亿分之一。

65. *Atlanta Constitution*, “Each of Us Is Charged with Busy Little Atoms.”

66. “Paul C. Aebersold Interview,” *Longines Chronoscope*.

67. Stager, *Your Atomic Self*, 213.

68. 柯丝蒂·斯波尔丁和约纳斯·弗里森是第一批认识到这一点的人，参见：Wade, “Your Body Is Younger Than You Think”。另见：Milo and Phillips, *Cell Biology by the Numbers*, 279。虽然有几种细胞根本没有被替换，但你在 10 年内替换了身体的绝大多数细胞。

69. Sender and Milo, “The Distribution of Cellular Turnover in the Human Body,” 45.

70. Milo and Phillips, *Cell Biology*, 279.

71. Milo and Phillips, *Cell Biology*, 279.

72. Sender and Milo, “The Distribution,” 45.

73. Milo and Phillips, *Cell Biology*, 279.

74. Herculano-Houzel, “The Human Brain in Numbers,” 7.

75. 心脏细胞的更新速度大约是每年 1%，直到你 50 岁左右，这个速度就会下降，引自：Wade, “Heart Muscle Renewed over Lifetime, Study Finds”。

76. Lane, *The Vital*, 278.

77. Milo and Phillips, *Cell Biology*, 201. 米洛和菲利普斯估计，单个体积为 3 000 立方微米的哺乳动物的细胞每秒大约消耗 10 亿个 ATP。

78. Hoffmann, *Life's Ratchet*, 107.

结语　一段多么漫长又奇异的旅程

1. Donnan, “The Mystery of Life,” 514.

2. 人体细胞的数量大约是 30 万亿，参见：Sender, Fuchs, and Milo, “Revised Estimates

for the Number of Human and Bacteria Cells in the Body”。银河系中恒星的数量估计在 1 000 亿到 4 000 亿。

3. Horgan, “From My Archives: Quark Inventor Murray Gell-Mann Doubts Science Will Discover ‘Something Else.’”

4. 卡尔 · 萨根，纪录片《卡尔 · 萨根的宇宙》。

参考文献

Adan, Ana. "Cognitive Performance and Dehydration." *Journal of the American College of Nutrition* 31, no. 2 (April 1, 2012).

Aikman, Duncan. "Lemaître Follows Two Paths to Truth." *New York Times*, February 19, 1933.

Aitkenhead, Alan R., Graham Smith, and David J. Rowbotham. *Textbook of Anaesthesia*, 5th ed. London: Elsevier, 2007.

Albert Einstein College of Medicine. "Built-In 'Self-Destruct Timer' Causes Ultimate Death of Messenger RNA in Cells." Press release, December 22, 2011.

Alpi, Amedeo, Nikolaus Amrhein, et al. "Plant Neurobiology: No Brain, No Gain?" *Trends in Plant Science* 12, no. 4 (April 2007).

Alsop, Stewart. "Political Impact Is Seen in New Atomic Experiments." *Toledo Blade*, January 6, 1949.

Amos, Jonathan. "Beer Microbes Live 553 Days Outside ISS." BBC News, August 23, 2010, https://www.bbc.com/news/science-environment-11039206.

Anderson, Carl D., and Richard J. Weiss. *The Discovery of Anti-Matter: The Autobiography of Carl David Anderson, the Youngest Man to Win the Nobel Prize*. Singapore: World Scientific, 1999.

Apple, Rima. "Science Gendered: Nutrition in the United States 1840–1940," in *The Science and Culture of Nutrition, 1840–1940*, ed. Harmke Kamminga and Andrew

Cunningham. Amsterdam: Rodopi, 1995.

Ashcroft, Frances. *The Spark of Life: Electricity in the Human Body*. New York: Norton, 2012.

Atlanta Constitution, "Each of Us Is Charged with Busy Little Atoms, November 8, 1954.

Aulie, Richard P. "Boussingault and the Nitrogen Cycle." Doctoral thesis, Yale University, 1969.

———. "Boussingault and the Nitrogen Cycle." *Proceedings of the American Philosophical Society* 114, no. 6 (December 18, 1970).

Babcock, Viki, and Magdalena Eriksson, writers; Ian Duncan and David Glover, directors. *DNA: The Secret of Life*, episode 1. Arlington, VA: Public Broadcasting Service, 2003.

Bada, Jeffrey, and Antonio Lazcano. "Biographical Memoirs: Stanley L. Miller: 1930–2007." National Academy of Sciences, 2012, http://www.nasonline.org/publications/biographical-memoirs/memoir-pdfs/miller-stanley.pdf.

Ballard, Robert D. *The Eternal Darkness: A Personal History of Deep-Sea Exploration*. Princeton, NJ: Princeton University Press, 2000.

Baluška, František, and Stefano Mancuso. "Deep Evolutionary Origins of Neurobiology: Turning the Essence of 'Neural' Upside-Down." *Communicative & Integrative Biology* 2, no. 1 (December 1, 2009).

Bangham, Alec D. "Surrogate Cells or Trojan Horses: The Discovery of Liposomes." *BioEssays* 17, no. 12 (1995).

Barnes, E. W. "Contributions to a British Association Discussion on the Evolution of the Universe." *Nature*, no. 128 (October 24, 1931).

Bar-On, Yinon M., and Ron Milo. "The Global Mass and Average Rate of Rubisco." *Proceedings of the National Academy of Sciences of the United States of America* 116, no. 10 (March 5, 2019).

Bar-On, Yinon M., Rob Phillips, and Ron Milo. "The Biomass Distribution on Earth." *Proceedings of the National Academy of Sciences* 115, no. 25 (June 19, 2018).

Barras, Colin. "Formation of Life's Building Blocks Recreated in Lab." *New Scientist*, no. 2999 (December 13, 2014).

BBC documentary transcript. "Wilson of the Cloud Chamber," 1959.

BBC *Horizon* documentary. "Life Is Impossible," 1993.

BBC radio. "Enzymes." *In Our Time*, June1, 2017.

Beale, Norman, and Elaine Beale. *Echoes of Ingen Housz: The Long Lost Story of the Genius Who Rescued the Habsburgs from Smallpox and Became the Father of Photosynthesis*. Gloucester, UK: Hobnob Press, 2011.

Beaudreau, Sherry Ann, and Stanley Finger. "Medical Electricity and Madness in the 18th Century: The Legacies of Benjamin Franklin and Jan Ingenhousz." *Perspectives in Biology and Medicine* 49, no. 3 (July 27, 2006).

Beek, Leo. *Dutch Pioneers of Science*. Assen, Netherlands: Van Gorcum, 1985.

Beerling, David. *Making Eden: How Plants Transformed a Barren Planet*. Oxford, UK: Oxford University Press, 2019.

Bence-Jones, Henry. *Henry Bence-Jones, M.D., F.R.S. 1813–1873: Autobiography with Elucidations at Later Dates*. London: Crusha & Son, 1929.

Benson, Andrew A. "Following the Path of Carbon in Photosynthesis: A Personal Story." *Photosynthesis Research* 73, (July 1, 2002).

Bernal, J. D. *The Origin of Life*. London: Weidenfeld & Nicolson, 1967.

Bernstein, Jeremy. *A Palette of Particles*. Cambridge, MA: Harvard University Press, 2013.

Bertolotti, Mario. *Celestial Messengers: Cosmic Rays: The Story of a Scientific Adventure*. Berlin: Springer, 2013.

Bissonnette, David. *It's All about Nutrition: Saving the Health of Americans*. Lanham, MD: University Press of America, 2014.

Blackmore, John T. *Ernst Mach: His Life, Work, and Influence*. Berkeley: University of California Press, 1972.

Blatner, David. *Spectrums: Our Mind-Boggling Universe from Infinitesimal to Infinity*. London: Bloomsbury, 2013.

Bobrow-Strain, Aaron. *White Bread: A Social History of the Store-Bought Loaf*. Boston: Beacon Press, 2012.

Bourzac, Katherine. "To Feed the World, Improve Photosynthesis." *MIT Technology Review* 120, no. 5 (September 2017).

Bown, Stephen R. *Scurvy: How a Surgeon, a Mariner, and a Gentleman Solved the Greatest Medical Mystery of the Age of Sail*. New York: St. Martin's Press, 2003.

Brachet, Jean. "Notice sur Albert Claude." *Annuaire de l'Académie royale de Belgique*, 1988.

Braddon, William Leonard. *The Cause and Prevention of Beri-Beri*. London: Rebman Limited, 1907.

Bray, Dennis. *Cell Movements: From Molecules to Motility*. New York: Garland Science, 2001.

Brock, William H. *Justus Von Liebig: The Chemical Gatekeeper*. Cambridge, UK: Cambridge University Press, 2002.

Brownlee, Donald E. "Cosmic Dust: Building Blocks of Planets Falling from the Sky." *Elements* 12, no. 3 (June 1, 2016).

Brucer, Marshall. "Nuclear Medicine Begins with a Boa Constrictor." *Journal of Nuclear Medicine Technology* 24, no. 4 (1996).

Buchanan, Bob B., and Joshua H. Wong. "A Conversation with Andrew Benson: Reflections on the Discovery of the Calvin–Benson Cycle." *Photosynthesis Research* 114, no. 3 (March 1, 2013).

Burbidge, Geoffrey. "Sir Fred Hoyle 24 June 1915–20 August 2001." *Biographical Memoirs of Fellows of the Royal Society* 49 (2003).

Burns, Joseph A., Jack J. Lissauer, and Andrei Makalkin. "Victor Sergeyevich Safronov (1917–1999)." *Icarus* 145, no. 1 (May 1, 2000).

Butterworth, Jon. "How Big Is a Quark?" *The Guardian*, April 7, 2016, https://www.theguardian.com/science/life-and-physics/2016/apr/07/how-big-is-a-quark.

Calder, Nigel. *Giotto to the Comets*. London: Presswork, 1992.

California Institute of Technology. "Caltech Geologists Find New Evidence That Martian Meteorite Could Have Harbored Life," press release, March 13, 1997, https://www2.jpl.nasa.gov/snc/news8.html.

Calvin, Melvin. *Following the Trail of Light: A Scientific Odyssey*. Washington, DC: American Chemical Society, 1992.

———. "Photosynthesis as a Resource for Energy and Materials: The Natural Photosynthetic Quantum-Capturing Mechanism of Some Plants May Provide a Design for a Synthetic System That Will Serve as a Renewable Resource for Material and Fuel." *American Scientist* 64, no. 3 (1976).

Carpenter, Kenneth J. *Beriberi, White Rice, and Vitamin B: A Disease, a Cause, and a Cure*. Berkeley: University of California Press, 2000.

———. *The History of Scurvy and Vitamin C*. Cambridge, UK: Cambridge University Press, 1988.

———. *Protein and Energy: A Study of Changing Ideas in Nutrition*. Cambridge, UK: Cambridge University Press, 1994.

———. "A Short History of Nutritional Science: Part 1 (1785–1885)." *Journal of Nutrition* 133, no. 3 (March 2003).

———. "A Short History of Nutritional Science: Part 3 (1785–1885)." *Journal of Nutrition* 133, no. 10 (October 2003).

Carpenter, Kenneth J., Alfred E. Harper, and Robert E. Olson. "Experiments That Changed Nutritional Thinking." *Journal of Nutrition* 127, no. 5 (May 1997).

Catling, David C., Christopher R. Glein,et al. "Why O_2 Is Required by Complex Life on Habitable Planets and the Concept of Planetary 'Oxygenation Time.'" *Astrobiology* 5, no. 3 (June 2005).

Chargaff, Erwin. *Heraclitean Fire: Sketches from a Life before Nature*. New York: Rockefeller University Press, 1978.

Charitos, Panos. "Interview with George Zweig." *CERN EP News*, December 13, 2013, https://ep-news.web.cern.ch/content/interview-george-zweig.

Chu, Jennifer. "Physicists Calculate Proton's Pressure Distribution for First Time." *MIT News*, February 22, 2019, https://news.mit.edu/2019/physicists-calculate-proton-pressure-distribution-0222.

Claude, Albert. "Albert Claude, 1948." Harvey Society Lectures, Rockefeller University, January 1, 1950.

———. "The Coming of Age of the Cell." *Science* 189, no. 4201 (August 8, 1975).

———. "Fractionation of Chicken Tumor Extracts by High Speed Centrifugation." *American Journal of Cancer* 30, no. 4 (August 1, 1937).

Close, Frank. *Particle Physics: A Very Short Introduction*. Oxford, UK: Oxford University Press, 2004.

Close, Frank, Michael Marten, and Christine Sutton. *The Particle Odyssey: A Journey to the Heart of Matter*. Oxford, UK: Oxford University Press, 2004.

Cockell, Charles S. *The Equations of Life: How Physics Shapes Evolution*. New York: Basic Books, 2018.

Cold Spring Harbor Laboratory, Oral History Collection. "Aaron Klug on Rosalind Franklin," June 17, 2005, http://library.cshl.edu/oralhistory/interview/scientific-experience/women-science/aaron-rosalind-franklin/.

Collins, James F. *Molecular, Genetic, and Nutritional Aspects of Major and Trace Minerals*. San Diego: Academic Press, 2016.

Compton, William. *Where No Man Has Gone Before: A History of Apollo Lunar Exploration Missions*. Washington, DC: NASA, 1988.

Cooper, Geoffrey M., and Robert E. Hausman. *The Cell: A Molecular Approach*. Sunderland, MA: Sinauer Associates, 2013.

Cooper, Henry S. F. *Apollo on the Moon*. New York: Dial Press, 1969.

———. "Letter from the Space Center." *New Yorker*, July 25, 1969.

Cooper, Keith. *Origins of the Universe: The Cosmic Microwave Background and the Search for Quantum Gravity*. London: Icon Books, 2020.

Corfield, Richard. "One Giant Leap." *Chemistry World*, August 2009.

Cott, Jonathan. "The Cosmos: An Interview with Carl Sagan." *Rolling Stone*, December 25, 1980.

Cottrell, Geoff. *Matter: A Very Short Introduction*. Oxford, UK: Oxford University Press, 2019.

Couper, Heather, and Nigel Henbest. *The History of Astronomy*. Richmond Hill, Ontario: Firefly Books, 2007.

Cowan, Robert. "Scientists Uncover First Direct Evidence of Water in Halley's Comet: New Way to Study Comets Will Help Yield Clues to Solar System's Origin." *Christian Science Monitor*, January 13, 1986.

Crane, Kathleen. *Sea Legs: Tales of a Woman Oceanographer*. Boulder, CO: Westview Press, 2003.

Crease, Robert P., and Charles C. Mann. *The Second Creation: Makers of the Revolution in Twentieth-Century Physics*. New Brunswick, NJ: Rutgers University Press, 1996.

Crick, Francis. "Biochemical Activities of Nucleic Acids: The Present Position of the

Coding Problem." *Brookhaven Symposia in Biology* 12 (1959).

———. *What Mad Pursuit: A Personal View of Scientific Discovery*. New York: Basic Books, 1988.

Crowell, John. "Preston Cloud," in *National Academy of Sciences: Biographical Memoirs*, vol. 67. Washington, DC: National Academy Press, 1995.

Crowther, James. *Scientific Types*. Chester Springs, PA: Dufour, 1970.

Dahm, Ralf. "Discovering DNA: Friedrich Miescher and the Early Years of Nucleic Acid Research." *Human Genetics* 122, no. 6 (January 2008).

———. "The First Discovery of DNA: Few Remember the Man Who Discovered the 'Molecule of Life' Three-Quarters of a Century before Watson and Crick Revealed Its Structure." *American Scientist* 96, no. 4 (2008).

———. "Friedrich Miescher and the Discovery of DNA." *Developmental Biology* 278, no. 2 (February 15, 2005).

Datta, Sourav, Chul Min Kim, et al. "Root Hairs: Development, Growth and Evolution at the Plant-Soil Interface." *Plant and Soil* 346, no. 1 (September 1, 2011).

Davidson, Keay. *Carl Sagan: A Life*. New York: Wiley, 1999.

Deamer, David. *First Life: Discovering the Connections between Stars, Cells, and How Life Began*. Berkeley: University of California Press, 2012.

Deamer, David W. "From 'Banghasomes' to Liposomes: A Memoir of Alec Bangham, 1921–2010." *FASEB Journal* 24, no. 5 (May 2010).

de Angelis, Alessandro. "Atmospheric Ionization and Cosmic Rays: Studies and Measurements before 1912." *Astroparticle Physics* 53 (January 2014).

Debus, Allen G. *Chemistry and Medical Debate: Van Helmont to Boerhaave*. Canton, MA: Science History, 2001.

de Duve, Christian. "The Beginnings of Life on Earth." *American Scientist* 83, no. 5 (1995).

de Duve, Christian, and Henri Beaufay. "A Short History of Tissue Fractionation." *Journal of Cell Biology* 91, no. 3 (December 1, 1981).

de Duve, Christian, and George E. Palade. "Obituary: Albert Claude, 1899–1983." *Nature* 304, no. 5927 (August 18, 1983).

Deprit, Andre. "Monsignor Georges Lemaître," in *The Big Bang and Georges Lemaître:*

Proceedings of the Symposium, Louvain-La-Neuve, Belgium, October 10–13, 1983, ed. A. Berger. Dordrecht, Netherlands: D. Reidel, 1984.

de Maria, M., M. G. Ianniello, and A. Russo. "The Discovery of Cosmic Rays: Rivalries and Controversies between Europe and the United States." *Historical Studies in the Physical and Biological Sciences* 22, no. 1 (1991).

DeVorkin, David. AIP oral history interview with Bart Bok, May 17, 1978, http:// www.aip.org/history-programs/niels-bohr-library/oral-histories/4518-2.

———. AIP oral history interview with Fred Whipple, April 29, 1977, https:// www.aip.org/history-programs/niels-bohr-library/oral-histories/5403.

DeVorkin, David H. *Henry Norris Russell: Dean of American Astronomers*. Princeton, NJ: Princeton University Press, 2000.

Dick, Steven J., and James Edgar Strick. *The Living Universe: NASA and the Development of Astrobiology*. New Brunswick, NJ: Rutgers University Press, 2004.

Donnan, Frederick G. "The Mystery of Life." *Nature* 122, no. 3075 (October 1, 1928).

Dubos, René Jules. "Oswald Theodore Avery, 1877–1955." *Biographical Memoirs of Fellows of the Royal Society* 2 (November 1, 1956).

———. *The Professor, the Institute, and DNA*. New York: Rockefeller University Press, 1976.

———. "Rene Dubos's Memories of Working in Oswald Avery's Laboratory." Symposium Celebrating the Thirty-Fifth Anniversary of the Publication of "Studies on the Chemical Nature of the Substance Inducing Transformation of Pneumococcal Types," 1979, https://profiles.nlm.nih.gov/101584575X343.

"Due Credit." *Nature* 496, no. 7445 (April 18, 2013).

Echols, Harrison G. *Operators and Promoters: The Story of Molecular Biology and Its Creators*. Berkeley: University of California Press, 2001.

Eijkman, Christiaan. "Christiaan Eijkman Nobel Lecture, 1929," NobelPrize.org. Eiseley, Loren C. *The Immense Journey*. New York: Vintage Books, 1957.

Emsley, John. *Nature's Building Blocks: An A–Z Guide to the Elements*. Oxford, UK: Oxford University Press, 2011.

Erisman, Jan Willem, Mark A. Sutton, et al. "How a Century of Ammonia Synthesis

Changed the World." *Nature Geoscience* 1, no. 10 (October 2008).

Eyles, Don. "Tales from the Lunar Module Guidance Computer." Guidance and Control Conference of the American Astronautical Society, Breckenridge, CO, February 6, 2004.

Falkowski, Paul G. *Life's Engines: How Microbes Made Earth Habitable*. Princeton, NJ: Princeton University Press, 2016.

Farrell, John. *The Day without Yesterday: Lemaître, Einstein, and the Birth of Modern Cosmology*. New York: Basic Books, 2005.

Finlay, Mark R. "Science, Promotion, and Scandal: Soil Bacteriology, Legume Inoculation, and the American Campaign for Soil Improvement in the Progressive Era," in *New Perspectives on the History of Life Sciences and Agriculture*, ed. Denise Phillips and Sharon Kingsland. Heidelberg, Germany: Springer, 2015.

Fisher, Arthur. "Birth of the Moon." *Popular Science* 230, no. 1 (January 1987).

Flamholz, Avi, Rob Phillips, and Ron Milo. "The Quantified Cell." *Molecular Biology of the Cell* 25, no. 22 (November 5,2014).

Frank, A. B. "On the Nutritional Dependence of Certain Trees on Root Symbiosis with Belowground Fungi (an English Translation of A. B. Frank's Classic Paper of 1885)," trans. James Trappe. *Mycorrhiza* 15, no. 4 (June 2005).

Frankenburg, Frances Rachel. *Vitamin Discoveries and Disasters: History, Science, and Controversies*. Santa Barbara: Prager, 2009.

Frenkel, V., and A. Grib. "Einstein, Friedmann, Lemaître: Discovery of the Big Bang," in *Proceedings of the 2nd Alexander Friedmann International Seminar*. St. Petersburg, Russia: Friedmann Laboratory Publishing, 1994.

Galison, Peter L. "Marietta Blau: Between Nazis and Nuclei." *Physics Today* 50, no. 11 (November 1997).

Gbur, Greg. "Paris: City of Lights and Cosmic Rays." *Scientific American* Blog, July 4, 2011, https://blogs.scientificamerican.com/guest-blog/paris-city-of-lights-and-cosmic-rays.

Gest, Howard. "A 'Misplaced Chapter' in the History of Photosynthesis Research: The Second Publication (1796) on Plant Processes by Dr. Jan Ingen-Housz, MD, Discoverer of Photosynthesis." *Photosynthesis Research* 53, no. 1 (July 1, 1997).

Gibson, Timothy M., Patrick M. Shih, et al. "Precise Age of *Bangiomorpha pubescens* Dates the Origin of Eukaryotic Photosynthesis." *Geology* 46, no. 2 (February 2018).

Gilbert, G. Nigel, and Michael Mulkay. *Opening Pandora's Box: A Sociological Analysis of Scientists' Discourse*. Cambridge, UK: Cambridge University Press, 1984.

Gingerich, Owen. AIP oral history interview with Cecilia Payne-Gaposchkin, March 5, 1968, https://www.aip.org/history-programs/niels-bohr-library/oral-histories/4620.

———. "The Most Brilliant Ph.D. Thesis Ever Written in Astronomy," in *The Starry Universe: The Cecilia Payne-Gaposchkin Centenary: Proceedings of a Symposium Held at the Harvard-Smithsonian Center for Astrophysics, Cambridge, Massachusetts, October 26–27, 2000*. Schenectady, NY: L. Davis Press, 2001.

Gitschier, Jane. "Meeting a Fork in the Road: An Interview with Tom Cech." *PLOS Genetics* 1, no. 6 (December 2005).

Glashow, Sheldon. "Book Review of *Strange Beauty: Murray Gell-Mann and the Revolution in Twentieth-Century Physics.*" *American Journal of Physics* 68, no. 6 (June 2000).

Godart, O. "The Scientific Work of Georges Lemaître," in *The Big Bang and Georges Lemaître: Proceedings of a Symposium in Honour of G. Lemaître Fifty Years after His Initiation of Big-Bang Cosmology, Louvain-La-Neuve, Belgium, 10–13 October 1983*, ed. A. Berger. Heidelberg, Germany: Springer, 2012.

Goldscheider, Eric. "Evolution Revolution." *On Wisconsin*, Fall 2009.

Gompel, Claude. *Le destin extraordinaire d'Albert Claude (1898–1983): Découvreur de la cellule, Rénovateur de l'institut Bordet, Prix Nobel de Médecine 1974*. Île-de-France: Connaissances et Savoirs, 2012.

Govindjee and David W. Krogmann. "A List of Personal Perspectives with Selected Quotations, along with Lists of Tributes, Historical Notes, Nobel and Kettering Awards Related to Photosynthesis." *Photosynthesis Research* 73, no. 1 (July 2002).

Govindjee, Dmitriy Shevela, and Lars Olof Björn. "Evolution of the Z-Scheme of Photosynthesis: A Perspective." *Photosynthesis Research* 133, no. 1 (September 2017).

Graham, Loren R. *Science in Russia and the Soviet Union: A Short History*. Cambridge, UK: Cambridge University Press, 1993.

———. *Science, Philosophy, and Human Behavior in the Soviet Union*. New York: Columbia University Press, 1987.

Gratzer, Walter. *Terrors of the Table: The Curious History of Nutrition*. Oxford, UK: Oxford University Press, 2007.

Gregory, Jane. *Fred Hoyle's Universe*. Oxford, UK: Oxford University Press, 2005.

Gribbin, John. *The Scientists: A History of Science Told through the Lives of Its Greatest Inventors*. New York: Random House, 2003.

Gribbin, John, and Mary Gribbin. *Stardust: Supernovae and Life—the Cosmic Connection*. New Haven, CT: Yale University Press, 2001.

Hagmann, Michael. "Between a Rock and a Hard Place." *Science* 295, no. 5562 (March 15, 2002).

Haldane, J.B.S. *Possible Worlds*. London: Chatto and Windus, 1927.

Hammond, Allen L. *A Passion to Know: 20 Profiles in Science*. New York: Scribner's, 1984.

Hanson, Norwood Russell. "Discovering the Positron (I)." *British Journal for the Philosophy of Science* 12, no. 47 (November 1961).

Harder, Ben. "Water for the Rock." *Science News* 161, no. 12 (March 23, 2002).

Hargittai, Balazs, and Istvan Hargittai. *Candid Science V: Conversations with Famous Scientists*. London: Imperial College Press, 2005.

Harold, Franklin M. *To Make the World Intelligible*. Altona, Manitoba, Canada: FriesenPress, 2017.

Hart, Matthew. *Gold: The Race for the World's Most Seductive Metal*. New York: Simon & Schuster, 2013.

Harvie, David I. *Limeys: The True Story of One Man's War against Ignorance, the Establishment and the Deadly Scurvy*. Stroud, Gloustershire, UK: Sutton Publishing, 2002.

Hawkes, Peter W. "Ernst Ruska." *Physics Today* 43, no. 7 (July 1990).

Hazen, Robert M. *Genesis: The Scientific Quest for Life's Origin*. Washington, DC: National Academies Press, 2005.

———. *The Story of Earth: The First 4.5 Billion Years, from Stardust to Living Planet*. New York: Penguin Books, 2013.

Heap, Sir Brian, and Gregory Gregoriadis. "Alec Douglas Bangham, 10 November 1921–9 March 2010." *Biographical Memoirs of Fellows of the Royal Society* 57 (December 1, 2011).

Hedesan, Georgiana D. "The Influence of Louvain Teaching on Jan Baptist Van Helmont's Adoption of Paracelsianism and Alchemy." *Ambix* 68, no. 2–3 (2021).

Helmholtz, Hermann von. *Science and Culture: Popular and Philosophical Essays*. Chicago: University of Chicago Press, 1995.

Henahan, Sean. "From Primordial Soup to the Prebiotic Beach: An Interview with the Exobiology Pioneer Dr. Stanley L. Miller." National Health Museum, Accessexcellence.org, October 1996.

Herculano-Houzel, Suzana. "The Human Brain in Numbers: A Linearly Scaled-Up Primate Brain." *Frontiers in Human Neuroscience* 3 (November 2009).

"Hermann Hellriegel." *Nature* 53, no. 1358 (November 7, 1895).

Hockey, Thomas, Virginia Trimble, et al., eds. "Gilbert, William," in *Biographical Encyclopedia of Astronomers*. New York: Springer, 2014.

Hoffman, Paul. "Recent and Ancient Algal Stromatolites," in *Evolving Concepts in Sedimentology*, ed. Robert N. Ginsburg. Baltimore: Johns Hopkins University Press, 1973.

Hoffmann, Peter M. *Life's Ratchet: How Molecular Machines Extract Order from Chaos*. New York: Basic Books, 2012.

Hofmann, August Wilhelm von. *The Life-Work of Liebig*. London: Macmillan, 1876.

Hom, Jennifer, and Shey-Shing Sheu. "Morphological Dynamics of Mitochondria: A Special Emphasis on Cardiac Muscle Cells." *Journal of Molecular and Cellular Cardiology* 46, no. 6 (June 2009).

Honegger, Rosmarie. "Simon Schwendener (1829–1919) and the Dual Hypothesis of Lichens." *The Bryologist* 103, no. 2 (2000).

Hopkins, Frederick Gowland. *Newer Aspects of the Nutrition Problem*. New York: Columbia University Press, 1922.

Horgan, John. "Francis H. C. Crick: The Mephistopheles of Neurobiology." *Scientific American* 266, no. 2 (1992).

———. "From My Archives: Quark Inventor Murray Gell-Mann Doubts Science Will

Discover 'Something Else.'" *Scientific American* Blog, December 17, 2013. https://blogs.scientificamerican.com/cross-check/from-my-archives-quark-inventor-murray-gell-mann-doubts-science-will-discover-e2809csomething-elsee2809d.

———. "Remembering Big Bang Basher Fred Hoyle." *Scientific American* Blog, April 7, 2020, https://blogs.scientificamerican.com/cross-check/remembering-big-bang-basher-fred-hoyle/.

Houston, Peterson. *A Treasury of the World's Great Speeches*. New York: Simon & Schuster, 1954.

Howard Hughes Medical Institute. *The Discovery of Ribozymes*, HHMI BioInteractive video interview with Thomas Cech, 1995, https://www.biointeractive.org/classroom-resources/discovery-ribozymes.

Hoyle, Fred. *Home Is Where the Wind Blows: Chapters from a Cosmologist's Life*. Mill Valley, CA: University Science Books, 1994.

———. *The Small World of Fred Hoyle: An Autobiography*. London: Michael Joseph, 1986.

Hughes, David. "Fred L. Whipple 1906–2004." *Astronomy & Geophysics* 45, no. 6 (December 1, 2004).

Hunter, Graeme. *Vital Forces: The Discovery of the Molecular Basis of Life*. San Diego: Academic Press, 2000.

Ingenhousz, Jan. *An Essay on the Food of Plants and the Renovation of Soils*. London: Bulmer and Co., 1796.

———. *Experiments upon Vegetables: Discovering Their Great Power of Purifying the Common Air in the Sun-Shine and of Injuring It in the Shade and at Night, to Which Is Joined a New Method of Examining the Accurate Degree of Salubrity of the Atmosphere*. London: Elmsly and Payne, 1779.

Interview with Albert Claude. Rockefeller Institute Archive Center, RAC FA1444 (Box 1, Folder 5), 1976.

Jess, Allison, and Will Kendrew. "Murchison Meteorite Continues to Dazzle Scientists." ABC News, Goulburn Murray, Australia, December 28, 2016, https:// www.abc.net.au/news/2016-12-29/murchison-meteorite/8113520.

Jewitt, David, and Edward Young. "Oceans from the Skies." *Scientific American* 312, no. 3 (March 2015).

Johnson, George. *Strange Beauty: Murray Gell-Mann and the Revolution in Twentieth-Century Physics*, 1st ed. New York: Knopf, 1999.

Johnston, Harold S. *A Bridge Not Attacked: Chemical Warfare Civilian Research during World War II*. Singapore: World Scientific, 2003.

Judson, Horace Freeland. *The Eighth Day of Creation: Makers of the Revolution in Biology*. New York: Simon & Schuster, 1979.

Kaharl, Victoria A. *Water Baby: The Story of Alvin*. New York: Oxford University Press, 1990.

Kahn, Sherry. "How Much Oxygen Does a Person Consume in a Day?" HowStuff-Works, May 11, 2021, https://health.howstuffworks.com/human-body/systems/respiratory/question98.htm.

Kamen, Martin D. "A Cupful of Luck, a Pinch of Sagacity." *Annual Review of Biochemistry* 55, no. 1 (1986).

———. "Early History of Carbon-14." *Science* 140, no. 3567 (May 10, 1963).

———. "Onward into a Fabulous Half-Century." *Photosynthesis Research* 21, no. 3 (September 1, 1989).

———. *Radiant Science, Dark Politics: A Memoir of the Nuclear Age*. Berkeley: University of California Press, 1985.

Kellogg, John Harvey. *The New Dietetics: What to Eat and How: A Guide to Scientific Feeding in Health and Disease*. Battle Creek, MI: Modern Medicine Publishing Company, 1921.

Kelly, Cynthia. "John Earl Haynes's Interview." Atomic Heritage Foundation, Voices of the Manhattan Project, Oak Ridge, TN, February 6, 2017, https:// www.manhattanproject-voices.org/oral-histories/john-earl-hayness-interview.

Kelvin, William Thomson. *Popular Lectures and Addresses*, vol. 2, *Geology and General Physics*. London: Macmillan, 1894.

King, Elbert. *Moon Trip: A Personal Account of the Apollo Program and Its Science*. Houston: University of Houston, 1989.

Kirschvink, Joseph, and Benjamin Weiss. "Mars, Panspermia, and the Origin of Life: Where Did It All Begin?" *Palaeontologia Electronica* 4, no. 2 (2001), https:// palaeo-electronica.org/2001_2/editor/mars.htm.

Klickstein, Herbert S. "Charles Caldwell and the Controversy in America over Liebig's 'Animal Chemistry.'" *Chymia* 4 (1953).

Knoll, Andrew H. *A Brief History of Earth: Four Billion Years in Eight Chapters*. New York: HarperCollins, 2021.

Kragh, Helge. "'The Wildest Speculation of All' : Lemaître and the Primeval-Atom Universe," in *Georges Lemaître: Life, Science and Legacy*, ed. Rodney D. Holder and Simon Mitton. Heidelberg, Germany: Springer, 2012.

Kraus, John. "A Strange Radiation from Above." North American AstroPhysical Observatory, *Cosmic Search* 2, no. 1 (Winter 1980).

Krulwich, Robert. "Born Wet, Human Babies Are 75 Percent Water: Then Comes the Drying." *Krulwich Wonders*, National Public Radio, November 26, 2013.

Kunzig, Robert. *Mapping the Deep: The Extraordinary Story of Ocean Science*. New York: Norton, 2000.

Kursanov, A. L. "Sketches to a Portrait of A. I. Oparin," in *Evolutionary Biochemistry and Related Areas of Physicochemical Biology: Dedicated to the Memory of Academician A. I. Oparin*. Moscow: Bach Institute of Biochemistry, Russian Academy of Sciences, 1995.

Kusek, Kristen. "Through the Porthole 30 Years Ago." *Oceanography* 20, no. 1 (March 1, 2007).

LaCapra, Véronique. "Bird, Plane, Bacteria? Microbes Thrive in Storm Clouds." *Morning Edition*, National Public Radio, January 29, 2013.

Lambert, Dominique. *The Atom of the Universe: The Life and Work of Georges Lemaître*. Krakow: Copernicus Center Press, 2016.

———. "Einstein and Lemaître: Two Friends, Two Cosmologies." Interdisciplinary Encyclopedia of Religion & Science (Inters.org).

———. "Georges Lemaître: The Priest Who Invented the Big Bang," in *Georges Lemaître: Life, Science and Legacy*, ed. Rodney D. Holder and Simon Mitton. Heidelberg, Germany: Springer, 2012.

Lamm, Ehud, Oren Harman, and Sophie Juliane Veigl. "Before Watson and Crick in 1953 Came Friedrich Miescher in 1869." *Genetics* 215, no. 2 (June 1, 2020).

Lane, Nick. *Life Ascending: The Ten Great Inventions of Evolution*. London: Profile Books, 2010.

———. *Power, Sex, Suicide: Mitochondria and the Meaning of Life*, 2nd ed. Oxford, UK: Oxford University Press, 2018.

———. *The Vital Question: Why Is Life the Way It Is*? London: Profile Books, 2015.

———. "Why Is Life the Way It Is?" *Molecular Frontiers Journal* 3, no. 1 (2019).

Larson, Clarence. Interview with Martin Kamen, Pioneers in Science and Technology Series, Center for Oak Ridge Oral History, March 24, 1986, http://cdm16107. contentdm. oclc.org/cdm/ref/collection/p15388coll1/id/523.

Laskar, Jacques, and Mickael Gastineau. "Existence of Collisional Trajectories of Mercury, Mars and Venus with the Earth." *Nature* 459, no. 7248 (June 2009).

Lazcano, Antonio. "Alexandr I. Oparin and the Origin of Life: A Historical Reassessment of the Heterotrophic Theory." *Journal of Molecular Evolution* 83, no. 5 (December 2016).

Lazcano, Antonio, and Jeffrey L. Bada. "Stanley L. Miller (1930–2007): Reflections and Remembrances." *Origins of Life and Evolution of Biospheres* 38, no. 5 (October 2008).

Lemaître, Georges. "Contributions toa British Association Discussion on the Evolution of the Universe." *Nature* 128 (October 24, 1931).

———. "My Encounters with A. Einstein," 1958, Interdisciplinary Encyclopedia of Religion & Science, https://www.inters.org/lemaître-einsten.

———. *The Primeval Atom: An Essay on Cosmogony*. New York: Van Nostrand, 1950.

Levy, David H. *David Levy's Guide to Observing and Discovering Comets*. Cambridge, UK: Cambridge University Press, 2003.

———. *The Quest for Comets: An Explosive Trail of Beauty and Danger*. New York: Plenum Press, 1994.

Lieberman, Daniel. *The Story of the Human Body: Evolution, Health, and Disease*. New York: Vintage Books, 2014.

Liebig, Justus. "Justus Von Liebig: An Autobiographical Sketch," trans. J. C. Brown. *Popular Science Monthly* 40 (March 1892).

Liebig, Justus Freiherr von. *Animal Chemistry: Or Organic Chemistry in Its Application to Physiology and Pathology*, 2nd ed., William Gregory with additional notes and corrections by Dr. Gregory and others. Cambridge, MA: John Owen, 1843.

Lind, James. *A Treatise on the Scurvy, in Three Parts: Containing an Inquiry into the Nature, Causes, and Cure of That Disease, Together with a Critical and Chronological View of What Has Been Published on the Subject*. London: Printed for S. Crowder, D. Wilson and G. Nicholls, T. Cadell, T. Becket and Co., G. Pearch, and W. Woodfall, 1772.

Livio, Mario. *Brilliant Blunders: From Darwin to Einstein—Colossal Mistakes by Great Scientists That Changed Our Understanding of Life and the Universe*. New York: Simon & Schuster, 2013.

Lovelock, James E. "Hands Up for the Gaia Hypothesis." *Nature* 344, no. 6262 (March 1990).

Lucentini, Jack. "Darkness Before the Dawn—of Biology." *The Scientist* 17, no. 23 (December 1, 2003).

MacFarlane, Thos. "The Transmutation of Nitrogen." *Ottawa Naturalist* 8 (1895).

MacLeod, Colin. "Obituary Notice: Oswald Theodore Avery, 1877–1955." *Microbiology* 17, no. 3 (1957).

Maddox, Brenda. *Rosalind Franklin: The Dark Lady of DNA*. London: HarperCollins, 2002.

Magiels, Geerdt. "Dr. Jan IngenHousz, or Why Don't We Know Who Discovered Photosynthesis?" First Conference of the European Philosophy of Science Association, Madrid, November 15–17, 2007.

———. *From Sunlight to Insight: Jan IngenHousz, the Discovery of Photosynthesis & Science in the Light of Ecology*. Brussels: Brussels University Press, 2010.

Maltz, Alesia. "Casimer Funk, Nonconformist Nomenclature, and Networks Surrounding the Discovery of Vitamins." *Journal of Nutrition* 143, no. 7 (July 2013).

Mancuso, Stefano, and Alessandra Viola. *Brilliant Green: The Surprising History and Science of Plant Intelligence*. Washington, DC: Island Press, 2015.

Margulis, Lynn. "Mixing It Up," in *Curious Minds: How a Child Becomes a Scientist*, ed. John Brockman. London: Vintage, 2005.

Margulis, Lynn, and Dorion Sagan. *Microcosmos: Four Billion Years of Evolution from Our Microbial Ancestors*. New York: Summit Books, 1986.

———. *What Is Life*? New York: Simon & Schuster, 1995.

Markel, Howard. *The Secret of Life:Rosalind Franklin, James Watson, Francis Crick, and the Discovery of DNA's Double Helix*. New York: Norton, 2021.

Markham, James M. "European Spacecraft Grazes Comet." *New York Times*, March 14, 1986.

Marsden, Brian G. "Fred Lawrence Whipple (1906–2004)." *Publications of the Astronomical Society of the Pacific* 117, no. 838 (2005).

Marvin, Ursula B. "Fred L. Whipple," Oral Histories in Meteoritics and Planetary Science 13. *Meteoritics & Planetary Science* 39, no. S8 (August 2004).

———. "Gerald J. Wasserburg," Oral Histories in Meteoritics and Planetary Science 12. *Meteoritics & Planetary Science* 39, no. S8 (2004).

McCarty, Maclyn. *The Transforming Principle: Discovering That Genes Are Made of DNA*. New York: Norton, 1986.

McCosh, Frederick William James. *Boussingault: Chemist and Agriculturist*. Dordrecht, Netherlands: D. Reidel, 2012.

Meiklejohn, Arnold Peter. "The Curious Obscurity of Dr. James Lind." *Journal of the History of Medicine and Allied Sciences* 9, no. 3 (July 1954).

Menzel, Donald H. "Blast of Giant Atom Created Our Universe." *Modern Mechanix*, December 1932.

Mesler, Bill, and H. James Cleaves II. *A Brief History of Creation: Science and the Search for the Origin of Life*. New York: Norton, 2016.

Meteoritical Society. "Murchison." *Meteoritical Bulletin*, https://www.lpi.usra.edu/meteor/metbull.php?code=16875.

Meuron-Landolt, Monique de. "Johannes Friedrich Miescher: sa personnalité et l'importance de son œuvre." *Bulletin der Schweizerischen Akademie der Medizinischen Wissenschaften* 25, no. 1–2 (January 1970).

Mikhailov, V. M. *Put'k istinye [The Path to the Truth]*. Moscow, Sovetskaia Rossiia, 1984.

Miklós, Vincze. "Seriously Scary Radioactive Products from the 20th Century."

Gizmodo, May 9, 2013, https://gizmodo.com/seriously-scary-radioactive-consumer-products-from-the-498044380.
Miller, Stanley. "The First Laboratory Synthesis of Organic Compounds under Primitive Earth Conditions," in *The Heritage of Copernicus: Theories "Pleasing to the Mind,"* ed. Jerzy Neyman. Cambridge, MA: MIT Press, 1974.
Miller, Stanley L., and Jeffrey L. Bada. "Submarine Hot Springs and the Origin of Life." *Nature* 334, no. 6183 (August 1988).
Milo, Ron, and Rob Phillips. *Cell Biology by the Numbers*. New York: Garland Science, 2015.
Mirsky, Alfred E. "The Discovery of DNA." *Scientific American* 218, no. 6 (1968).
Mitton, Simon. "The Expanding Universe of Georges Lemaître." *Astronomy & Geophysics* 58, no. 2 (April 1, 2017).
———. *Fred Hoyle: A Life in Science*. New York: Cambridge University Press, 2011.
———. "Georges Lemaître and the Foundations of Big Bang Cosmology." *Antiquarian Astronomer*, July 18, 2020.
Moberg, Carol L. *Entering an Unseen World: A Founding Laboratory and Origins of Modern Cell Biology, 1910–1974*. New York: Rockefeller University Press, 2012.
Monroe, Linda. "2 Dispute Popular Theory on Life Origin." *Los Angeles Times*, August 18, 1988.
Moore, Donovan. *What Stars Are Made Of: The Life of Cecilia Payne-Gaposchkin*. Cambridge, MA: Harvard University Press, 2020.
Morbidelli, A., J. Chambers, et al. "Source Regions and Timescales for the Delivery of Water to the Earth." *Meteoritics & Planetary Science* 35, no. 6 (2000).
Morris, Peter J. T. *The Matter Factory: A History of the Chemistry Laboratory*. London: Reaktion Books, 2015.
Moses, Vivian, and Sheila Moses. "Interview with Al Bassham," in *The Calvin Lab: Oral History Transcript 1945–1963*, chapter 7. Bancroft Library, Regional Oral History Office, Lawrence Berkeley Laboratory, University of California–Berkeley, 2000.
———. "Interview with Rod Quayle," in *The Calvin Lab: Oral History Transcript 1945–1963*, vol. 1, chapter 3. Bancroft Library, Regional Oral History Office,

Lawrence Berkeley Laboratory, University of California–Berkeley, 2000.

Mulder, Gerardus. *Liebig's Question to Mulder Tested by Morality and Science*. London and Edinburgh: William Blackwood and Sons, 1846.

National Geographic Channel. "Birth of the Oceans." *Naked Science* series, March 2009.

New York Times. "Finds Spiral Nebulae Are Stellar Systems: Dr. Hubbell [sic] Confirms View That They Are 'Island Universes' Similar to Our Own," November 23, 1924.

———. "Scientists Find Indication of a Vitamin Which Prevents Softening of the Brain," April 10, 1931.

Nicholson, Wayne L., Nobuo Munakata, et al. "Resistance of Bacillus Endospores to Extreme Terrestrial and Extraterrestrial Environments." *Microbiology and Molecular Biology Reviews* 64, no. 3 (September 1, 2000).

Nobel Lectures Physics: Including Presentation Speeches and Laureates' Biographies, 1922–1941. Amsterdam: Elsevier, 1965.

Nutman, P. S. "Centenary Lecture." *Philosophical Transactions of the Royal Society of London*, Series B, *Biological Sciences* 317, no. 1184 (1987).

Olby, Robert. "Cell Chemistry in Miescher's Day." *Medical History* 13, no. 4 (October 1969).

———. *The Path to the Double Helix: The Discovery of DNA*. Seattle: University of Washington Press, 1974.

Oliveira, Patrick Luiz Sullivan De. "Martyrs Made in the Sky: The Zénith Balloon Tragedy and the Construction of the French Third Republic's First Scientific Heroes." *Notes and Records: The Royal Society Journal of the History of Science* 74, no. 3 (September 18, 2019).

Oparin, Aleksandr. *The Origin of Life*, trans. Sergius Morgulis, 2nd ed. New York: Dover, 1952.

O'Raifeartaigh, Cormac, and Simon Mitton. "Interrogating the Legend of Einstein's 'Biggest Blunder.'" *Physics in Perspective* 20 (December 2018).

Orgel, Leslie E. "Are You Serious, Dr. Mitchell?" *Nature* 402, no. 6757 (November 4, 1999).

Otis, Laura. *Rethinking Thought: Inside the Minds of Creative Scientists and Artists*. New York: Oxford University Press, 2015.

Pagel, Walter. *Joan Baptista Van Helmont: Reformer of Science and Medicine*. Cambridge, UK: Cambridge University Press, 1982.

Pais, Abraham. *Inward Bound: Of Matter and Forces in the Physical World*. Oxford, UK: Clarendon Press, 1988.

Palade, George E. "Albert Claude and the Beginnings of Biological Electron Microscopy." *Journal of Cell Biology* 50, no. 1 (July 1971).

Patel, Bhavesh H., Claudia Percivalle, et al. "Common Origins of RNA, Protein and Lipid Precursors in a Cyanosulfidic Protometabolism." *Nature Chemistry* 7, no. 4 (April 2015).

"Paul C. Aebersold Interview." *Longines Chronoscope*, CBS, 1953. https://www.you tube.com/watch?v=RFcxsXlUO44.

Payne-Gaposchkin, Cecilia. *Cecilia Payne-Gaposchkin: An Autobiography and Other Recollections*. Cambridge, UK: Cambridge University Press, 1996.

Peretó, Juli, Jeffrey L. Bada, and Antonio Lazcano. "Charles Darwin and the Origin of Life." *Origins of Life and Evolution of the Biosphere* 39, no. 5 (October 2009).

Perutz, M. F. "Co-Chairman's Remarks: Beforethe Double Helix." Gene 135, no. 1–2 (December 15, 1993).

Petterson, Roger. "The Chemical Composition of Wood," in *The Chemistry of Solid Wood: Advances in Chemistry*, vol. 207. American Chemical Society, 1984.

Phillips, J. P. "Liebig and Kolbe, Critical Editors." *Chymia* 11 (January 1966).

Plitt, Charles C. "A Short History of Lichenology." *The Bryologist* 22, no. 6 (1919).

Plumb, Robert. "Brookhaven Cosmotron Achieves the Miracle of Changing Energy Back into Matter." *New York Times*, December 21, 1952.

Portree, David. "The *Eagle* Has Crashed (1966)." *Wired*, May 15, 2012.

Poundstone, William. *Carl Sagan: A Life in the Cosmos*. New York: Henry Holt, 2000.

Powell, James. "To a Rocky Moon," in *Four Revolutions in the Earth Sciences: From Heresy to Truth*. New York: Columbia University Press, 2014.

Prebble, John. "Peter Mitchell and the Ox Phos Wars." *Trends in Biochemical Sciences* 27, no. 4 (April 2002).

———. "The Philosophical Origins of Mitchell's Chemiosmotic Concepts." *Journal of the History of Biology* 34 (2001).

Prebble, John, and Bruce Weber. *Wandering in the Gardens of the Mind: Peter Mitchell and the Making of Glynn*. New York: Oxford University Press, 2003.

Price, Catherine. *Vitamania: How Vitamins Revolutionized the Way We Think about Food*. New York: Penguin Books, 2016.

Prothero, Donald R. *The Story of Life in 25 Fossils: Tales of Intrepid Fossil Hunters and the Wonders of Evolution*. New York: Columbia University Press, 2015.

Quammen, David. *The Tangled Tree: A Radical New History of Life*. New York: Simon & Schuster, 2018.

Racker, Efraim. "Reconstitution, Mechanism of Action and Control of Ion Pumps." *Biochemical Society Transactions* 3, no. 6 (December 1, 1975).

Radetsky, Peter. "How Did Life Start?" *Discover*, November 1992.

Ralfs, John. "The Lichens of West Cornwall," in *Transactions of the Penzance Natural History and Antiquarian Society*, vol. 1. Plymouth, 1880.

Reinhard, Christopher T., Noah J. Planavsky, et al. "Evolution of the Global Phosphorus Cycle." *Nature* 541, no. 7637 (January 19, 2017).

Rentetzi, Maria. AIP oral history interview with Leopold Halpern, March 10, 1999, https://www.aip.org/history-programs/niels-bohr-library/oral-histories/32406.

———. "Blau, Marietta," in *Complete Dictionary of Scientific Biography*, vol. 19. Detroit: Charles Scribner's Sons, 2008.

———. *Trafficking Materials and Gendered Experimental Practices: Radium Research in Early 20th Century Vienna*. New York: Columbia University Press, 2008.

Rheinberger, Hans-Jörg. "Claude, Albert," in *Complete Dictionary of Scientific Biography*, vol. 20. Detroit: Charles Scribner's Sons, 2008.

Rhodes, Richard. *The Making of the Atomic Bomb*. New York: Simon & Schuster, 1986.

Righter, Kevin, John Jones, et al. "Michael J. Drake (1946–2011)." *Geochemical Society News*, October 1, 2011.

Riordan, Michael. *The Hunting of the Quark: A True Story of Modern Physics*. New York: Simon & Schuster, 1987.

Roddis, Louis Harry. *James Lind, Founder of Nautical Medicine*. New York: Henry Schuman, 1950.

Rosenfeld, Louis. "The Last Alchemist—the First Biochemist: J. B. van Helmont (1577–1644)." *Clinical Chemistry* 31, no. 10 (October 1985).

Roskoski, Robert. "Wandering in the Gardens of the Mind: Peter Mitchell and the Making of Glynn." *Biochemistry and Molecular Biology Education* 32, no. 1 (2004).

Rosner, Robert W., and Brigitte Strohmaier. *Marietta Blau, Stars of Disintegration: Biography of a Pioneer of Particle Physics*. Riverside, CA: Ariadne Press, 2006.

Russell, Percy, and Anita Williams. *The Nutrition and Health Dictionary*. New York: Chapman and Hall, 1995.

Ryan, Frank. *Darwin's Blind Spot: Evolution Beyond Natural Selection*. Boston: Houghton Mifflin Harcourt, 2002.

Sagan, Carl. *Conversations with Carl Sagan*, ed. Tom Head. Jackson: University Press of Mississippi, 2006.

Sagan, Dorion. *Lynn Margulis: The Life and Legacy of a Scientific Rebel*. White River Junction, VT: Chelsea Green, 2012.

Saier, Milton H., Jr. "Peter Mitchell and the Life Force," https://petermitchellbiography.wordpress.com/.

Sapp, Jan. *Evolution by Association: A History of Symbiosis*. New York: Oxford University Press, 1994.

Schmidt, Albert. "Essai d'une biologie de l'holophyte des Lichens." *Mémoires du Muséum national d'histoire naturelle, Série B, Botanique* 3 (1953).

Schopf, William. *Cradle of Life: The Discovery of Earth's Earliest Fossils*. Princeton, NJ: Princeton University Press, 1999.

———. *Life in Deep Time: Darwin's "Missing" Fossil Record*. Boca Raton, FL: CRC Press, 2018.

———. *Major Events in the History of Life*. Boston: Jones & Bartlett Learning, 1992.

Schuchert, Charles. "Charles Doolittle Walcott, (1850–1927)." *Proceedings of the American Academy of Arts and Sciences* 62, no. 9 (1928).

Segré, Daniel, and Doron Lancet. "Theoretical and Computational Approaches to the Study of the Origin of Life" in *Origins: Genesis, Evolution and Diversity of Life*, ed. Joseph Seckbach. Dordrecht, Netherlands: Springer, 2005.

Sender, Ron, Shai Fuchs, and Ron Milo. "Revised Estimates for the Number of Human and Bacteria Cells in the Body." *PLOS Biology* 14, no. 8 (August 19, 2016).

Sender, Ron, and Ron Milo. "The Distribution of Cellular Turnover in the Human Body." *Nature Medicine* 27, no. 1 (January 2021).

Seward, Albert Charles. *Plant Life through the Ages: A Geological and Botanical Retrospect*, 2nd ed. New York: Hafner, 1959.

Sharkey, Thomas D. "Discovery of the Canonical Calvin-Benson Cycle." *Photosynthesis Research* 140, no. 2 (May 1, 2019).

Shaw, Bernard. *Annajanska, the Bolshevik Empress: A Revolutionary Romancelet*, in *Selected One Act Plays*. Harmondsworth: Penguin, 1976.

Shindell, Matthew. *The Life and Science of Harold C. Urey*. Chicago: University of Chicago Press, 2019.

Sime, Ruth Lewin. "Marietta Blau: Pioneer of Photographic Nuclear Emulsions and Particle Physics." *Physics in Perspective* 15 (2013).

Smith, Annie Lorrain. *Lichens*. Cambridge, UK: Cambridge University Press, 1921.

Stager, Curt. *Your Atomic Self: The Invisible Elements That Connect You to Everything Else in the Universe*. New York: Thomas Dunne Books, 2014.

Steinmaurer, Rudolf. "Erinnerungen an V.F. Hess, Den Entdecker der Kosmischen Strahlung, und an Die ersten Jahre des Betriebes des Hafelekar-Labors." *Early History of Cosmic Ray Studies* 118 (1985).

Step, Edward. *Plant-Life: Popular Papers on the Phenomena of Botany*. London: Marshall Japp, 1881.

Stevens, Charles. "The Neuron." *Scientific American* 241, no. 3 (September 1979).

St. Louis Post-Dispatch, "Is Vitamine Starvation the True Cause of Cancer?" October 27, 1924.

Sullivan, Walter. "Subatomic Tests Suggest a New Layer of Matter." *New York Times*, April 25, 1971.

———. *We Are Not Alone: The Search for Intelligent Life on Other Worlds*, rev. ed. New York: Dutton, 1993.

Sundermier, Ali. "The Particle Physics of You." *Symmetry* magazine, November 3, 2015, https://www.symmetrymagazine.org/article/the-particle-physics-of-you.

Tegmark, Max. “Solid. Liquid. Consciousness.” *New Scientist* 222, no. 2964 (April 12, 2014).

Telegraph, The (London). “Lynn Margulis,” December 13, 2011.

Tera, Fouad, Dimitri A. Papanastassiou, and Gerald J. Wasserburg. “A Lunar Cataclysm at ~3.95 AE and the Structure of the Lunar Crust,” in *Lunar Science* IV (1973).

Thoreau, Henry David. *Walden*. Boston: Ticknor & Fields, 1854; Beacon Press, 2004.

Thorpe, Thomas Edward. *Essays in Historical Chemistry*. London: Macmillan, 1902.

Times, The (London). “The British Association: Evolution of the Universe,” September 30, 1931.

Tobey, Ronald C. *Saving the Prairies: The Life Cycle of the Founding School of American Plant Ecology, 1895–1955*. Berkeley: University of California Press, 1981.

Townes, Charles H. “The Discovery of Interstellar Water Vapor and Ammonia at the Hat Creek Radio Observatory,” in *Revealing the Molecular Universe: One Antenna Is Never Enough*, Proceedings of a Symposium Held at University of California, Berkeley, California, USA, September 9–10, 2005. Astronomical Society of the Pacific.

———. *How the Laser Happened: Adventures of a Scientist*. New York: Oxford University Press, 2002.

———. “Microwave and Radio-Frequency Resonance Lines of Interest to Radio Astronomy,” in *International Astronomical Union Symposium*, no. 4, *Radio Astronomy*. Cambridge, UK: Cambridge University Press, 1957.

“Tracing the Lost Railway Lines of Indonesia: The Forgotten Steamtram of Batavia,” https://indonesialostrailways.blogspot.com/p/the-forgotten-steamtram-of-batavia.html.

Trewavas, Anthony. “The Foundations of Plant Intelligence.” *Interface Focus* 7, no. 3 (June 6, 2017).

———. “Mindless Mastery.” *Nature* 415, no. 6874 (February 21, 2002).

Trewavas, Anthony, and František Baluška. “The Ubiquity of Consciousness.” European Molecular Biology Organization, *EMBO Reports* 12, no. 12 (December 1, 2011).

Turner, R. Steven. “Justus Liebig versus Prussian Chemistry: Reflections on Early Institute-Building in Germany.” *Historical Studies in the Physical Sciences* 13, no. 1 (1982).

USDA FoodData Central website. "Bananas, Ripe and Slightly Ripe, Raw," April 1, 2020, https://fdc.nal.usda.gov/fdc-app.html#/food-details/1105314/nutrients.

Valley, John W. "A Cool Early Earth?" *Scientific American* 293, no. 4 (October 2005).

Van Klooster, H. S. "Jan Ingenhousz." *Journal of Chemical Education* 29, no. 7 (July 1, 1952).

Vedder, Edward Bright. *Beriberi*. New York: William Wood, 1913.

Vernadsky, Vladimir I. *The Biosphere*, ed. Mark Mcmenamin, trans. David Langmuir. New York: Copernicus, 1998.

Von Braun, Wernher, Fred L. Whipple, and Willy Ley. *Conquest of the Moon*, ed. Cornelius Ryan. New York: Viking Press, 1953.

Wächtershäuser, Günter. "Before Enzymes and Templates: Theory of Surface Metabolism." *Microbiological Reviews* 52, no. 4 (December 1988).

———. "The Origin of Life and Its Methodological Challenge." *Journal of Theoretical Biology* 187, no. 4 (August 21, 1997).

Wade, Nicholas. "Heart Muscle Renewed over Lifetime, Study Finds." *New York Times*, April 2, 2009.

———. "Making Sense of the Chemistry That Led to Life on Earth." *New York Times*, May 4, 2015.

———. "Meet Luca, the Ancestor of All Living Things." *New York Times*, July 25, 2016.

———. "Stanley Miller, Who Examined Origins of Life, Dies at 77." *New York Times*, May 23, 2007.

———. "Your Body Is Younger Than You Think." *New York Times*, August 2, 2005.

Wagener, Leon. *One Giant Leap: Neil Armstrong's Stellar American Journey*. Brooklyn, NY: Forge Books, 2004.

Walcott, Charles Doolittle. *Pre-Cambrian Fossiliferous Formations*. Rochester, NY: Geological Society of America, 1899.

———. "Pre-Carboniferous Strata in the Grand Canyon of the Colorado, Arizona." *American Journal of Science* 26 (December 1883).

———. "Report of Mr. Charles D. Walcott, July 2," in *Fourth Annual Report of the Director of the United States Geological Survey*. Washington, DC: US Government Printing Office, 1885.

Wald, George. Nobel Banquet Speech, Nobel Prize in Physiology or Medicine 1967, Stockholm, December 10, 1967.

Walker, Gabrielle. *Snowball Earth: The Story of the Great Global Catastrophe That Spawned Life as We Know It*. New York: Crown, 2003.

Walker, John. *Fuel of Life*, video recording of Nobel Laureate Lecture, 2018, https://www.royalacademy.dk/en/ENG_Foredrag/ENG_Walker.

Walker, Timothy. *Plants: A Very Short Introduction*. Oxford, UK: Oxford University Press, 2012.

Walter, Michael. "From the Discovery of Radioactivity to the First Accelerator Experiments," in *From Ultra Rays to Astroparticles: A Historical Introduction to Astroparticle Physics*, ed. Brigitte Falkenburg and Wolfgang Rhode. Dordrecht, Netherlands: Springer, 2012.

Watson, James D., and Andrew Berry. *DNA: The Secret of Life*. New York: Knopf, 2003.

Watson, James D., Alexander Gann, and Jan Witkowski. *The Annotated and Illustrated Double Helix*. New York: Simon & Schuster, 2012.

Weaver, Kenneth. "What the Moon Rocks Tell Us." *National Geographic*, Decem- ber 1969.

Web of Stories. Interview with Francis Crick, "Molecular Biology in the Late 1940s," 1993, https://www.webofstories.com/people/francis.crick/33?o=SH.

Web of Stories. Interview with James Watson, "Complementarity and My Place in History," 2010, https://www.webofstories.com/people/james.watson/29? o=SH.

Webb, Richard. "Listening for Gravitational Waves from the Birth of the Universe." *New Scientist*, March 16, 2016.

Weiner, Charles. AIP oral history interview with William Fowler, February 6, 1973, https://www.aip.org/history-programs/niels-bohr-library/oral-histories/4608-4.

Weiss, Benjamin P., Joseph L. Kirschvink, et al. "A Low Temperature Transfer of ALH84001 from Mars to Earth." *Science* 290, no. 5492 (October 27, 2020).

West, Bert. "Moon Rocks Go to Experts on Friday." *Newsday*, September 10, 1969.

Wetherill, George W. "Contemplation of Things Past." *Annual Review of Earth and Planetary Sciences* 26, no. 1 (1998).

———. "The Formation of the Earth from Planetesimals." *Scientific American* 244, no. 6 (June 1981).

Whipple, Fred L. "Of Comets and Meteors." *Science* 289, no. 5480 (August 4, 2000).

Wilford, John Noble. "Moon Rocks Go to Houston; Studies to Begin Today: Lunar Rocks and Soil Are Flown to Houston Lab." *New York Times*, July 26, 1969.

Wilkins, Maurice. *Maurice Wilkins: The Third Man of the Double Helix: An Autobiography*. Oxford, UK: Oxford University Press, 2005.

Williams, Gareth. *Unravelling the Double Helix: The Lost Heroes of DNA*. London: Weidenfeld & Nicolson, 2019.

Wills, Christopher, and Jeffrey Bada. *The Spark of Life: Darwin and the Primeval Soup*. Oxford, UK: Oxford University Press, 2000.

Wilson, Charles Morrow. *Roots: Miracles Below*. New York: Doubleday, 1968.

Wolchover, Natalie. "Geological Explorers Discover a Passage to Earth's Dark Age." *Quanta Magazine*, December 22, 2016.

Woodard, Helen Q., and David R. White. "The Composition of Body Tissues." *British Journal of Radiology* 59, no. 708 (December 1986).

Yarris, Lynn. "Ernest Lawrence's Cyclotron: Invention for the Ages." Lawrence Berkeley National Laboratory, Science Articles Archive, https://www2.lbl.gov/Science-Articles/Archive/early-years.html.

Yochelson, Ellis Leon. *Charles Doolittle Walcott, Paleontologist*. Kent, OH: Kent State University Press, 1998.

Yong, Ed. "Trees Have Their Own Internet." *The Atlantic*, April 14, 2016.

Zahnle, Kevin, Laura Schaefer, and Bruce Fegley. "Earth's Earliest Atmospheres." *Cold Spring Harbor Perspectives in Biology* 2, no. 10 (October 2010).

"The *Zenith* Tragedy: The Dangers of Hypoxia." Those Magnificent Men in Their Flying Machines, https://www.thosemagnificentmen.co.uk/balloons/zenith.html.

Ziegler, Charles A. "Technology and the Process of Scientific Discovery: The Case of Cosmic Rays." *Technology and Culture* 30, no. 4 (October 1989).

Zimmer, Carl. "Vitamins' Old, Old Edge." *New York Times*, December 9, 2013.

Zimmermann, Albrecht. "Nachrufe: Simon Schwendener." *Berichte der Deutschen Botanischen Gesellschaft* 40 (1922).

Zweig, George. "Origin of the Quark Model," in *Proceedings of the Fourth International Conference on Baryon Resonances*, Toronto, July 14–16, 1980.